Draping 立體剪裁全書
The Complete Course

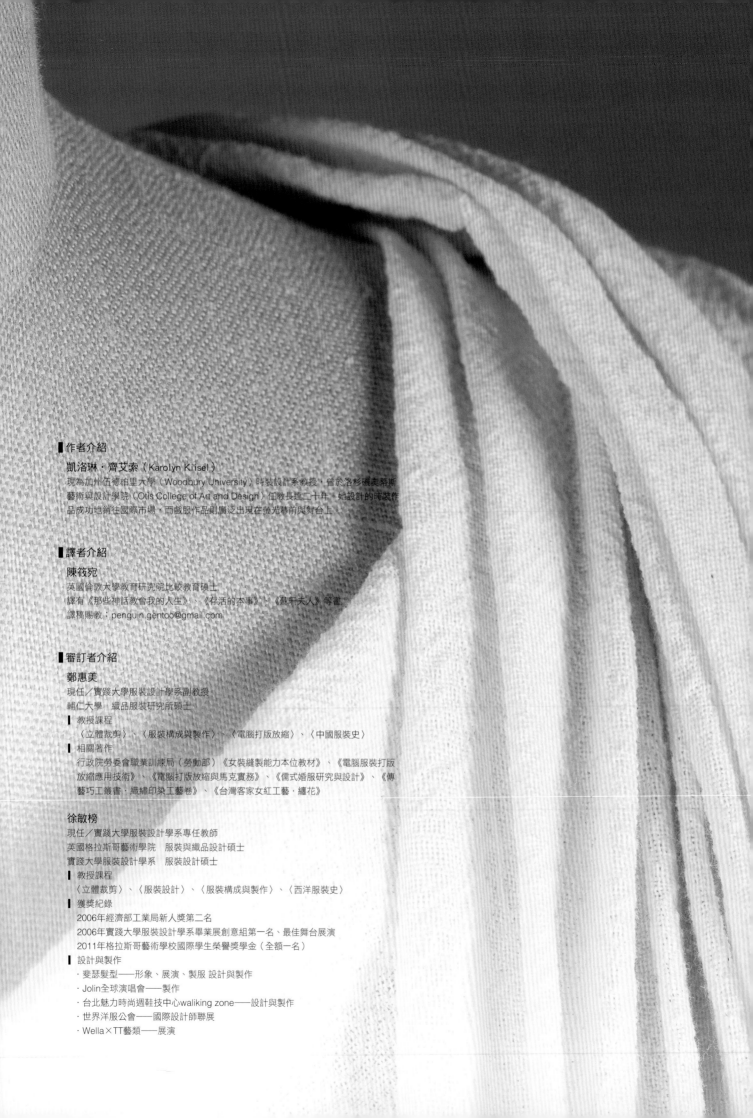

▌作者介紹
凱洛琳・齊艾索（Karolyn Kiisel）
現為加州伍德柏里大學（Woodbury University）時裝設計系教授，曾於洛杉磯奧希斯
藝術與設計學院（Otis College of Art and Design）任教長達二十年。她設計的時裝作
品成功地銷往國際市場，而戲服作品則廣泛出現在螢光幕前與舞台上。

▌譯者介紹
陳筱宛
英國倫敦大學教育研究院比較教育碩士
譯有《那些神話教會我的人生》、《存活的本事》、《蘇珊夫人》等書。
譯稿賜教：penguin.gentoo@gmail.com

▌審訂者介紹
鄭惠美
現任／實踐大學服裝設計學系副教授
輔仁大學．織品服裝研究所碩士
▌教授課程
　〈立體裁剪〉、〈服裝構成與製作〉、〈電腦打版放縮〉、〈中國服裝史〉
▌相關著作
　行政院勞委會職業訓練局（勞動部）《女裝縫製能力本位教材》、《電腦服裝打版
　放縮應用技術》、《電腦打版放縮與馬克實務》、《儒式婚服研究與設計》、《傳
　藝巧工叢書・織繡印染工藝卷》、《台灣客家女紅工藝・纏花》

徐敏榜
現任／實踐大學服裝設計學系專任教師
英國格拉斯哥藝術學院　服裝與織品設計碩士
實踐大學服裝設計學系　服裝設計碩士
▌教授課程
　〈立體裁剪〉、〈服裝設計〉、〈服裝構成與製作〉、〈西洋服裝史〉
▌獲獎紀錄
　2006年經濟部工業局新人獎第二名
　2006年實踐大學服裝設計學系畢業展創意組第一名、最佳舞台展演
　2011年格拉斯哥藝術學校國際學生榮譽獎學金（全額一名）
▌設計與製作
　・斐瑟髮型——形象、展演、製服 設計與製作
　・Jolin全球演唱會——製作
　・台北魅力時尚週鞋技中心waliking zone——設計與製作
　・世界洋服公會——國際設計師聯展
　・Wella×TT藝類——展演

立體剪裁全書 Draping
The Complete Course

凱洛琳‧齊艾索 Karolyn Kiisel —— 著

陳筱宛 —— 譯　　鄭惠美、徐敏榜 —— 審訂

Contents 目錄

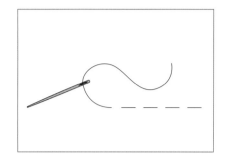
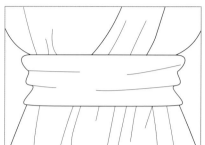
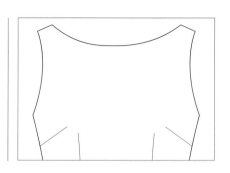

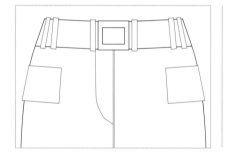
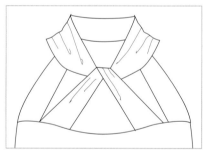

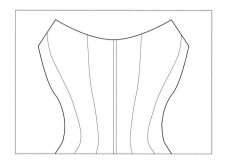

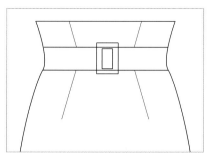

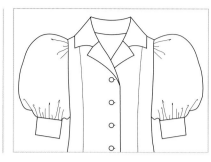

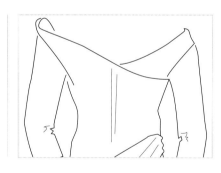

立體剪裁是門藝術

「立體剪裁」（draping）指的是運用布料，直接在人台上
創作服裝的方法，它是時裝設計師必備的基礎技能。

立體剪裁的法文為「moulage」，意思是「塑形」或「雕刻」。時裝設計師是名藝術家，他們會透過形式、空間與能量流動，將概念化為具體的表現，也會運用顏色與外觀細節引入衝擊和情緒，不過，首先還是得雕塑出輪廓。

學習在人台上進行服裝裁製牽涉到兩件事：一是訓練雙眼有能力鑑別平衡、對稱與優雅的線條；一是鍛鍊雙手能靈活地裁剪、用針固定，以及結合複雜的曲線。

說到底，設計師與藝術家的成功取決於找出自己獨有的表現風格。而立體剪裁這種技巧有助於設計師的創作見解展露其特有個性。

你會在本書中學到如何裁製古老樣式的服裝、藝術作品中的歷史服裝、電影中的戲服、當代時裝設計師的作品，以及近幾十年來不同風格的服飾。

每一篇的開頭會介紹早期的服裝形式作為範例，通常是用簡單的梭織布片（woven panel）圍裹、綁縛或披覆在身體上。了解這些基本服裝外形的演變，能讓你更容易掌握如何立體剪裁一件現代上衣或夾克。當你明白幾千年來，眾人運用簡單的一塊織布創造出美麗、實用、脫胎換骨的衣服，立體剪裁就不會那麼令人生畏了。

本書許多設計作品來自於「立體剪裁的黃金年代」。從一九三〇年代晚期到一九六〇年代，好萊塢電影製片廠提供服裝設計師充沛的資源，為他們旗下的明星打點行頭。二次世界大戰後，精品時裝工作室在歐洲與紐約遍地開花。巴黎世家（Balenciaga）、迪奧（Dior）、紀梵希（Givenchy），以及後來的聖羅蘭（Yves Saint Laurent）不過是眾多運用嶄新的布料與技法，創造出造型令人驚豔且縫製完美、無可挑剔的服裝設計師當中的少數幾名代表罷了。學習如何立體剪裁這些經典招牌款式，不僅能讓我們明白重要的基本手法，也能磨鍊觀察的技能。

研究現代與當今的時尚設計作品有助於我們掌握外形與樣式的細微之處。想要創造真正嶄新的服裝輪廓，必須先熟知前人曾經創作過哪些作品。

學習立體剪裁的價值

在立體剪裁過程中，胚樣（toile）是進行中的作品，它會不斷調整、變化，直到從人台身上被取下，並且轉換成服裝的紙型為止。

對許多人來說，運用立體剪裁創作新設計，要比平面製圖（drafting）更容易培養出「看見二維平面草圖就能想像它的立體樣貌」這項重要技能。由於立體剪裁的過程中能看見衣服的輪廓線逐漸成形，因此能消除運用紙版進行平面製圖時免不了的某些猜測。

若是平面製圖，得等到紙型製作完成，並據此剪裁與縫製衣服後，才能看見最後的立體成果。你必須累積大量的實務經驗，才能對平面製圖得心應手。但只要掌握幾項基本技能，任何人都能完成立體剪裁，就連我們的祖先在打造他們常穿的簡單裘尼克衫（tunic）與袍服時，使用的也是立體剪裁技法。

創造你的招牌造型

培養立體剪裁技能的最終目的是，在創造新的服裝輪廓時，能強化原創的表現。

今日的服裝行銷靠的多半是「設計師的主張」，而不是衣服本身有多合身，或是縫工有多細緻。在時尚圈，打造出自己特有的風格對設計師而言至關重要。有了「招牌造型」（signature look），才能讓設計師脫穎而出。此外，「招牌造型」也有助於穿上它的女性定義自己的個人風格。

如今，女人想要的不只是穿起來舒適的衣服，而是能幫助她展現態度與感受的服裝。她希望自己的穿著能告訴世界她是個什麼樣的人。如同女演員少了戲服就很難讓角色活起來，女人需要服裝幫忙她在職場上領先群倫、在瑜珈姿勢裡放鬆，或是在某個特殊場合中豔光四射。

創造招牌造型的第一步是，在動手進行立體剪裁前，心中要先鎖定某個創作想法。你的靈感可以來自落日、一幅畫、其他藝術作品的相片，甚至只是你想表達的某種感覺或態度。

上：想要創造精采的立體剪裁作品，得先培養完美構圖的眼光。在勞倫斯·阿爾瑪–塔德瑪爵士（Sir Lawrence Alma-Tadema）的畫作《冷水浴室》（The Frigidarium, 1890）中，為了達成均衡的比例，畫中諸多細節因而有所調整。
下：立體剪裁大師聖羅蘭為女性創造出一種嶄新且獨特的時尚感，其招牌造型至今依舊廣受追捧。

如果你有能力執行創作想法，透過決定比例與線條、尺碼大小與體積多寡、外形的細微之處，以及細節的位置安排等等，就能突顯出你的個人才華。

不斷改善服裝垂披狀態與調整最終比例是非常個人的事；你不斷修修改改，直到它達成你喜歡的平衡感才肯罷手。當它能討好你的眼睛，一切才算完成。在你持續追求並展現那些能觸動你、吸引你的造型後，專屬於你的風格自然就會浮現。

形式追隨功能而生

「形式追隨功能而生」（form follows function）是基本的設計理論。如果設計師心裡明白自己的設計有何功能或目的，這麼一來，在立體剪裁的過程中，有許多選擇的決定就會變得更加理所當然。

服裝能提供許多不同的功能，從基本的保暖與防護，到展現魅力與誘惑，不一而足。了解服裝的具體目的很重要，但了解它的抽象目的也很重要。穿上一件衣裳會帶給女人什麼樣的感受，和穿上它能讓她看起來如何，兩者同等重要。

掌握布紋走向安排是立體剪裁的一項關鍵技巧。同樣是製作簡單的裘尼克衫，當各以斜向或直布紋裁製時，將會做出感覺截然不同的兩件衣服。設計師必須有能力控制自己創作服裝樣式的深層能量流向，明白它對穿衣者會產生什麼樣的影響。在本書中，你將有機會練習辨識一件服裝作品的設計宗旨，以及探索如何運用不同的方法，確保那樣的氛圍或情調能展現在完成的衣服上。

因紐特人（Inuit）衣著
的設計目的十分明確，
也就是隔絕酷寒。

今日的立體剪裁

從鋪棉人台被開發出來，並在一九○○年代早期經由沃夫人台公司（Wolf Form Company）的努力，使它廣為普及後，基本的立體剪裁技法一直沒有什麼變化。

儘管如此，世界各地的服裝設計工作室無不為了節省時間與開銷而擁抱科技。服裝設計公司擁有各式服裝的「原型」版型，以表現特定的合身度與尺寸。創作新系列服裝時，只需巧妙調整這些原型，就能改變褲子的褲管寬度或外套的尺碼大小。數位打版讓服裝設計公司能迅速地大量生產出許多不同的變化作品。

那麼，在數位時尚設計這個美麗新世界中，手工立體剪裁究竟有什麼恆久價值呢？

今日服裝設計師所面臨的挑戰是，如何在創造優美合身的版型時，跳脫死記硬背的操作流程，並且能進一步運用打褶與縫合的基本概念為起點，創作出既嶄新又獨特的服裝形式。

大多數當代時尚設計追求的並非一九六○年代經典精品時裝的盡善盡美，而是扭轉、圍裹、裝飾壓褶與不對稱剪裁，這些有時會令我們想起人類早期的服裝樣式。

若設計師有志於打造別創新格的輪廓，就得試驗各種令人感興趣的焦點，創造鮮明的重點與態度，並且運用比例與尺寸雕塑出能喚起特定情緒的某種輪廓。

想要創造真正令人耳目一新的設計，設計師與胚樣和人台間那種私密、動手實做的關係對於促進設計師個人觀點的表達而言，是非常寶貴的。

如今，想要同時擁有來自簡單垂披布片的純樸靈感以及巴黎時裝工作室精益求精的經典立裁技法，是可能的。這兩者都能讓立體剪裁的雕塑藝術轉變成既神奇又新穎的事物。

 看見此圖示，表示可參考本書所附的DVD，內含相關的立體剪裁技巧的教學示範。

用具
與材料準備

立體剪裁跟其他的工匠技藝一樣，擁有屬於自己這一行的工具。尋找品質精良且適合你自己身形的工具是筆划算的投資。採用正確的工具不僅能提高工作效率，也有助於將這些技能轉化為你自然而然的習慣。如此一來，你就能把重心放在創作發想，而不是技術性的事務上。

此外，立體剪裁本是適合發揮創意與靈感的服裝創作，同時也是藉由在人台上調整服裝細節使其達到完美呈現的過程，因此書中的服裝草圖細節有時可能與立裁作品略有不同，您亦可在操作時依個人想法或創意加以調整。

裁縫人台

進行立體剪裁所需最重要的工具是人台（mannequin/dress form）。人台有許多不同款式可供選擇，視自己的情況與需求擇一即可。最好的人台會穩穩地固定在沉重的金屬腳架上。要注意人台表面繃裱的布料織目不能太密，否則絲針較不容易穿透。

標準人台通常會以商場通行尺碼的丈量規格為準。專業服裝設計工作室往往會選用S或M號尺寸的人台。因為等到服裝完成後，很輕易就能透過放大或縮小，製作出更大或更小尺碼的服裝。

本書照片中的人台是沃夫人台公司生產的高品質亞麻（linen）表布「派對洋裝」人台（'cocktail dress' mannequin），這種人台的胸部與臀部比標準人台的更為明顯。這些人台是可調整的，意思是它們能輕鬆地上下移動、調整高度，同時，微微內傾的肩膀讓衣服能從上方套入、穿戴妥當。腳架的滑輪讓它們能輕鬆地四處移動、任意轉向。

第一次使用人台之前，你需要先標定胸圍線、腰圍線和臀圍線。最好的做法是選用0.5～1.5公分（¼～½英寸）寬的斜紋棉織帶，依下述方式將它固定在人台上：

- **胸圍標示線**：從一側的脇邊線（side seam）開始，沿著胸部最豐滿處（也就是「乳尖點」，bust point，簡稱B.P.），用織帶水平環繞人台一圈。每隔7.5～10公分（約3英寸）用絲針固定。在雙乳之間，讓織帶順著曲線貼合在人台上。注意後背的織帶不可以往下掉，而是使完成的線條全部與地面平行。

- **腰圍標示線**：人台表面繃裱布料的接縫通常會正好落在腰圍線上，因此你可以輕易認出它的位置。如果你使用的人台不具備這個特點，只要找到人台腰身最纖細的位置，用織帶牢牢地環圍一圈，再用絲針固定即可。

- **臀圍標示線**：臀圍通常落在腰圍下方18公分（7英寸）的位置。從一側的脇邊線開始，在腰圍下方18公分（7英寸）處，將織帶水平地固定在人台上，讓織帶與地面保持平行。

準備技巧

為了充分運用本書的資訊，建議你最好能精通某些基本的縫紉技巧（參見第13頁「術語」），並且具備相當的打版經驗。因為在每一章的「做記號與描實」單元中，你都得為完成立裁的服裝繪製出紙型。

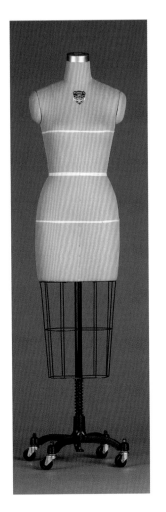
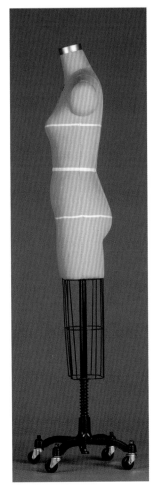

了解你的人台尺寸

丈量你的人台，並將它的尺寸放在手邊。這麼一來，當你著手設計一件特定尺寸的服裝，或是為某人量身訂做一件衣服，就能知道該如何調整人台。假如你想要處理的服裝尺寸比你的人台大，可以在人台上加襯墊以達到理想尺寸。最好的方法是將不織布剪成大約12.5公分（5英寸）寬的條狀，包覆在人台上後加以調整補正，直到它符合你需要的尺寸為止。

倘若你需要的尺寸比你的人台小，可以在垂披布料時，將布料抓緊一點，或是在稍後的描實階段進行調整。

全身人台

立裁褲子時，從頸部到腳踝的全身人台是必備道具。有些全身人台只有單腳，這樣在垂披褲襠時會比較方便，但也較難看清立裁成品的整體狀況。

對於需要考量腿部線條的全長式設計作品而言，這種人台款式相當實用。

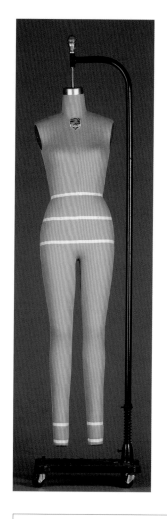
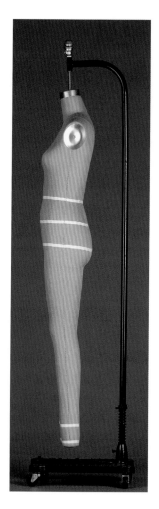

在鏡子前進行立裁

在鏡子前進行立裁這一招很管用。當你學會如何研究作品的輪廓與外觀時，從一段距離之外觀察它是件重要的事。有了鏡子，只要輕鬆地抬起頭，就能從大約1.5公尺（4～5英尺）外觀察你目前的立裁狀態。這是個很棒的檢視機會，讓你能用全新的角度來觀看立裁成品，並再次與最初動工時依據的草圖或照片進行比對。

胚布

胚布（calico）是傳統成衣業製作胚樣時會選用的標準布料。它的垂墜特性與本書所介紹的大多數服裝本布（final fabric）特性不同，但它具備了幾個非常棒的特質。

首先最重要的是，胚布具有穩定的布紋，用肉眼就能清楚看見布紋的縱橫走向。其他組織鬆散的布料在立裁過程中會延展變形，但胚布的布紋卻能夠保持筆直的線條。它重量輕、質地柔軟、容易剪裁、方便折疊，輕輕鬆鬆就能用手壓出摺痕。它挺直平整的特性能讓你清楚看見這些裁片組合在一起的效果，並且確認它們是否平衡。

胚布的價格便宜，是盡情揮灑創意的絕佳素材，不妨將它視為紙張來使用。它不是非常珍貴，你不必捨不得用，或是擔心會毀了它。你可以撕開它，在它上頭做記號，拿它做各種實驗。我建議你隨時準備足量的胚布，這麼一來，假如某個嘗試行不通，你大可扔了它，從頭來過。

具體想像的能力是時裝設計師必須精通的一項重要技能。它指的是有能力從草圖設想成品的模樣，以及從胚布垂披狀態推測使用本布正式縫製的效果。舉例來說，香夢思綢緞（silk charmeuse）具有迷人的柔軟觸感，但是立裁操作時卻很難處理。如果先用胚布進行立裁操作，就能更容易掌握整個設計的平衡感。透過練習，你會慢慢懂得如何以胚布進行立裁，再設想換成香夢思綢緞時，衣服的樣貌又會是如何。

本書共採用四種不同布料進行示範。雖然你未必需要使用這麼多不同的素材，但是了解它們互異的特質卻對你大有幫助。可能的話，盡量選用跟本布的表現特性非常接近的胚布進行立裁。

標準胚布（standard calico）

這種中等厚度且有相當挺度的布料適用於絕大多數的服裝。它夠輕薄，易於操作，同時又能在你處理女裝上身、裙身與袖子時保持形狀。請仔細觀察上圖布料的中央，在疊褶當中有幾處細小「摺痕」（break）使這塊布料出現銳利的轉向，而非形成平滑的一捲布。更柔軟的布料不會出現這種現象，可是，柔軟的布料也無法如標準胚布這般硬挺布料能讓你做出輪廓鮮明的作品來。

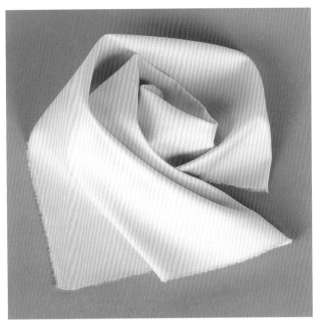

斜紋棉布（cotton twill）

這種斜紋布比標準胚布的質地更柔軟，但厚度更厚，兩者的表現特性截然不同。請仔細看，上圖布料的疊褶邊緣比較平滑，此外，整塊布看起來比較有份量。它不像標準胚布那般具備硬挺的特質，但是因為它比較厚重，所以能撐起較大的輪廓。這種布料很適合用來製作大衣（coats）和短外套（jackets）。

穆斯林薄布（muslin）

這是本書使用的四種胚布當中最輕薄的一款。穆斯林薄布的織目粗，具半透明感，手感非常硬挺。它的重量很適合製作大型泡泡袖（參見章節 2.2「上衣」）。它輕盈薄透，具有足以撐出形狀的飽滿布身，適合用於需要疊合多層布料的地方。

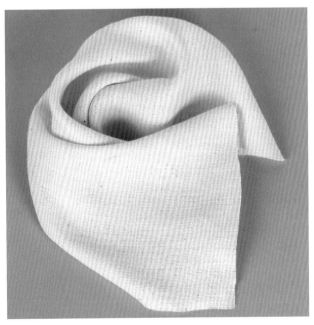

絲麻混紡布（silk/hemp blend）

儘管這種布料比斜紋棉布略厚一些，卻擁有更柔軟、平滑的垂墜表現。這一點，從上圖布料的疊褶完全看不出摺痕，就能得到證明。它的織目粗，很適合需要能清楚看見布紋的服裝，例如章節1.3 的束腹馬甲（corset）。在章節 3.3「斜裁服裝」中，由於絲麻混紡布具有高垂墜度，因此能平整地貼合人台，非常輕易地塑造出凹凸有致的服裝線條。

一般工具

布尺 有助於在立裁操作中具體估算胚布片的份量,以及檢核胚樣的尺寸。

剪刀 最重要的工具,請務必仔細挑選。理想的剪刀要夠輕,才會舒適好握,同時也要夠重,才能在立裁操作中俐落地剪開胚布。

公制直尺 尋找與標示布紋線的重要工具。

角尺 檢查直布紋與橫布紋是否互成垂直的必要工具。

透明方格尺 在胚布上標示布紋線與縫份時,這種透明、印有方格線的尺非常好用。

軟芯鉛筆 在胚布上測試你使用的鉛筆。請選擇那種筆芯夠軟,能清楚描畫出明顯可見布紋,卻又不至於太軟,會弄髒布料的鉛筆。

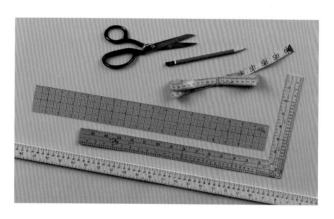

立裁工具

絲針與手腕式針插 數量充足的絲針能提高工作效率,而手腕式針插則方便你在抓別胚布時能隨手取用,不必伸手去拿絲針。

斜紋織帶(黑色與白色) 用來標示領圍線、袖襱線、款式設計線等。

標示帶(黑色與紅色) 用途同上,但多為暫時標示使用。紅色膠帶是標示改正的線條。

鬆緊帶 處理胚布抽碎褶(gathers)時,手邊若能備有0.5、1.5和2.5公分(¼、½和1英寸)寬的鬆緊帶會大有助益。

襱份定規(hem gauge) 用於丈量從人台下方鐵柵到下襱的尺寸,以及檢查某件服裝要求統一尺寸的部分。

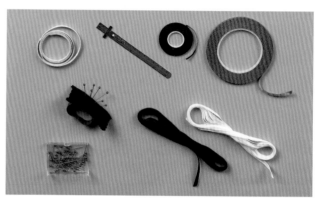

標示與描實工具

粉片(兩色) 用以標示下襱線,以及將前片改為疊合在後片上的縫合位置等等。在調整合身度與重新標示完成線時,手邊有兩種顏色的粉片會很方便。

鉛筆(黑、紅、藍色) 拆開胚樣後,用這些鉛筆在胚樣上畫線。第一道線用黑色鉛筆來畫。修正線用紅色鉛筆,二次修正線則用藍色鉛筆。

布料專用複寫紙 若你想將記號線描摩到第二份胚布上或胚布的左半側(譯注:因為立裁只裁製右半側),這時就可使用複寫紙。

點線器 和布料專用複寫紙一起使用。輔助你將記號線複製到第二份胚布上或胚布的左半側。

針和線 有時光靠鉛筆標示胚樣是不夠的,此時可利用針線進行疏縫,以便達成更精準的標示。

其他工具

小方格尺 標示縫份很管用。當你標示裁切線時,透明的尺身可輕易看見縫線的位置。

雲尺(French curve) 由於這把透明尺身的弧度有凸也有凹,所以繪製像是腰線等區域時,它是不可或缺的工具。沿著它的弧線繪製袖襱和小曲度線條也很好用。

大彎尺/H彎尺(hip curve) 傳統上,會用它推移畫出從腰到臀部的曲線,它萬用的形狀在其他許多地方也很實用。

曲線尺(hem curve) 這個平緩的弧度常見於裙襱從正中心到脇邊線間的形狀。

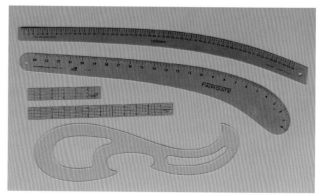

術語

以下是書中使用的術語。在此僅提供簡要的定義，
隨後在書中提到時會有進一步的說明。

縮寫

CF =前中心線（center front）

CB =後中心線（center back）

胚布

布紋線（grainline）

指的是紗線走向。梭織布是由經紗與緯紗
以直角相互交錯構成。縱走的經紗與布邊
平行，橫向的緯紗則與布邊垂直。

直布紋（straight grain, lengthgrain）

同經紗走向。

橫布紋（horizontal grain, crossgrain）

同緯紗走向。

斜布紋（bias line）

它和直布紋成45度角，是整塊布料當中最
有彈性的方向。

布邊（selvedge edge）

指布疋有收邊的兩端。大多數的織布布寬
落在115～150公分（45～60英寸）之間。

布料整型（blocking）

伸展、拉扯與燙平胚布，直到經紗與緯紗
互成垂直且布邊筆直為止。

示意圖

胚布用量準備圖

每道課題的開頭會有示意圖，指示你該剪
裁哪些裁片，以及那些裁片的尺寸。如果
你使用的人台尺寸與書中的標準人台尺寸
不同，只要放大或縮小胚布裁片即可。這
些裁片的尺寸已經預留好幾公分的誤差容
許值，除非你的人台尺寸差異超過7.5公分
（3英寸），否則這些裁片都能適用。

服裝平面圖

依據服裝照片繪製而成的平面線圖，是服
裝結構與布紋配置的藍圖。

合身度與人體身形

鬆份（ease）

為了讓身體有足夠的活動空間而須保留的
額外布料。舉例，假設腰圍線的尺寸是66
公分（26英寸），而裙頭的尺寸為68.5公
分（27英寸），則這條裙子的腰身留有
2.5公分（1英寸）的鬆份。

乳尖點（bust point）

胸部最豐滿的位置。

腰圍線（waistline）

人台腰部最細的位置。

臀圍線（hip line）

臀部最豐滿的位置，大約落在腰圍線下方
18公分（7英寸）處。

腹圍線（high hip line）

指腰圍線下方約5～7.5公分（2～3英寸）
處，也就是髖骨周圍。如牛仔褲之類的休
閒褲腰多會落在這個位置。

公主線（princess line）

將人體軀幹從前中心線到脇邊線這一段一
分為二的垂直記號線。它通常由肩線的中
央處開始往下，但也可以從袖襱處往下襬
延伸。

針法

縫合線（sew line）

這是指在垂披、抓合別上絲針和描實布片
時，將縫口接合的縫合線。

疏縫／假縫（baste, tack）

用手粗略縫合，以便暫時固定一段接合處。

記號縫（thread trace）

在垂披抓別、點記號與描實的過程中，用
以標示縫合或邊緣位置的一種手縫針法。

千鳥縫／交叉縫（herringbone stitch）

將兩片被繃緊的胚布縫合固定在一起時的
實用針法。

線釘（tailor tack）

在垂披抓別、點記號與描實的過程中，標
示布料上單一點位置的針法。

Step 1   Step 2

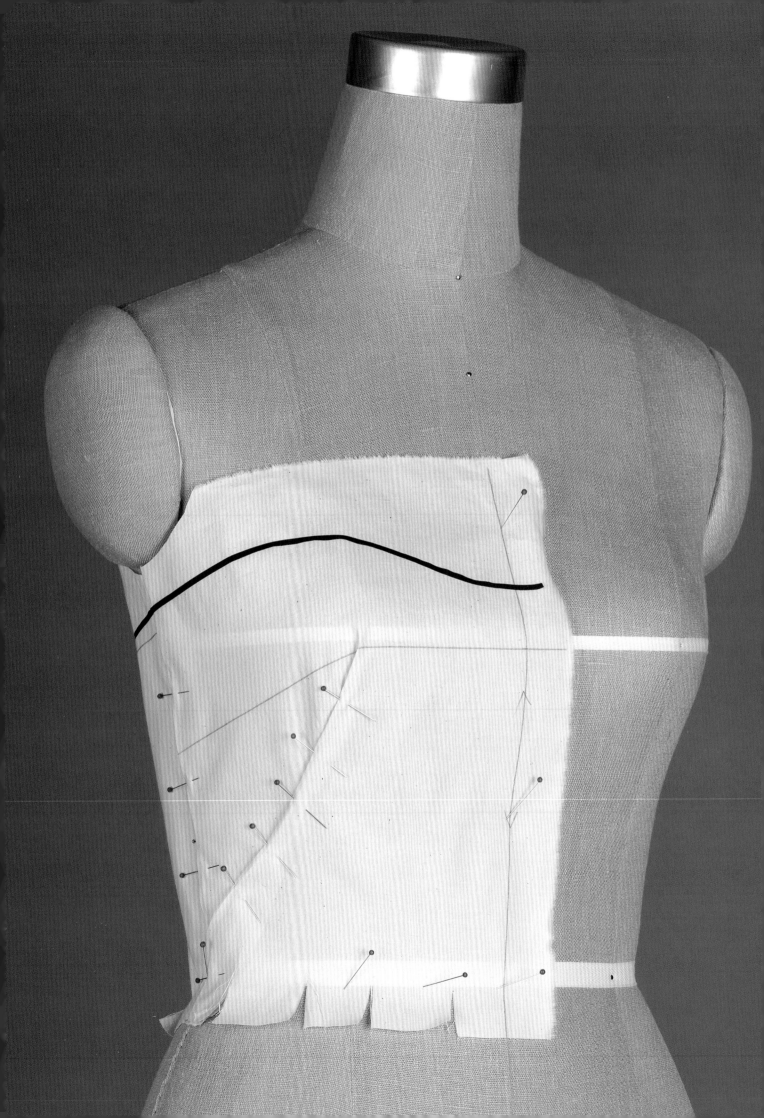

1
初階立裁

1.1 垂披梭織布片
1.2 洋裝
1.3 束腹馬甲

第一節從服裝的構成，也就是輪廓與比例間的特定平衡切入，研究不同的時裝設計作品，目的是培養你的觀察力。

我們會從布紋走向配置與建構著手分析那些立裁課題的照片，接著將它們轉化為操作「藍圖」，也就是服裝平面圖，並由此展開立裁操作。

此外還會介紹基本的立裁技巧，譬如準備人台與胚布用量、固定絲針的方法、修剪多餘布料、剪牙口、點記號與描實，以及展示完成的胚樣。

你將學會如何辨認出設計師預設的風格與調性，並且借用一位繆思女神，將這項設計作品放進某種社會情境中，進一步定義出這件服裝的態度。

1.1

Draping the Woven Panel

垂披梭織布片

由簡樸到繁複的服裝藝術

最早的衣服原料可能是樹葉、青草與樹皮,在氣候嚴寒的地方,
甚至還可能包括了獸皮與獸毛。

在過去,紡織方法的進步必定宣告了某個文明社會
的先進程度有重大躍進。隨著織布技術的發展,人
們會運用圍裹、披覆與綁縛等手法將織成的布帛穿
戴在身上。光是織布就得耗費很多的時間與氣力,
也因此,讓剪開布料這個念頭顯得非常不切實際。

由於僅有極少數的古代織品能夠倖存至今,所以我
們只能靠著陶器碎片與壁畫上那些服裝的藝術表現
一窺早期衣著可能的樣貌。其中,我們能看見與研
究的最古老衣服,來自描繪古希臘人與古羅馬人的
雕像與花瓶。

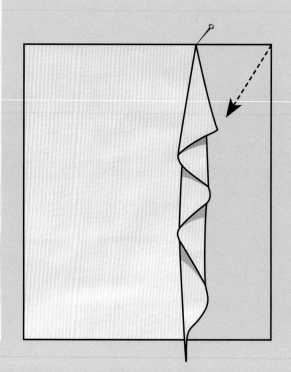

無論是古希臘人穿的奇通衣（chiton）和佩普洛斯長衫（peplos），還是古羅馬人身上的托加寬外袍（toga），這些早期服裝形式都是些簡單的基本形狀。其中有許多款式不過是使用的布片大小有別罷了。儘管如此，想要穿上這些衣服有時還是挺複雜的事。有人認為，盛裝的貴族必定會有一個僕從隨侍在側，負責適時調整服裝垂墜的線條。這些形形色色的服裝雖然各有巧妙，但是看起來全都非常舒適。其無拘無束、典雅的款式呼應了古希臘崇尚的自由典範。當時所使用的亞麻（flax / linen）與羊毛（wool）布料肯定非常細緻，才能創造出我們在雕像與繪畫中所見的美麗褶襉。

隨著工藝與科技發達陸續創造出嶄新的各式織品後，服裝樣式也變得愈來愈複雜。然而，偶爾會有回歸簡樸、重新流行這類較自然風格衣著的風潮再起。

到了現代，由垂墜的正方形布片製成的衣服出現在阿爾馮斯・慕夏（Alphonse Mucha）和麥克斯菲爾德・派黎思（Maxfield Parrish）的畫作中。現代舞之母伊莎朵拉・鄧肯（Isadora Duncan）更以穿著她自創版本的裘尼克衫聞名。在二十世紀上半葉，傑出的義大利織品與服裝設計師馬里安諾・佛圖尼（Mariano Fortuny）運用兩片長方形的細褶皺絲綢，創造出精緻高雅、永不過時的服裝。

本節的立裁課題是經典裘尼克衫樣式的變化版。由於其形式樸素簡單，是培養眼力、掌握比例與平衡的絕佳習題。找出裁片當中的對稱性並調整碎褶培養我們處理布料時應有的敏感度，不過，這種技巧是需要練習的。

最左：這件來自於墨西哥瓦哈卡（Oaxaca, Mexico）特里基（Triki）山地部落的威皮繡花寬長衫（huipil），是件正方形的剪裁作品，它展現出一種流傳了兩個多世紀的傳統編織風格。它由三塊長方形布片所組成，運用彩色緞帶作為收尾和裝飾。它的垂墜既對稱又優雅。

左：保留這塊方形布片的完整性，為這件衣服帶來最自然的垂墜形式，在簡潔中自有一種端莊穩重的特質。

這件現代設計作品是由簡單的兩塊長方形布片所組成。它是凱洛琳・齊艾索（Karolyn Kiisel）為塔拉韋斯特公司（Tara West）所設計的SPA專用服，材質為絲麻混紡。

準備胚布

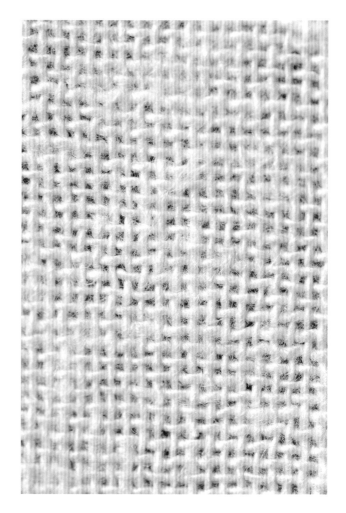

所有的梭織布都是由兩股紗線以直角交織而成。垂直的紗線（經紗）與布邊平行，稱作「直布紋」。水平的紗線（緯紗）則橫過布料與之交叉，稱作「橫布紋」。

在織布過程中，通常會先將經紗牢牢地固定在梭織機上，接著讓緯紗來來回回地穿梭、填入布料當中。也因此，經紗通常都比較強韌，而且垂直懸掛布料時，垂墜的效果會最為明顯。

撕開胚布 1

準備立裁使用的胚布，得用手將布片撕成預定的尺寸。由於胚布的經紗與緯紗往往會在運送途中使原本應互成垂直的網格產生變形，因此徒手撕開胚布遠比丈量尺寸後用剪刀剪開更為精準。即便想以布邊為準進行丈量，也很難確定經紗確實是與布邊平行。

認識布紋走向

了解布紋配置會如何影響一件衣服的樣貌是很重要的事。布紋的走向決定了能量的流向。正方形剪裁的服裝（例如裘尼克衫）看起來如此高雅尊貴，原因就在於它的布紋走向是完全平衡的。

🖋 **胚布用量準備**

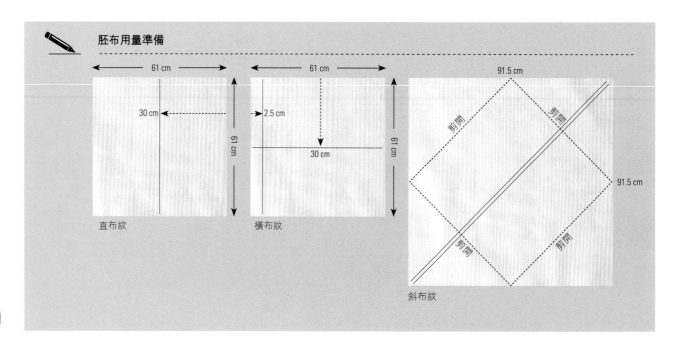

直布紋　　　　　　橫布紋　　　　　　斜布紋

Step 1

首先務必要去除布邊。當梭織機織成一塊布料後，織物邊緣比較強韌的編織雖然可以防止紗線脫散，但有時會限制布料的垂墜度。假如這塊布料經過整燙，布邊就會內縮，導致布料起皺。

- 沿著布邊剪開一道大約 1.5 公分（½ 英寸）長的缺口，然後牢牢抓住布邊，一口氣撕扯開來，將整個布邊撕除。

- 先在布料上畫出一小段直布紋記號線作為參考是很有用的做法，免得稍後找不到布紋走向。

Step 2 2

等到布料被撕成特定尺寸後，就必須進行「布料整型」。所謂布料整型，就是將布料的經紗與緯紗拉回它們原有的形狀，使布紋互成垂直。

- 在方眼紙上用垂直線與水平線畫出一個方格。並不需要畫出跟布片一樣大小的方格，只要有個直角能讓布片對齊，檢查它是不是成直角就行了。

- 如果這片胚布是歪斜的，用雙手穩穩地拿住它，拉伸布片，直到它回復原有的形狀為止。

Step 3 3

接下來要將胚布燙平整。整燙胚布時，很重要的一點是動作務必要輕柔，這樣胚布才能保持平整。整燙時可以開一點點的蒸氣，反正這塊胚布在隨後的描實過程中或許也需要用上蒸氣整燙，因此，倒不如在進行立裁之前就先讓布料縮水。話雖如此，假設用了太多蒸氣，胚布就會起皺，變得不堪使用。

用濕布揩抹胚布上比較深的皺摺，抹去那些摺痕。

- 整燙時，熨斗只能順著垂直或水平方向移動。如果順著對角線或斜布紋方向整燙胚布，就會讓紗線變得歪斜，導致布片拉伸不正。

- 先畫出一小段直布紋記整燙後，再次利用方眼紙檢查這片胚布是否發生扭轉？如果有，反覆拉伸它，直到經緯紗交錯的角落回復成直角為止。

順著直布紋或橫布紋整燙

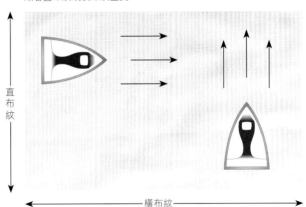

千萬不要順著斜布紋整燙

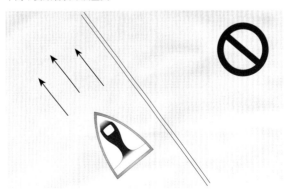

標示布紋線

本書運用兩種方法標示布紋線：

- 第一種方法是配合公制直尺與方格尺，用中等硬度的鉛筆或方形粉片在胚布上畫線做記號。

  適合使用這種方法的時候，會出現以下的鉛筆符號。

- 第二種方法是用「記號縫」做記號。如果你想重複利用這些胚布片，或者你使用的是稍後會縫製成衣裳的本布，或是你偏好針線活，都可以採用這個方法。

  適合使用這種方法的時候，會出現以下的針線符號。

你只需在布料上標出基準線，不必載明尺寸或書寫其他注解。此階段務必力求精準無誤。等到垂披完成後，就得靠這些胚布片繪製版型。

簡潔很重要：垂披胚布時，你必須全神貫注在要創作的形體上。多餘的線條或記號只會分散注意力。

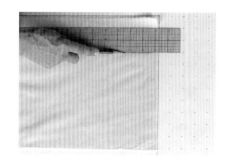

Step 4 ◉ 4

現在，你可以開始標示布紋線了。

用軟芯鉛筆或方形粉片在第一片胚布上標示出直布紋，這條線和布邊是平行的。接著在第二片胚布上標示出橫布紋，這條線會橫越布幅。

- 從左邊的邊緣開始丈量，依給定的尺寸，在胚布上點出兩、三個記號。

- 用方格尺或公制直尺對齊這些記號，連接成一直線。

運用這個方法處理前兩片胚布。

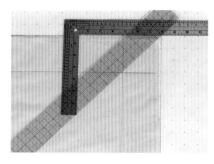

Step 5

在第三片胚布上畫出斜布紋。布料的「正斜向」指的是無論與直布紋或橫布紋都成45度夾角的紗線方向。習慣上多以雙平行線來標示斜布紋。

- 運用角尺和方格尺找出正斜向。將角尺靠在布的某一邊，從直角頂點開始，在角尺兩股的等長距離處做記號。舉例來說，分別沿著直布紋與橫布紋，在距離直角頂點20公分（8英寸）處做記號。

- 用方格尺對齊這兩點，畫出45度角的斜布紋。

- 運用兩條間隔0.5公分（⅛英寸）的平行線來標示斜布紋。

書中接下來出現的胚布用量準備圖全都標註了尺寸，方便你確定胚布應該擺在人台的哪個位置。所有的裁片均有貫穿上下的直布紋記號線及橫跨兩端的橫布紋記號線作為輔助基準線。

記號縫   ◉ 5

- 首先，找出布紋線。從胚布片的邊緣開始丈量，用一排絲針或線釘做記號。絲針要垂直別在縫合線上，並運用絲針穿入布面的入口點作為縫合線的標線定位點。

- 將方格尺或公制直尺放在絲針或線釘形成的標線下方1.5～2.5公分（½～1英寸）處。把胚布放在桌上，用非常大的針距，引線穿過布料。

- 若能在方格尺或公制直尺上加些重物，將有助於防止布料在縫合時移動。

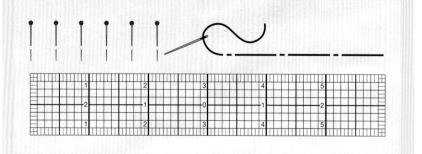

用消失筆標示布紋線

標示布紋線的另一種方法是使用布用「消失筆」。記得先測試一下，確定它能正常發揮功用，同時也要確定它畫出來的線條在你完成立裁且將胚樣布版轉印到紙張前，能夠持續存在而不消失。

垂披
三種布紋

這項練習會運用第20～22頁所準備的三片胚布，訓練你學會分辨三種布紋走向差異的眼光。在你動手操作時，包括將布片固定在人台上，都要嘗試去感受這三塊胚布的垂墜性有何不同。如果你沒有三座人台也無妨，把這三片備妥的胚布釘在你手邊現有的任何物體上，讓你能同時間仔細觀看三片布料就行了。 ◎ 6

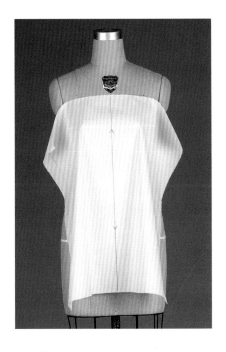

直布紋（straight grain）
- 手持直布紋胚布片上端的左右兩點，將布紋記號線置中對齊人台的前中心線。
- 在胸圍線上方用絲針將胚布左右兩側平均地固定妥當，用手將垂墜撫平推順，仔細觀看布料從人台上垂墜的模樣。

橫布紋（horizontal grain）
- 拿起橫布紋胚布片，你會看見距離上端邊緣 2.5 公分（1 英寸）處有一條直布紋記號線橫越而過，而橫布紋記號線則是筆直落下。將橫布紋記號線對齊人台的前中心線。
- 在胸圍線上方用絲針固定胚布，觀察布料垂墜的模樣。

斜布紋（bias grain）
- 將斜布紋胚布固定在人台上，讓人台的前中心線位於兩道斜布紋記號線的正中央，三線互相平行。

分析

直布紋胚布片會形成兩處明顯的垂墜：一是從胸部到臀部呈喇叭形的展開，這是比例均衡的正方形會產生的自然垂墜效果；而兩側的垂墜則帶有一種筆挺的垂直流動感。

橫布紋胚布片的臀部看起來略寬一些，而且它的垂墜線條似乎沒那麼流暢。因為具較高強度的直布紋是水平走向的，會將布料往外推，所以兩側反而顯得比較突出。

斜布紋胚布片具有最大的伸展性，因此，它形成的垂墜線條比較柔和，輪廓也沒有直布紋胚布片或橫布紋胚布片那樣分明。

這塊布片的兩側平緩地漸近展開，創造出一種瀑布般的效果。

從直布紋的力量到斜布紋的柔和，這些不同的特質都會在立裁時透過服裝表達出來。學會如何將這些布紋特質變得對你有利，必能協助你成就特定的風格。

想像胚布和本布的製成品模樣

時裝設計師的具體想像能力，來自於熟悉所有種類的布料以及它們的垂墜特性。選擇布料時，設計師會拉扯、伸展和撫平那塊布料；把它別在人台上，觀察它會如何垂墜；對著鏡子，將一段布料披在身上，看看它會如何移動。

訓練你的雙眼以分辨不一樣的布料其垂墜有何不同，還有它們的垂墜表現和胚布有何不同。接下來，且讓我們運用邁可・寇斯（Michael Kors）的這件現代洋裝為靈感，將幾種不同類型的布料披垂在人台上。首先，將每一種布料披覆在你的手上，花點時間研究它的特性。

- 將胚布的前中心線對齊人台前中心線，大約在領圍和肩點的中間，用絲針將胚布固定在肩膀上。找出照片中蛇皮皮片停在肩線上的位置。

- 現在，嘗試將左右兩側的布料往人台前中心線各自移動 2.5～5 公分（1～2 英寸），用絲針將胚布固定在剛才肩膀上的相同位置，讓胚布垂懸在前中心線處。

- 持續將胚布朝中央挪動。仔細觀察當你固定布料的落針點愈來愈靠近布片的兩側時，會形成何種垂墜方式。

- 設法找出最佳的落針點。它既能讓領圍的前中心垂墜得夠低，如照片一般，兩側又仍有足夠的布料能創造出漂亮的垂墜，懸在袖襱處。不妨在人台臀部上用絲針固定或綁一條斜紋織帶，這麼做或許能幫助你找出正確的垂墜效果。

胚布用量準備（用疏縫線縫出前中心線）

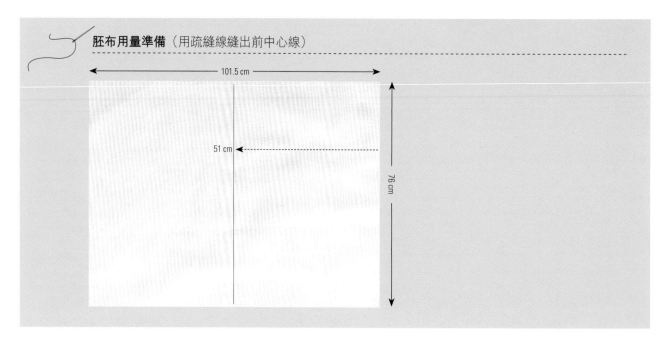

101.5 cm

51 cm

76 cm

披垂不同的布料

請參考胚布用量準備圖，預備以下四種布料：亞麻布、雙縐綢、雪紡紗和針織布（knit）。如果手邊沒有這些布料，拿現有的布料取代也可以——甚至用你的絲巾也行！請不用擔心，能否做出看起來跟照片一模一樣的垂墜並不是重點，這項練習的目的是，仔細觀察不同布料的垂墜表現有何差別。

亞麻布（linen）

亞麻布的垂墜特性與胚布最為相近。它的織目粗，因此會表現出比胚布更柔軟的垂墜感，卻仍保有相當份量的布身。無論是胚布或亞麻布，其垂墜的曲線多半不是平穩流暢的，反而往往會在前中心線發生「摺痕」，產生明顯的彎曲或皺摺。

雙縐綢（crêpe de chine）

雙縐綢的垂落狀態則與胚布截然不同。前中心線的垂墜帶有更柔和的表情，而且比亞麻布或胚布的垂墜產生出更多的褶襉。至於脇邊袖襬的垂墜多半會飄揚晃動，而不只是呈現靜止的姿態。

為什麼選用胚布進行立裁？

既然胚布比較硬挺，而且它的垂墜特性與其他布料相去甚遠，為什麼還要用它進行立體剪裁呢？答案是，胚布具有明顯的布紋，同時容易操作。此外，它未經染色的特點能幫助你看清正在捏塑的服裝輪廓，提供一片空白畫布，讓你在上頭創作設計。當你感受過不同布料的特質後，慢慢就能直覺地察覺出相對於胚布，某種布料會如何表現。

雪紡紗（chiffon）

雪紡紗比雙縐綢更加柔軟，但它的質地帶有彈性。儘管它懸垂的模樣很美麗，卻是很難處理的一種布料。

針織布（knit）

針織布的垂墜表現與邁可·寇斯這件洋裝的模樣最為接近。針織布的懸垂表現通常會有點沉重。那種重力將布料往下拉的感覺會創造出一種性感的風格，但是那似乎正是寇斯企圖表現的調性。

舞蹈用束腰寬外衣
Dance tunic

這件束腰寬外衣是為某齣歌劇表演所縫製的舞蹈服裝，其設計是以古希臘的奇通衣為本。它是由兩塊長方形布片所組成，用金屬胸針別在肩頭上。傳統上，這類束腰寬外衣應該會有條腰帶，但因為這是一件現代舞衣，所以腰線部分改用鬆緊帶收攏。這件服裝的線條稜角分明且為垂直走向，因此，兩塊布片都應該順著直布紋裁剪。下方的服裝平面圖標示出腰線結構、肩膀扣合物，以及領口裝飾圖紋的比例。

估算布料用量

完成服裝平面圖後，下一步是詳細規畫胚布用量，決定每一塊布片的大致尺寸。

在此過程中，不妨借助繆思女神的力量。請想像伊莎朵拉·鄧肯（Isdora Duncan）穿著這件衣裳跳舞。思考多少份量的布料才能讓她擁有充分的伸展活動自由，但也別忘了，腰部過多的細褶往往會使衣服輪廓變寬，讓她在視覺上變得笨重。

你可以將部分本布像照片那樣垂披在人台上，好讓自己熟悉本布的特性與表現。這裡使用的萊卡雪紡紗（Lycra chiffon）既輕薄又透氣，但其中少量的萊卡（一種具彈性的人造纖維）成分，讓這塊布料具有一定的重量和明確的輪廓。

- 用絲針將本布固定在人台肩膀上，讓它垂墜到地面。

- 在腰部繫上一段斜紋織帶或鬆緊帶，模擬衣服的設計結構。

- 仔細研究服裝平面圖的比例，記下這件服裝預定的長寬尺寸。

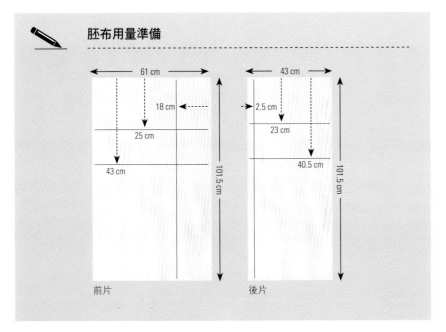

✏️ **胚布用量準備**

前片

後片

61 cm / 18 cm / 25 cm / 43 cm / 101.5 cm

43 cm / 2.5 cm / 23 cm / 40.5 cm / 101.5 cm

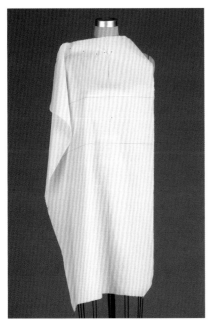
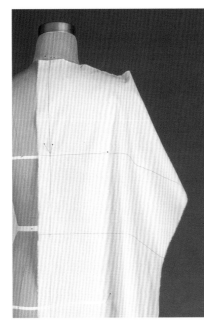

Step 1 ◎ 7

- 將胚布的前中心鉛筆記號線對齊人台前中心線，並將上橫布紋記號線與人台胸圍線、下橫布紋記號線與人台腰圍線分別對齊後，把胚布固定在人台前中心線上。首先在腰圍線上方落針，接著在前中心線頂點處以 V 字固定針法固定。

- 在領口下方約 7.5 公分（3 英寸）處，沿著肩部區域落針固定。

Step 2

- 將胚布的後中心線對齊人台後中心線，並將上、下橫布紋記號線依序分別與人台胸圍線、腰圍線對齊，接著將後片固定在人台背面。首先在腰圍線上方落針，接著在後中心線頂點處以 V 字固定針法固定。

- 在領口下方約 7～10 公分（3～4 英寸）處，沿著肩部區域落針固定，保持橫布紋記號線和地面成水平。

Step 3

- 在腰部繫上一條窄幅鬆緊帶或斜紋織帶。胚布上用鉛筆標示的腰部橫布紋記號線應該正好落在鬆緊帶下方。

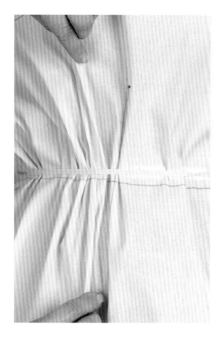

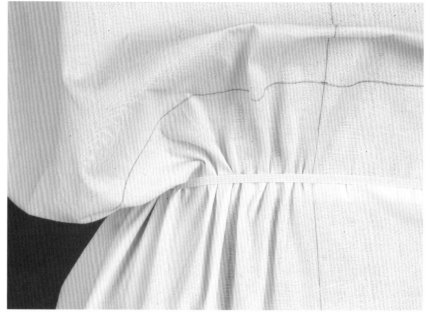

Step 4

- 讓橫布紋鉛筆記號線與腰圍線保持平行，抓住鬆緊帶上方與下方的胚布，拉扯移動，藉以調整胚布的細褶。

- 以相同手法處理後片。

Step 5

- 將前片與後片的上半部向上拉，使腰部的橫布紋記號線提高到腰間鬆緊帶上方約 7～10 公分（3～4 英寸）處，接著讓多出來的布料垂覆在腰間鬆緊帶上，做出蓬腰（blouson）的效果。

Step 6 8

- 脇邊線縫份為 2.5 公分（1 英寸）。首先將前片輕輕地朝內折入寬 2.5 公分（1 英寸）的縫份，接著將它疊在後片的完成線上，也就是距離邊緣大約 2.5 公分（1 英寸）處，再用絲針把前、後脇邊線別在一起。這種絲針的別法叫做「蓋別固定法」。

- 若有需要，也可以用粉片在距離邊緣 2.5 公分（1 英寸）處，淡淡地畫線做記號輔助。

- 從吻合腰線的橫布紋開始，將前片縫份折入疊合在後片完成線上，別上絲針，一路往下別至下襬。

將兩片胚布別在一起

把兩片胚布別在一起的時候，絲針若能以與縫合線垂直的方向固定，可以創造出看起來最平順的效果。當你仔細推敲整件衣服的形狀時，總不會希望受到拙劣的絲針固定或起皺的縫線干擾而分心。

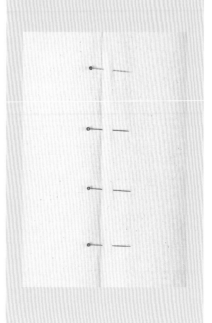

Step 7 9

- 以人台下方鐵柵的某一根橫桿為準，向上折出裙襬。

- 以與下襬邊緣垂直的方向別上絲針。

- 對照服裝平面圖，檢查垂墜的比例。

Step 8

- 移除前中心線的絲針，先朝頸脖、再朝肩點的位置移動肩膀區域，試試看前中心線的垂墜會產生什麼變化。仔細觀察前中心線的垂墜差異。

- 現在，比較你的胚樣與原作的照片有何不同。當然，胚布的垂墜比本布生硬許多，可是你應該能從胚樣清楚看見它是否平衡？比例是否正確？

- 決定服裝的肩膀落點位置，用絲針加以固定。

運用鏡子檢視胚樣的垂墜效果

此時此刻，你需要「換個角度」。不妨從鏡子裡或從遠處觀看你的垂披成果，推敲它的輪廓，動手調整它，直到你感覺一切都對勁為止。

「凡爾賽的戴安娜」的羅馬裝束

這座雕像的名稱是「凡爾賽的戴安娜」（Diana of Versailles），也就是羅馬版本的希臘狩獵女神阿黛蜜斯（Artemis）。她是位弓箭手，總是與野生動物在林間奔跑。她的服裝有種舒適輕鬆的實用感，膝上的衣長讓她在狩獵時能自由活動。

照片中的戴安娜看來像是穿著單獨一件、向上折起的衣服，也可能是一套上衣與裙子。根據我們對這個時代的衣著形式研究指出，它應該是一件長度及踝的衣裳，往上拉提為及膝的長度。

腰帶的正面出現一種奇特的雙層圍裹，顯示出腰帶和肩上的綁紮飾帶可能是相連的。話雖如此，你可以將你的立裁作品簡化為三個基本部分：外罩式女衫、腰帶和肩飾帶。這件服裝的假設用途是戲服，而非精準的復刻。

首先，畫一張服裝成品的外觀草圖，以便拿捏正確的比例。接著繪製另一套草圖，確定以下元素：前片、後片、腰帶與肩飾帶。

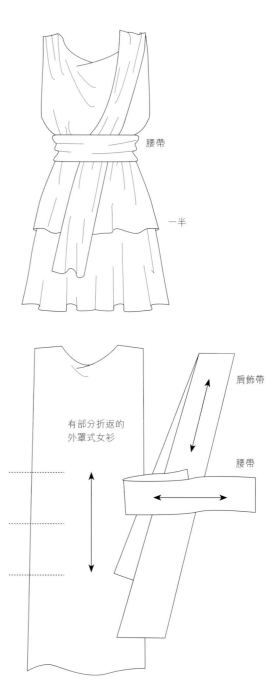

腰帶

一半

肩飾帶

腰帶

有部分折返的
外罩式女衫

估算布料用量

這座雕像描摹的實際布料可能是輕盈的亞麻或羊毛。它有許多線條與褶襇，代表這些長方形布片具有相當的寬度。請估算你認為可能需要的布料用量最大值。

胚布布料整型

準備胚布，別忘了按照第21頁說明的方法為胚布整型與整燙。

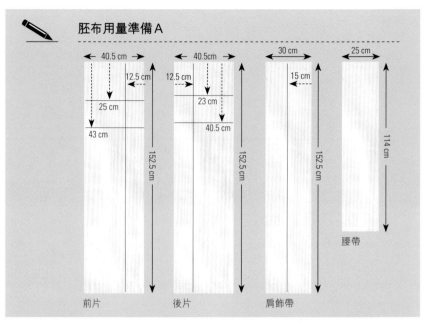

胚布用量準備A

40.5 cm 12.5 cm 12.5 cm 25 cm 23 cm 43 cm 40.5 cm 152.5 cm 152.5 cm 30 cm 15 cm 152.5 cm 25 cm 114 cm

前片　　後片　　肩飾帶　　腰帶

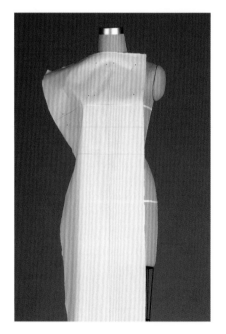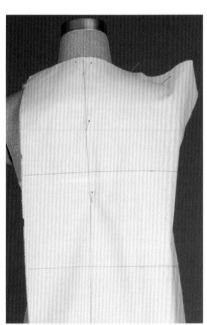

Step 1

- 將胚布的前中心線、上、下橫布紋記號線依序分別與人台的前中心線、胸圍線、腰圍線對齊，將前片別在人台正面。先在腰圍線上方落針，接著在前中心線頂點處以V字固定針法固定。

- 沿著胸部區域直到人台手臂根部下方的脇邊線為止，落針固定。

- 你是否注意到直布紋會展現明顯的垂直風貌呢？請留意這種強而有力的布紋，是如何支撐出照片中布料褶襇的垂直線條。

Step 2

- 將胚布後中心線與人台後中心線對齊，並將上、下橫布紋記號線分別與人台胸圍線、腰圍線對齊，接著將後片固定在人台背面。先在腰圍線上方落針，接著在後中心線頂點處，以V字固定針法固定。

- 在領口下方約7～10公分（3～4英寸）處，沿著肩部區域落針固定，保持橫布紋記號線和地面成水平，並將胚布披裹在肩膀上。

平整地固定絲針

花點時間將絲針平整地正確固定好，別上絲針時最好能與完成線垂直（圖左），而不要與完成線平行（圖右）。使用的工具不要太突出、顯眼，這樣才能專注在你正在創造的衣物外形上。

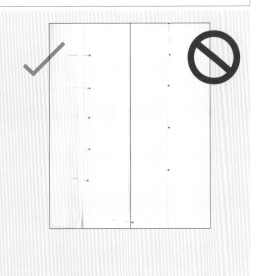

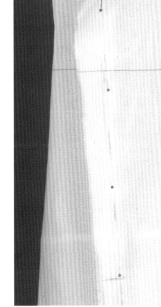

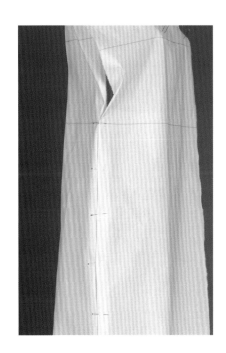

Step 3 ◎ 10

- 將前、後片抓別，從腰部橫布紋記號線到下襬緣邊，將脅邊線抓合後，用絲針固定在一起。這種絲針別法稱為「抓合固定法」。

- 要將前片縫份往內折入，別在後片完成線上並固定脅邊線，也就是將脅邊線的針法從抓合法改為蓋別法，首先得用絲針平整地別好（絲針走向應垂直於地面）從腰線到下襬緣邊的抓合線條。

Step 4

- 用粉片在前、後裁片上以虛線淡淡地畫出絲針固定的位置線。

- 大約每隔 25 公分（10 英寸），在前、後片上用一道短橫線做出對合點記號，以便拆除絲針後能重新對齊前、後片。

Step 5

- 一次拆下兩、三根絲針，將前片縫份往內折入並疊合在後片完成線上，用蓋別固定法將前、後片脅邊以水平方向將絲針重新別上。

033

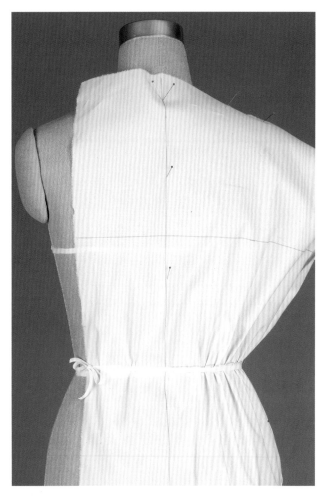

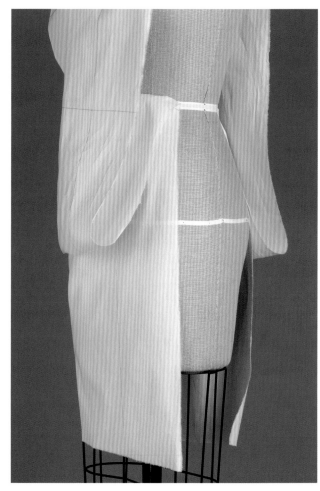

Step 6

- 在腰部繫上一條窄幅鬆緊帶或斜紋織帶。胚布上用鉛筆標示的腰部橫布紋記號線應正好落在鬆緊帶下方。

Step 7

- 用 V 字固定針法固定胸部下方與脇邊線處，以便將胚布牢牢地固定在恰當的位置上，拆掉腰圍線下方的絲針。

- 將腰線上方的胚布不斷向上拉，做出蓬腰的效果，直到達成想要的比例為止，衣服的下襬緣邊必須和人台下方鐵柵的橫桿平行。

Step 8

- 將腰帶圍裹在腰身上，抓出如相片一般的褶襉，並將腰帶的其中一端紮入腰身中。

- 拆掉前片上身的絲針，將側邊布片往前中心線挪移。調整前片與肩膀的垂墜線條，用絲針水平地固定肩膀部位。

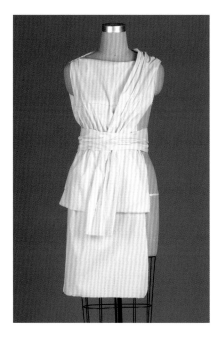

Step 9

- 將長方形的肩飾帶斜披、跨過肩頭，兩端分別塞入腰帶正面與背面底下，收折出褶子。

- 接著拿著第 30 頁的服裝平面圖往後退幾步，對照設計圖與眼前的立裁成果，確認外形是否吻合，比例是否正確。

Step 10

- 除了寬度似乎不太一樣，其餘的垂褶比例看起來一模一樣。它不像照片中的服裝那樣飽滿。

- 由於前中央部位有特別多的布料，請嘗試將這部分朝側邊挪移，並且留意這麼做會對前片的垂褶帶來什麼變化，此外也要留心腰部以下的布料份量。

做記號與描實

在拆開胚樣、繪製紙型之前，可運用幾種不同的方式在胚樣上做記號。一是用鉛筆或粉片在所有的縫合線與對合點做記號，二是利用「記號縫」標示線條。所謂的「記號縫」是指沿著布料的某個區域，用長針蒂假縫標示出胚樣的某條記號線。記號縫完成時，兩面都能看見縫合線，因此，等拆開胚樣後，能清楚看見每塊裁片上的記號線。

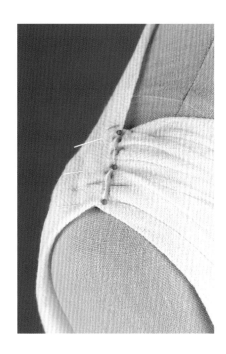

Step 1

- 用鉛筆或粉片在肩線和脇邊線等別針區域點上記號。

- 在肩膀做一到兩個對合點記號，脇邊則是每隔 10～12.5 公分（4～5 英寸）做一個對合點記號。

Step 2

- 用鉛筆或粉片在腰部畫線，標示鬆緊帶的位置。

Step 3

- 以記號縫標示肩飾帶與腰帶正、反面交會的地方。

- 以記號縫標示新的前中心線與新的後中心線。

- 以記號縫標示腰帶其中一端向內折入的位置。

- 拿掉肩飾帶與腰帶，掀起折疊的部分，在鬆緊帶的位置標出新的腰圍線。

- 從人台小心地取下胚布片，輕輕地撫平，讓裁片變得平坦。

  由於這個完成品就是紙型，因此唯一需要標示的線條是脇邊線與新的腰圍線。

- 脇邊線會是完全筆直的，縫份為 2.5 公分（1 英寸）。

- 新的腰圍線會落在從裙襬往上 55 公分（22 英寸）處。

- 依胚布用量準備圖 B 所示，裁剪一批新的胚布片。

- 從比腰線略高的地方（在蓬腰效果出現前）開始車縫脇邊線，接著車縫肩線，然後依照 Step 1~10，將縫製完成的胚樣重新套穿在人台上。

分析

比較我們的立裁成果與第31頁的照片後，發現兩者相當吻合。比例相當近似，腰部以上的斜向垂褶具有同樣的角度。此外，雖然雕像的裙襬和肩飾帶處於移動的狀態，因此有點不容易判斷，但是布料的總體份量大致是相等的。此外我們也很難得知藝術家把布料的墜性做了多少理想化的修正。不過，它肯定是一塊非常薄、質地很細緻的布料，才能表現出那樣飄拂的墜性。

也許是抵抗不了現代時尚的強烈主張，嚮往纖纖細腰，使得立裁成品的腰帶不如雕像的腰帶那樣寬。立裁成品的前中央領口區域的垂褶比雕像的大上許多，而且雕像右半上身的布料感覺繃得比較緊。這或許是戴安娜的箭袋背帶將這件衣裳往後背拉的緣故。

實用獵裝的外觀與自由、不拘束的感覺全都實現了。如果有機會運用一塊非常細緻的絲綢網眼布料來製作這件服裝，看看它能否更接近這尊大理石雕像那些細膩的褶襉，肯定是件很有趣的事。

選擇一種布料來校驗紙型

我們通常會選擇比胚布更接近本布特性的布料，來校驗一件完整的新胚樣。在這個案例中，我們選用的是穆斯林薄布。縫製前得先下過水，以便更進一步模擬照片中服裝的風格。

✏️ 胚布用量準備 B

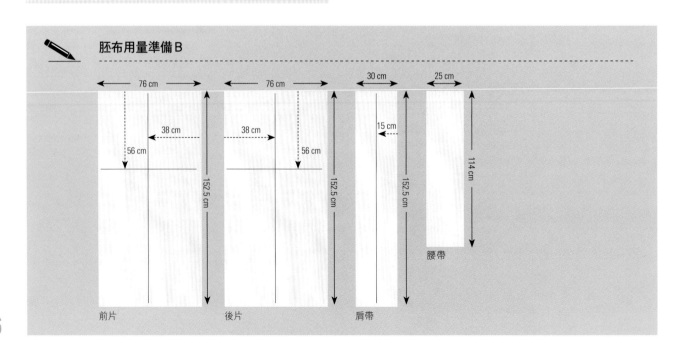

前片　　後片　　肩帶　　腰帶

1.2
Dresses
洋裝

傳統服飾的演變與時尚

出於各式各樣的實用理由，遠古文化中莊重的垂披布片衣著逐漸
轉變為更合身的服裝。較合身的衣服能擴展人們的行動力，方便
從事諸如騎馬、上下馬車和跳舞等活動。

在嚴寒的氣候下，人們得將自己裹得緊密些才能保暖，也
才能多穿幾層衣服。北方文化打造出袖子與褲子，透過圍
裹與綁縛布料將寒氣隔絕於外。

最終，梭織布片被裁剪成能從頭部套穿的衣服，層層疊疊
的碎褶讓衣身變得飽滿蓬鼓。到了義大利文藝復興時期，
布料的裁剪與塑形蓬勃發展，我們可以從那個時期複雜精
美、色彩繽紛且貼合身形的服裝略窺一二。現代服裝的許

多外形是從十四世紀起裁縫技法的發展逐步演變而來。

數百年來，西方女性穿著的洋裝包括了上身（通常是緊身
的，以便具備支撐力）、蓬裙和袖子（與上身相連，或屬
於穿在上身底下另一件衣服的一部分）。

這種基本的洋裝結構也存在於東方文化中，體現在諸如「
秋巴」（chuba）這種源自於寒冷的西藏喜馬拉雅山區的傳
統服裝上。在這裡顯示的現代版剪裁中，其結構包含由兩
塊方形布片組成的裙身，以及由兩塊布片輕巧構成的合身
上衣。跟許多古裝一樣，秋巴的袖子是貼身襯衣的一部分。

左：由康卓・次央（Khan-
dro Tseyang）設計的現代
版傳統藏袍「秋巴」。

右：秋巴是由兩塊長方形
裙片與一件合身上衣所構
成的服飾。

次頁
左：從多明尼克・吉蘭達
約（Domenico Ghirlan-
daio）的畫作《聖母的誕
生》（*Birth of the Virgin
Mary*）的局部細節可以看
見，為了更加合身，緊身
的袖管被切開了。

右：書中這件一九二○年
代的飛女風洋裝（flapper
dress），在外形上近似古
代的裴尼克衫形式，由兩
塊方形布片組成，再加上
少許合身接縫或縫合褶。

無論在男裝或女裝界，運用包括打褶、縫合、抽碎褶等技巧創造出不同的服裝份量與外形這件事，都持續在演進變化中。

數世紀以來，女性洋裝的組成全都繞著束腹馬甲與襯裙發展。那樣的時尚典範終於在十九世紀晚期開始轉變，服飾改革運動也隨之興起。創立於一八八一年的理性衣著公會（Rational Dress Society）基於健康理由，反對緊縛身軀的束腹馬甲，擁護寬鬆的衣著。

在一九〇〇年代初期，知名的時裝設計師保羅‧勃瓦銳（Paul Poiret）承續這股潮流，設計出寬鬆舒適的服裝，完全揚棄了束腹馬甲。他的設計在當時是如此驚世駭俗，據說有些人看見女性穿著他設計的時裝，會震驚得昏厥倒地。

在現代時尚中，我們找到了平衡——就算是寬鬆的款式，也能運用打褶和縫合法，在外形與合身度創造出細緻的表現。透過研究本章介紹的洋裝上身，我們會看見不同類型的褶子與縫合法如何創造出特定的服裝輪廓。

褶子的變化

　　將一塊正方形胚布披覆在女裝人台上，觀察會發生什麼狀況。顯而易見的挑戰是，該如何處理胸部與腰部的曲線。我們可以運用各式各樣褶子所產生的不同效果，讓這件女裝上身變得合身。接下來要介紹三種褶子。當你一邊動手做的時候，記得訓練你的雙眼去留意胚布輪廓產生什麼樣的細微差異，尤其要仔細觀察胚布垂落的樣態，以及布紋走向的變化。

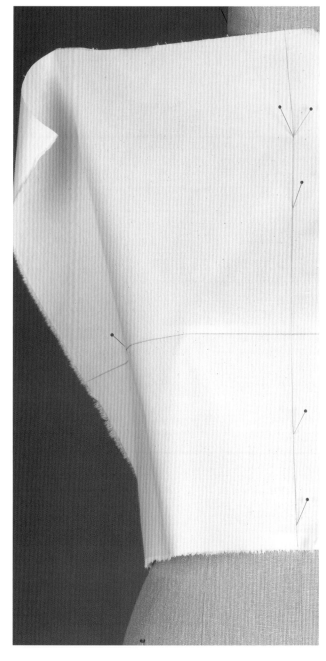

✏️ **胚布用量準備**

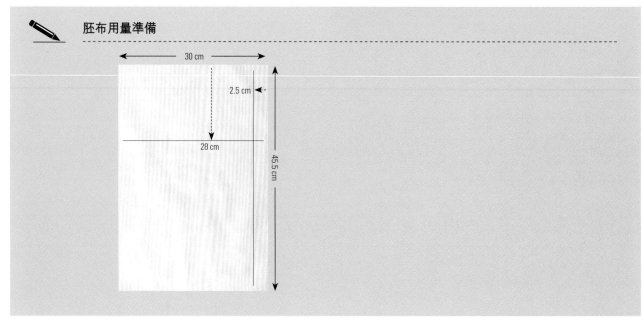

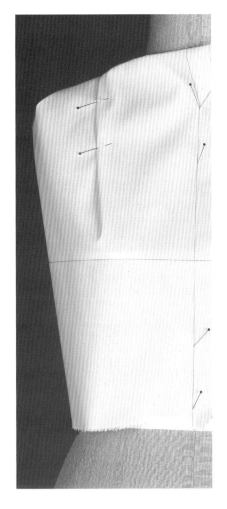 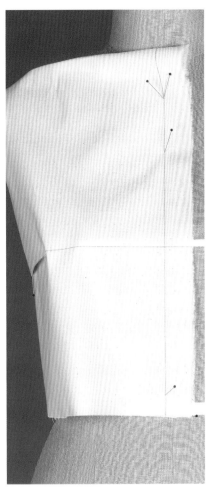 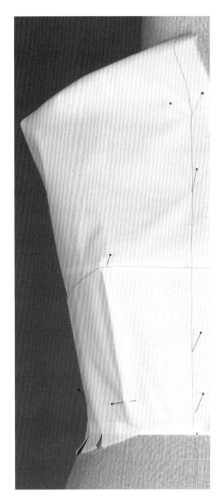

肩褶（shoulder dart）

- 沿著前中心線一路向下固定絲針，再用 V 字固定針法固定前頸點。

- 為保持橫布紋記號線成水平，在肩部抓出一道褶子以收納多餘的布料。

- 用絲針固定褶子後，仔細研究肩褶所創造的外形。

脇邊褶（side bust dart）

- 沿著前中心線一路向下固定絲針，再用 V 字固定針法固定前頸點。

- 把胚布往肩線的方向推平，任由它向下垂落，接著從脇邊捏起多餘胚布，抓出一道脇邊褶。

- 用絲針固定褶子，讓褶尖落在乳尖點前，仔細研究整體的外形輪廓。

腰褶（waist dart）

- 沿著前中心線一路向下固定絲針，再用 V 字固定針法固定前頸點。

- 把胚布往肩線、袖襱與脇邊等方向推平，讓胚布褶份倒向脇邊。

- 用絲針在公主線（大約位於脇邊線與前中心線的中央處）上固定褶子。

創造含蓄低調的褶子

褶子愈深，褶尖的形狀就會愈誇張。除非這是一種風格或設計判斷，否則褶子應該是含蓄低調的，要盡可能保持隱形。

嘗試重新垂披抓別前述三種褶子，減少折入的布料份量，觀察這麼做會帶來什麼變化。

有胸褶的經典女衫
Classic bodice with bust dart

這件帶有脇邊褶的無袖女衫，說明了這種褶子能創造
非常筆直的垂墜外觀。注意格紋圖案的線條在這種褶
子的協助下，依舊保持垂直與水平。這件衣服的兩側
垂直落下，只有胸部微微突出且腰際略略內縮。

這種經典、實用的褶子常出現在需要去除服裝前片向
外張開、但腰部無須合身的女衫與洋裝上。

請留意位置相當高的繫結領與古典的袖襱形狀，證實
了這件上衣樸素保守的本質。

消失的褶子

褶子是用來創造服裝輪廓的，通常不會是款式設計線，因此，
原則上要盡量讓褶子隱藏起來。在選擇該用哪種褶子來塑造
胸部線條時，要考慮的不只是你想創造什麼樣的輪廓，也得思
考褶子在本布上所呈現的樣貌。別忘了讓褶尖遠離乳尖點，同
時，在設計款式容許的範圍內，盡可能讓褶深淺一點。

✏ 胚布用量準備

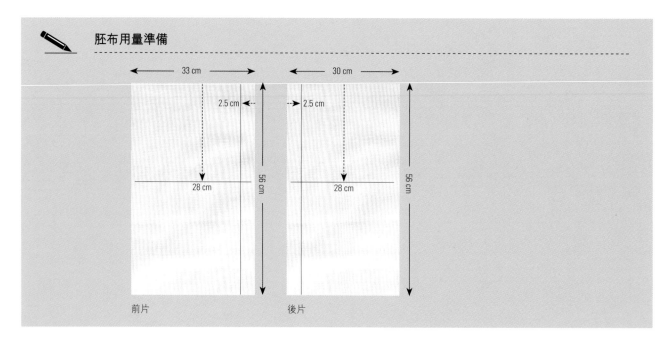

前片　　　　　　　　　　　後片

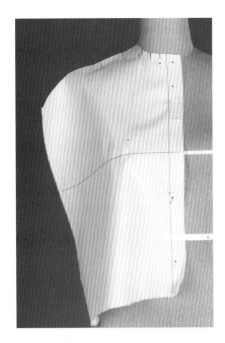

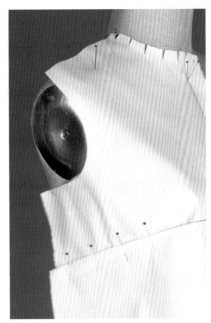

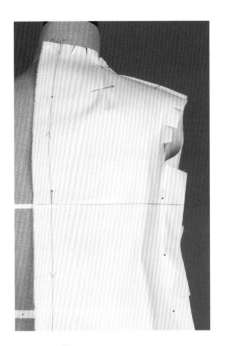

Step 1 11

- 將胚布的橫布紋記號線對齊人台胸圍標示線，沿著前中心線一路向下固定絲針。在乳尖點間保留大約 1.5 公分（½ 英寸）的鬆份，讓胚布順著腰際的曲線自由垂落。

- 在胸部固定一針。

- 沿著領圍線剪牙口，修剪領口部位與肩膀的多餘胚布，直到胚布平順為止。

Step 2 12

- 將下方布料往上折，抓出一道脇邊褶。察看照片中示範服裝的輪廓——脇邊布料的垂落應該要相當筆直。褶尖頂點應落在乳尖點前大約 1.5 公分（½ 英寸）處，褶份大約 2 公分（¾ 英寸）寬。如果褶子太深或朝前中心線推進得太遠，就會形成非常尖銳的輪廓。你的目標是讓褶子消失，同時創造出一種沒有皺紋的渾圓外形。

- 用絲針將脇邊布料固定在原位，再次檢查整體的輪廓。橫布紋記號線應該與地面平行，而且從正面來看，整體外觀應該是平整且方方正正的。留意照片中的服裝輪廓。

- 修剪袖襱的多餘胚布，只留下大約 2.5 公分（1 英寸）的縫份。

Step 3 13

- 將胚布的橫布紋記號線對齊人台胸圍標示線，在腰圍附近留出空間，讓胚布能自由垂落，並沿著後中心線一路向下固定絲針。

- 輕輕按住後肩胛部位的布片，並將多餘布料往後中心線折疊，抓出一道後領圍褶。褶子的折入份量約為 0.5 公分（¼ 英寸）寬。

- 沿著後領圍線剪牙口，修剪後領口與肩膀的多餘布料，直到胚布平順為止。修剪袖襱部位，只留下大約 2.5 公分（1 英寸）的縫份。

- 將前、後片相對抓別，沿著人台脇邊用絲針將胚布脇邊線別在一起。修剪縫份，留下約 2.5 公分（1 英寸）。在腰線附近的脇邊剪幾個牙口，這樣待會將縫份往內折入時，線條才會比較平順。

- 在脇邊與肩膀這兩個部位將前片改為疊合在後片上。處理肩膀部位時，先在完成線的兩側用絲針牢牢固定住，讓胚布無法移動，再將前片的縫份往內折入，疊合在後片的完成線上，用絲針固定。處理脇邊部位時，因為得從人台將絲針拔起重別，不妨先用粉片淡淡地標示固定絲針的位置線，並沿線做出一、兩個對合點記號，接著再將前片的縫份往內折入，用蓋別固定法將前、後片的脇邊別好。

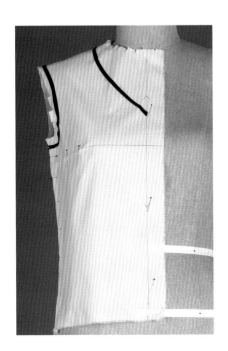

Step 4

- 核對示範服裝的輪廓。若有需要，可調整針別位置讓它鬆或緊一些，直到達成目標外觀為止。

- 用斜紋織帶標示領圍線與袖襱。請留意，你所標示的領圍線並不包含斜裁領片。

剪牙口

剪牙口是得花時間練習的技法。須把握的原則是：牙口要剪得夠深，胚布才能平順地服貼在人台上。當布片受到人台限制時，修剪多餘布料後再剪出牙口，能讓布片倒向它想走的方向。

法式褶女衫
Bodice with French dart

法式褶（French darts）是一種脇邊褶，跟第42～43
頁顯示的褶子很類似，但是它從脇邊指向胸部的夾角
相當小。這種褶子在一九五○年代廣為流行，它不再
強調女衫正面的飽滿度，而是讓胸下圍區域變得更為
合身。它讓腰線內縮，方便與合身的裙子相匹配。
這件女衫的領口並不是特別低，也不是特別緊。它屬
於合身款式，充滿女人味，卻保有一種青春的純真
感，具體呈現出女星瑞斯·薇斯朋（Reese Wither-
spoon）予人的印象。

請注意，這種褶子朝乳尖點移動時會呈現微微地彎
曲。直布紋在前中心線與後中心線都是筆直地一路而
下。雖然後頸下方的肩胛部位通常會稍微隆起而需要
塑形，但這件女衫的背面頂端邊緣落在肩胛骨下，所
以並不需要打褶。

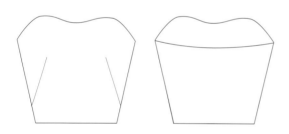

✏ 胚布用量準備

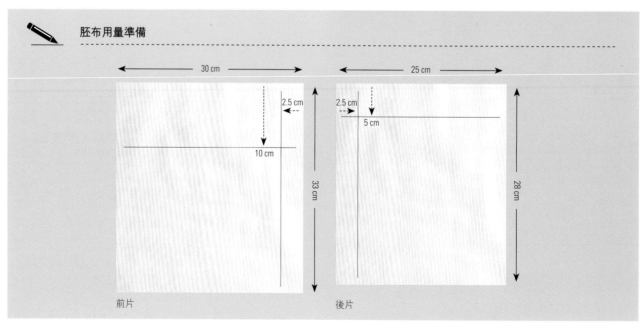

前片　　　　　　　　　　　　後片

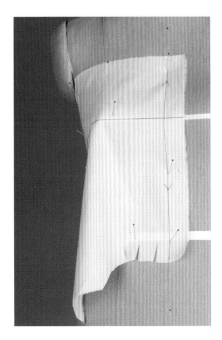

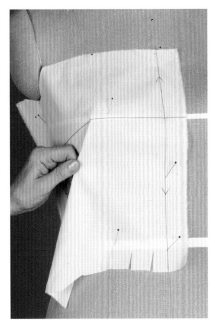

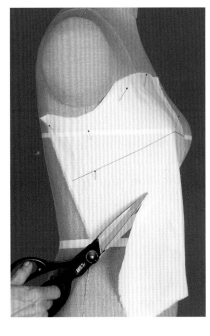

Step 1 ◎ 14

- 將胚布的橫布紋記號線對齊人台胸圍標示線，沿著前中心線一路向下固定絲針。在乳尖點間保留大約 1.5 公分（½ 英寸）的鬆份，接著在胸部與腰部分別用絲針固定。

- 將胸部上方的胚布朝脇邊推平，讓鬆份朝前方垂落。

- 沿著脇邊線用絲針往下固定約 5 公分（2 英寸）長。

- 將腰際的胚布從前中心線往公主剪接線推平，在腰線上落針固定，必要時可修剪多餘胚布及剪牙口。

Step 2

- 將胚布從中央朝脇邊向上折疊，形成法式褶。這個褶子應始自乳尖點，止於腰線上方約 2.5 公分（1 英寸）處。

- 用粉片淡淡地畫出褶子的記號線。

胸圍脇邊部位

服裝的胸圍脇邊上緣通常會保持在較高的位置，因為這樣才能提供這個部位更多的支撐力。後胸圍脇邊上緣則應與胸線齊平。

Step 3

- 接著重新打開褶子，沿著粉片記號線剪去褶子內部多餘的胚布，只留下大約 2 公分（¾ 英寸）寬的縫份。剪出褶子的大致輪廓能讓你便於折出曲線，進而完成更合身的線條。

- 將下褶線向上疊合在上褶線上，折出法式褶，從胸下圍區域盡可能拉進最多的布料，這樣才會合身。

- 沿著脇邊線一路向下固定絲針。

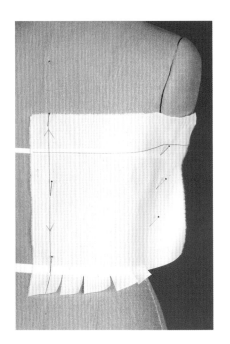

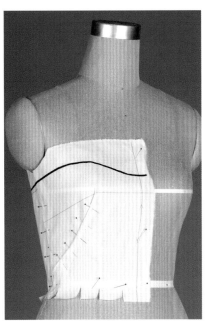

Step 4

- 將胚布的橫布紋記號線對齊人台胸圍標示線，用絲針固定後中心線。

- 將後胸圍區域的胚布朝脇邊推平，讓橫布紋記號線自然地向上走。

- 沿著腰圍線、從後中心線朝向脇邊落針固定。必要時可剪除多餘胚布及剪牙口，好讓布料能平順地垂落。

Step 5

- 察看照片，用斜紋織帶或標示帶標記出胸上設計線。

無褶飄襬洋裝
Swing dress with no darts

裁製「飄襬洋裝」（swing dress），又名「傘狀洋裝」、「梯形洋裝」，能讓我們了解完全不打褶會造成什麼樣的效果。所有的鬆份全都越過胸部，落在下襬，因此使下襬呈現波浪狀。

這件洋裝帶有頑皮活潑、賣弄風情的調性——它可以是又短又寬鬆的。這是件日常洋裝，所以袖襱的剪裁會在後片挖深一點，以便創造出時髦花俏的挖背款式（racer-back armhole）。

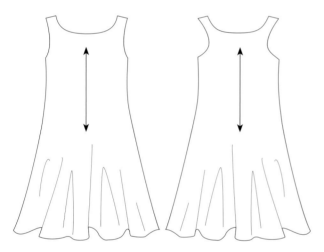

✏️ **胚布用量準備**

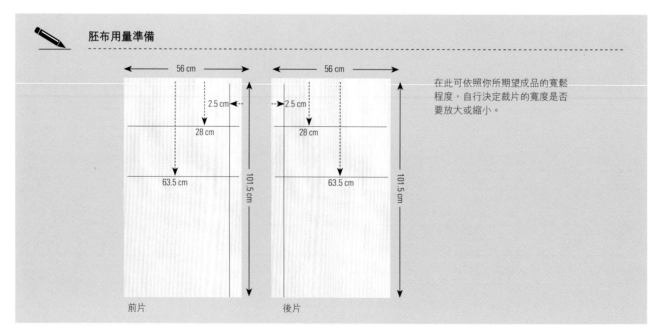

56 cm

2.5 cm

28 cm

63.5 cm

101.5 cm

前片

56 cm

2.5 cm

28 cm

63.5 cm

101.5 cm

後片

在此可依照你所期望成品的寬鬆程度，自行決定裁片的寬度是否要放大或縮小。

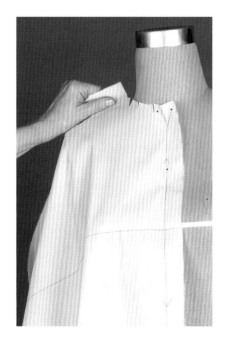

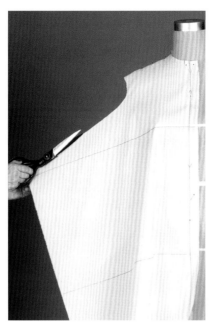

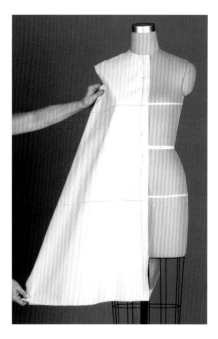

Step 1

- 將前片的上橫布紋記號線對齊人台胸圍標示線，下橫布紋記號線大致對齊人台臀圍標示線。

- 將鬆份往肩膀部位推平，修剪領口周邊多餘的胚布，並沿著領圍剪牙口。留意肩線的角度會如何影響前身下襬波浪份量的多寡。

Step 2

- 用絲針固定肩膀與袖襱上半部，從胸圍線／橫布紋記號線開始，一路剪出袖襱部位形狀，接著修去多餘胚布，只留下大約 2.5 公分（1 英寸）寬的縫份。

- 從 **Step 1** 開始，以相同手法處理後片。

Step 3

- 在肩膀部位，將前片改為疊合在後片上，用絲針固定肩線後，再用絲針固定腋下的脇邊線。

- 捏住前、後脇邊，檢查下襬的波浪狀（可多利用鏡子來輔助），再將前、後脇邊線鬆鬆地抓別，並以絲針固定。

- 修剪脇邊多餘的胚布，只留下約 2.5 公分（1 英寸）寬的縫份。

Step 4

- 將前脇邊線的縫份往內折入，疊合在後脇邊線上固定（若有需要，可用粉片在絲針固定處淡淡地畫上記號）。

- 以人台下方鐵柵的某一根橫桿為準，折出裙襬。

- 用斜紋織帶標示領圍與袖襱形狀。前袖襱線帶有微微切入的角度，後袖襱線則有挖背的感覺，但整體仍維持典型袖襱的卵形，袖襱最狹窄部位應落在距前脇邊線 2.5 公分（1 英寸）處。袖襱底部約落在人台手臂根部下方 2 公分（¾ 英寸）處。

Step 5

- 為求保持直、橫布紋穩定不歪斜，在決定領口該如何設計之前，先讓領圍線停留在高處。

- 檢查下襬、袖襱與領圍的形狀是否符合這件衣服應有的風格。這件洋裝既年輕又俏皮，仔細端詳整體形狀是否平衡，看看它是否展現出和照片一樣無憂無慮、快活歡樂的風情。

- 嘗試把裙襬放長並提高領圍的標示帶位置，觀察這件洋裝的風貌會如何改變。

吻合布紋記號線

胚布的布紋記號線是否相互吻合並不特別重要，它們只是協助你判斷布紋是否均衡的標線而已。在針別前、後片時，略為上下偏移是可接受的。

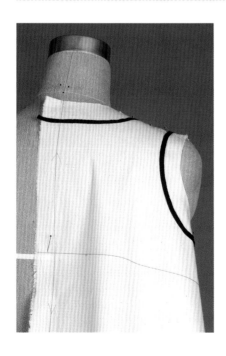

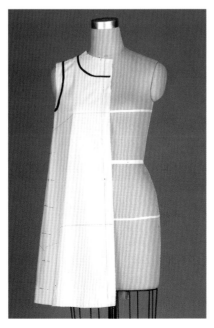

049

《第凡內早餐》奧黛麗‧赫本的長洋裝

奧黛麗‧赫本（Audrey Hepburn）在電影《第凡內早餐》（*Breakfast at Tiffany*）中所穿的那套船型領（bateau neckline）合身長洋裝，定義出象徵一九五○年代的一種風格。可可‧香奈兒（Coco Chanel）讓黑色小洋裝廣受眾人喜愛，在此，赫本更充分展現它的現代作風與優雅魅力。

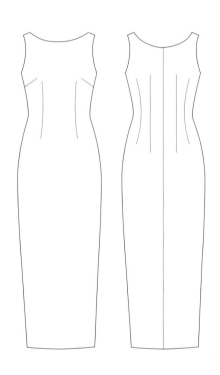

這件洋裝得分成前片與後片兩部分來處理，透過脇邊褶與公主剪接線的垂直褶子，創造出緊密合身的服裝。兩側脇邊會仿效照片中洋裝的外觀，逐漸變得細窄。

開始進行立裁之前，請再次端詳這張照片。仔細研究它造形優美的線條所打造的輪廓。它看起來相當貼身，所以立裁時要記得在合身尺寸外加入一些鬆份。赫本在電影中實際穿著的服裝有一道腰圍縫合線，讓腰部更加貼合身形。這項設計在此略有修正，以便讓你能練習這種長形的垂直褶子（腰部菱形褶）。我們的目標是再現這件洋裝苗條、婀娜多姿的風貌。

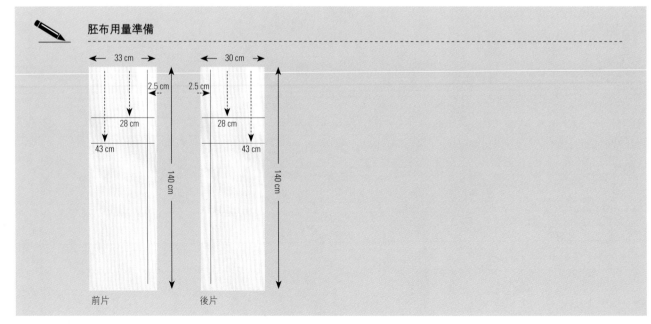

✏ **胚布用量準備**

前片　　　　　後片

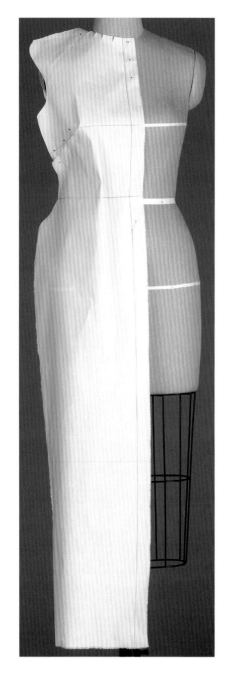

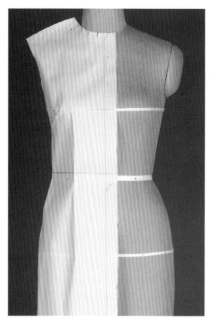

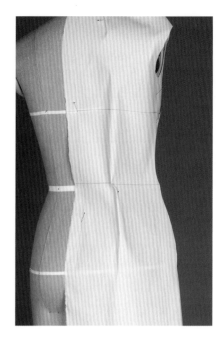

Step 2 15

- 觀察前片的蓬鼓狀態,以及布料自然呈現的摺痕狀態。

- 從腰線開始,將胚布折向脇邊(褶子會被燙壓成朝向身體中心線),接著朝胸部抓出褶子,但褶份應逐漸減少,褶尖落在乳尖點下方大約 1.5 ~ 2.5 公分(½ ~ 1 英寸)處。然後朝臀部抓出褶子,褶份同樣會逐漸減少,褶尖則落在腰線下方大約 10 ~ 12.5 公分(4 ~ 5 英寸)處。

- 用絲針將胚布固定在人台脇邊線上,保留鬆份。這是件貼身,但非緊身的洋裝。一般而言,胸部的鬆份約為 1.5 公分(½ 英寸),腰部的鬆份約為 1.5 公分(½ 英寸),臀部的鬆份則約為 2 公分(¾ 英寸)。

Step 3

- 沿著後中心線固定後片,並分別在與領圍線和臀圍線交會處用 V 字固定針法加以固定。

- 抓起肩胛骨部位(在公主線上,約在後頸點下方18公分〔7英寸〕處)的胚布,往後中心線折入 2 公分(¾ 英寸)深,形成後領圍褶。在褶子上落針固定。

- 修剪後領口與肩膀的多餘胚布,沿著後領圍剪牙口。

- 將前片肩線疊合在後片肩線上,用絲針固定。

- 在腰部抓出約 2 公分(¾ 英寸)深的腰部菱形褶。每一道菱形褶的褶份都必須很深,才能容納必要的臀部鬆份。若想讓洋裝背面的線條顯得更優雅,不妨改用兩道褶子取代一道。

Step 1

- 對齊胚布與人台的前中心線,並將胚布的上橫布紋記號線對齊人台胸圍標示線。沿著前中心線一路向下固定絲針到腹圍處,並在乳尖點間和腰際保留鬆份。用 V 字固定針法固定頸圍前中心點,在乳尖點固定一針。

- 把胚布往肩膀部位推平,修剪領口周邊多餘的胚布,並沿著領圍剪牙口。

- 將布料往上折,抓出脇邊褶,如此一來,腰圍橫布紋記號線依然能保持水平。這道褶子的角度並不像法式褶那樣尖銳,但卻比第 44 ~ 45 頁的脇邊褶角度更陡一些,這道褶子會讓胚布倒向脇邊。

- 用絲針固定腋下到腹圍線段的脇邊線,修剪肩膀、袖襱與腰部上方脇邊的多餘胚布,留下約 2.5 公分(1 英寸)的縫份。

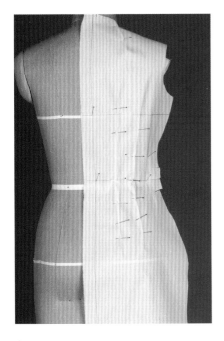

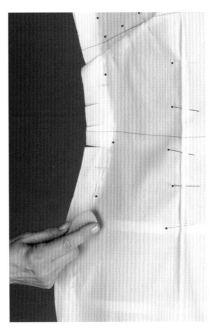

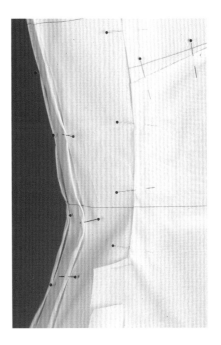

Step 4

- 後腰菱形褶頂端的褶尖會止於肩胛骨部位前方，大約是腰圍線上方 15～18 公分（6～7 英寸）處。底端的褶尖則幾乎到達臀圍線。後片褶子的長度可能遠比前片褶子長，而靠近後中心線的褶子則應該比靠近脇邊的褶子略長一些。

- 將前、後片的脇邊抓別在一起，保留和前片同等份量的鬆份，用絲針固定脇邊線，修剪脇邊多餘的胚布，留下約 2.5 公分（1 英寸）的縫份。對照服裝平面圖，確認下半身的線條是愈接近裙襬愈細窄。

- 將縫份修剪至剩下約 2.5 公分（1 英寸）。

Step 5

- 準備將脇邊線改為蓋別固定法。小心別破壞了剛才打造出來的輪廓。在前片與後片上，每隔 7.5～10 公分（3～4 英寸）用粉片淡淡地畫上記號。別忘了畫上幾個對合點記號，以免待會拆除絲針後，裁片的位置跑掉了。

- 在腰部剪出幾道牙口，以便將胚布往內折入。

Step 6

- 拆除脇邊線的絲針，將它們暫時固定在離脇邊線幾公分處，以免胚布位移。

- 從腰部開始，將前脇邊線的縫份往內折入，用蓋別法將前、後片脇邊線固定好。接著往上，朝胸部方向將脇邊線固定好；再往下，將腰部到裙襬的脇邊線固定好。

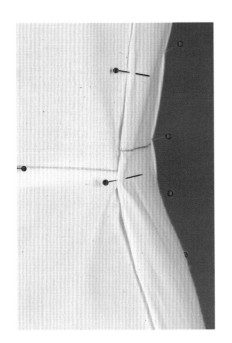

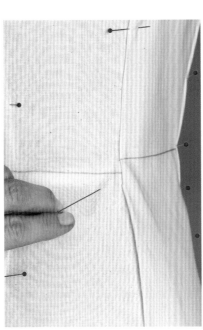

Step 7

- 別好脇邊線之後，檢查完成線是否平整。注意，落在腰圍線上的這根絲針過度拉扯布料，使布料產生了兩道斜紋。

Step 8

- 解決之道是取下那根絲針，在該部位多折入一些布料。如果情況仍未改善，不妨在這個彎曲部位多剪幾道牙口。

Step 9

- 注意看，這道完成線已經變得平順。

Step 10

- 以金屬角尺輔助，用粉片標示出裙襬的位置，接著將裙襬往上翻折。

Step 11 16

- 運用斜紋織帶或標示帶，標示袖襬與領圍的款式設計線。對照服裝平面圖，確認標示線的正確位置。

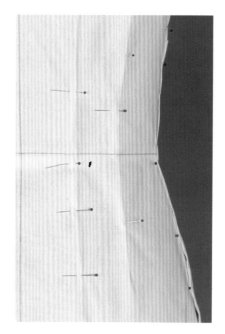

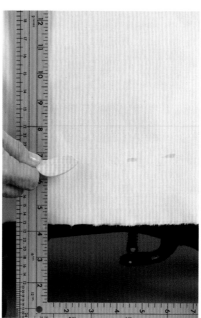

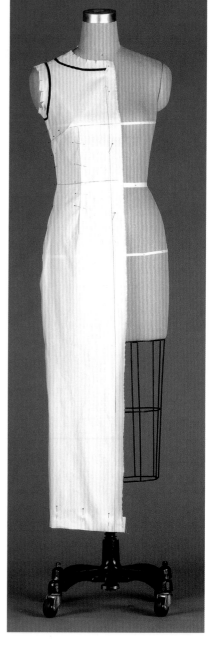

做記號與描實

一開始，你得小心翼翼地操作，可是等到愈來愈熟悉經典的版型形狀該是什麼模樣後，這個過程就會變得輕鬆許多。有時你會難以分辨胚布上的某個記號是立裁塑型時留下的細微痕跡，或者純粹是胚布上的污點。假如難以定奪，你永遠可以在人台上重新別上絲針，檢查該處不確定的部位。

裁剪胚布

為了節省胚布用量，你可以裁剪另一塊一半的前片，然後將兩塊前片縫合在一起。不過要記得，最後成品得剪成完整的一片才行。

✏️ **胚布用量準備**

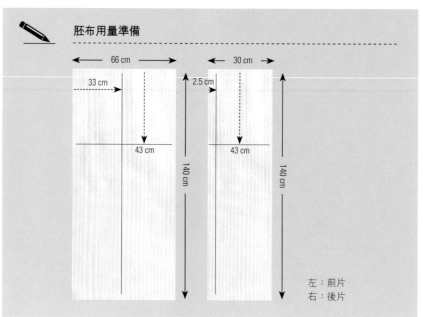

左：前片
右：後片

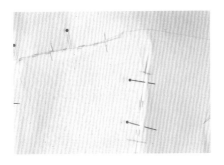

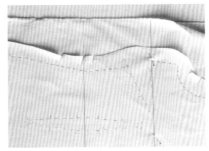

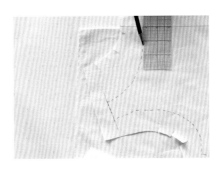

Step 1 ⊙ 17

- 用鉛筆沿著領圍與袖襱的斜紋織帶外緣點上記號。

- 在褶子的兩側邊緣，以及頂端與底端的褶尖點上記號，每隔 7.5～10 公分（3～4 英寸）畫上對合點記號。

- 在前、後片脇邊線點上記號；大約每隔 25 公分（10 英寸）就做個對合點記號，切記務必要在腰圍線上做上對合點記號，以便在描實彎曲部位時作為參考。

Step 2

- 拆除絲針，用極少量的蒸氣輕輕地燙壓胚布，布料才不致縮水或變形。

- 以這件服裝而言，必須檢查完整的胚樣才行，所以你得再裁剪一套新的胚布片，其中包括一片完整的前片，還有一片追加的後片（左後片）。

- 將新的前片胚布整型妥當，依照第 54 頁的胚布用量準備圖畫出直布紋與橫布紋記號線。

- 以前中心線為準，將新的前片胚布對折，用絲針固定橫布紋記號線，以便確保它能恰好成一直線。

- 接下來，將垂披完成的胚布前片疊在這塊對折的新胚布上，對齊兩者的直、橫布紋後，用絲針固定。

Step 3 ⊙ 18

- 使用透明方格尺標示出那些完全筆直的線條：頸圍前中心點與前中心線交會的至少起頭 2.5 公分（1 英寸）是成直角的；肩線會是直線；脇邊褶的兩條褶線和下襱全都是直線。

- 將脇邊褶折入先前垂披妥當的位置後用絲針固定，再畫出從腰圍到腋下這段的直線。

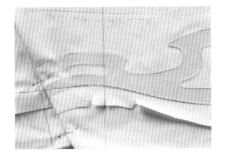

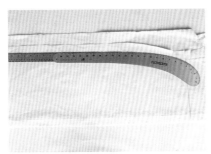

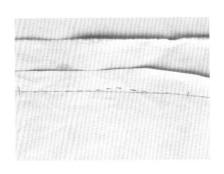

Step 4

- 用透明雲尺畫出船型領與袖襱。

- 接下來，畫出腰部到臀部的曲線。在繪製這段從凹到凸的曲線時，透明雲尺格外實用。

Step 5

- 用金屬製大彎尺畫出從腹圍到下襱的脇邊線。

- 用金屬製長直尺完成脇邊線，從臀部到下襱這一段的線條理應非常筆直。

Step 6

- 在描實線條的過程中，有時候會出現一些看似與其他記號不協調的記號。此時，重要的是運用打版的訓練，判斷哪些記號是有意義且能為線條增添細緻度、哪些又是標得不準的，此時只要把線條畫順就好。就這個案例來說，這些記號位在臀圍線下往內彎曲的部位，而你非常明白這件衣服的脇邊是筆直下垂、下襱處略為收窄。因此，你大可忽略散落在直線外的那幾個零星記號，只管畫出一條平順的曲線。

在胚布上做記號

當你在人台上用鉛筆或粉片在胚布上做記號時，記得用點的，點成虛線。等你拆掉絲針，從人台取下胚布，用尺輔助把記號點連接成平順的線條時，則要改畫實線。那樣一來會更容易掌握哪些是你已經描實的線條。

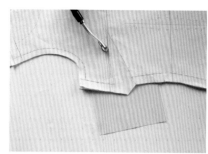

Step 7

- 用方格尺為下列部位的邊緣加上縫份：
  - 領圍與袖襱：1.5 公分（½ 英寸）
  - 肩線與脇邊線：2 公分（¾ 英寸）
  - 下襬：5 公分（2 英寸）

- 接著，按照新的記號線剪裁胚布。

- 在做了對合點記號的位置剪牙口，牙口深度不可多於 0.5 公分（¼ 英寸）。

Step 8

- 標示褶子或任何內部線條時，不妨利用複寫紙與點線器。

- 把複寫紙放進垂披完成的胚布底下，用點線器壓印出虛線。由於你正在處理的是折雙裁片，你必須再次將複寫紙放在對折的另一半胚布底下，用點線器壓印出記號線。

分析 19

- 將垂披成果與照片相比較。首先觀察整體印象。總體來說，外形是一樣的嗎？你是否掌握了這款服裝的設計精髓？

- 從頂端開始，逐步往下檢視：船型領的高度和弧度正確嗎？袖襱是否具有相同的切入角度？

- 兩側脇邊逐漸收攏的幅度是一樣的嗎？照片裡的赫本站姿是左腳靠在右腳前方，她身上那件洋裝的布料可能因此被往後拉扯。現實生活中，洋裝可不能太細窄，否則穿著者的活動能力會大受限制。

- 嘗試想像若用一塊美麗的黑色縐綢紗縫製這件洋裝，會是什麼模樣。它能否讓人想起奧黛麗·赫本象徵的那種現代、嫵媚的外貌呢？

將胚樣轉印成紙型 20

等胚樣做完記號並且描實後，你可能會想要製作出紙型。

1. 在圓點方格紙上畫出對應於胚布裁片布紋的直布紋與橫布紋。

2. 將胚布裁片的布紋與方格紙的對齊。假如胚布的布紋產生變形或偏移，輕輕地為胚布重新整型，讓它能和方格紙上的布紋對齊。

3. 運用點線器將胚布上全部記號都轉印到方格紙上。利用複寫紙可以更容易看清楚這些線條。處理某些特殊的記號點（比方用線釘為褶子做記號）時，則可利用尖錐刺穿胚布與方格紙作為記號。

4. 移開胚布，針對不同種類的直線和曲線，選用適當的尺規輔助，畫出平順的線條。如果你先轉印了紙型，才重新別上絲針或疏縫胚樣，讓模特兒試穿，別忘了將任何修正準確轉印到紙型上。

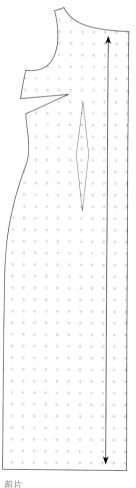

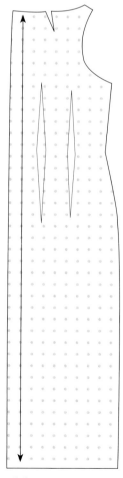

前片　　　　　　　　　後片

當公主剪接線遇上襠片

　　這件當代設計作品的服貼上身，來自胸部上方的襠片剪接線以及從那片襠片一路垂直而下的公主剪接線。它的基本形狀與奧黛麗·赫本那件洋裝相似，但是衣身寬鬆了許多，呈現出強悍、自信，甚至咄咄逼人的風貌。

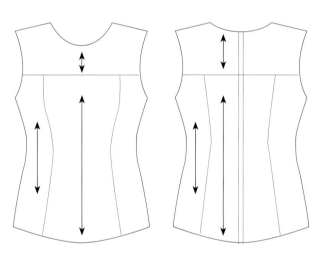

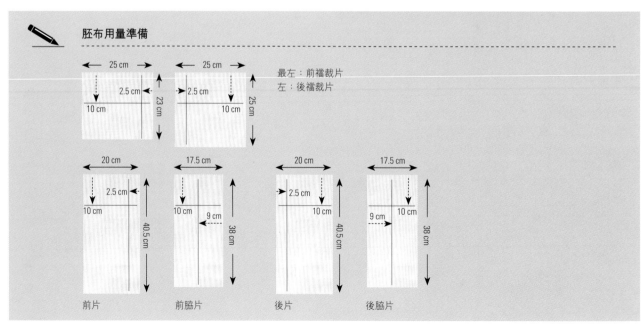

✏️ **胚布用量準備**

最左：前襠裁片
左：後襠裁片

25 cm
2.5 cm
10 cm
23 cm

25 cm
2.5 cm
10 cm
25 cm

20 cm
2.5 cm
10 cm
40.5 cm
前片

17.5 cm
10 cm
9 cm
38 cm
前脇片

20 cm
2.5 cm
10 cm
40.5 cm
後片

17.5 cm
9 cm
10 cm
38 cm
後脇片

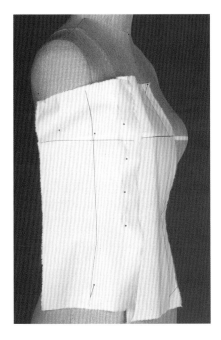

Step 1

- 取前片，將前中心線對齊人台前中心，用絲針將胚布的橫布紋記號線固定在人台胸圍線上。

- 取前脇片，讓胚布的直布紋記號線落在脇邊線和公主剪接線的正中央，筆直垂下。

- 將兩塊裁片的邊緣以抓合固定法背對背別好，形成公主剪接線。

- 察看照片。這是件寬鬆的洋裝，因此它的公主剪接線會偏離中心線，比人台標示線的位置至少再往外 2.5 公分（1 英寸），這件洋裝的前中心形狀相當方正。

因此，上身造型所需的布料應該都來自前脇片。前公主剪接線應該保持幾乎完全筆直的狀態，而前脇片則會在胸部彎出曲線，同時在腰部微微收攏。我們不容易從這張照片判讀出腰部做了多少造型設計。儘管如此，保持上身形狀方正，同時在腰部有少許造型變化，使整件洋裝更討人喜愛，這確實是可能的。

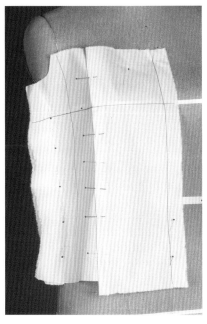

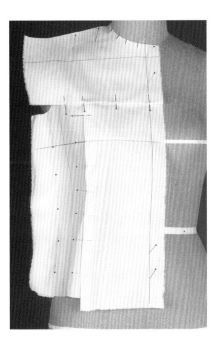

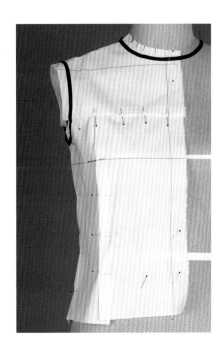

Step 2

- 改將前片疊合在前脇片上，用蓋別法固定絲針。

- 修剪袖襱周圍多餘的胚布，留下大約 2.5 公分（1 英寸）的縫份。

運用肩襠剪接線做為褶子

肩部襠片（yoke）在此的作用類似褶子。兩塊剪接裁片的相連處一直保持筆直，直到袖襱前大約7.5公分（3英寸）起，兩塊裁片都略略往內修剪，裁掉多餘布料，抓出類似褶子的形狀，使衣服在此部位能更貼合身體。

Step 3

- 取前襠裁片，對齊前中心線，用絲針固定橫向布紋記號線，留意保持橫布紋記號線與地面成水平。

- 修剪領口多餘的胚布，剪牙口，直到布片平順為止。

- 依照照片的款式設計線，將肩襠剪接線往內折入。

- 肩襠剪接線在跨過公主剪接線之前都是筆直的，接著會慢慢增加折入的份量，在袖襱處大約會多上 1.5 公分（½ 英寸），以便消化鬆份，使肩襠剪接線看起來是筆直的。

Step 4

- 從 Step 1 開始，以相同手法處理後片。讓後襠裁片與前襠裁片的寬度大略相等。

- 將前脇邊線疊合在後脇邊線上，用蓋別法固定絲針。

- 將前肩線疊合在後肩線上，用蓋別法固定絲針。

- 用斜紋織帶標示袖襱和領圍。注意這件洋裝的袖襱比第 44 頁經典女衫的袖襱稍微來得時髦些。它的開口更低一些——比人台手臂根部至少低 2.5 公分（1 英寸）以上。

連接兩道褶子
創造出公主剪接線

所謂公主剪接線，是運用一條長而直的剪接線，將裙子和上身結合成一件服裝。這條剪接線落在前中心線和脇邊線中央，它始自肩線中點，越過乳尖點，穿過臀部往下延伸。讓公主剪接線洋裝蔚為風潮的推手，是亞歷山德拉王妃（Princess Alexandra of Demark*），眾人因此將這種剪接線稱作公主剪接線（princess line）。

它所創造的合身效果與同時使用肩褶（參見第43頁）和奧黛麗・赫本那件洋裝的腰部菱形褶不相上下。如果將這兩種褶子連接起來，就能看見這兩件服裝會展現何種風貌。

*譯注：原為丹麥公主，與愛德華親王成親後，繼承了威爾斯王妃（Princess of Wales）的封號。她深受人民愛戴，其穿著為當時時尚指標，是名媛仕女爭相模仿的對象。愛德華親王後來繼位成為英王愛德華七世。

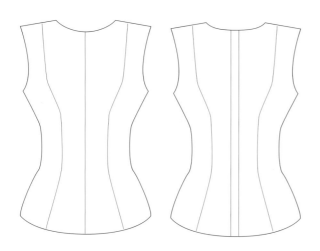

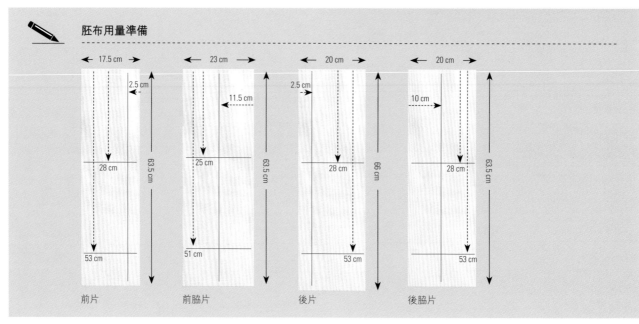

✏ **胚布用量準備**

前片	前脇片	後片	後脇片
17.5 cm	23 cm	20 cm	20 cm
2.5 cm / 28 cm / 53 cm / 63.5 cm	11.5 cm / 25 cm / 51 cm / 63.5 cm	2.5 cm / 28 cm / 53 cm / 66 cm	10 cm / 28 cm / 53 cm / 63.5 cm

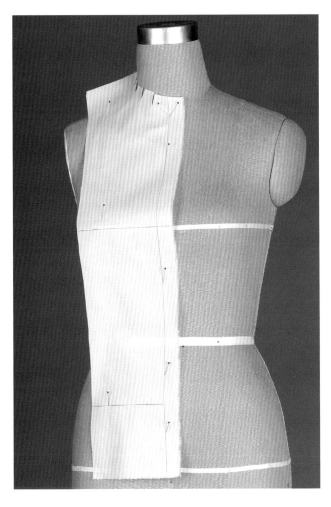

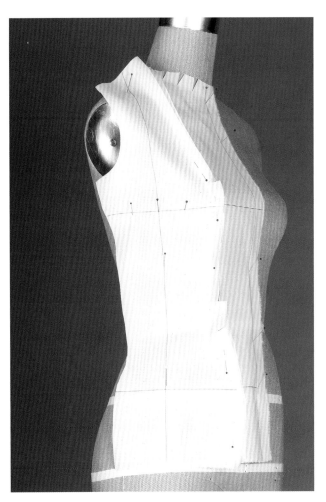

Step 1

- 取前片置於人台,將胚布的直、橫布紋記號線依序分別對齊人台前中心線與胸圍標示線。沿著前中心線用絲針往下固定,直到腹圍線為止,在乳尖點間和腰部預留適當的鬆份。用 V 字固定針法牢牢固定頸圍前中心點。在胸部別一針,以便將橫布紋記號線固定在適當位置。

- 將胚布往肩膀部位推平,修剪領口多餘胚布,並依需要剪牙口。

- 沿著人台的公主線,修剪多餘的胚布,留下約 2.5 公分(1 英寸)的縫份。

決定領圍形狀的時機

操作女裝上身的立裁時,保持領圍完整、牙口不可超過領圍線是很重要的,因為這樣領圍才不會位移或變形。等到用斜紋織帶或標示帶標記好後,才能將多餘的胚布剪除。

吻合橫布紋記號線

實際上,橫布紋記號線是否確實吻合根本不重要,它們只是擺放裁片時的指示標線。真正重要的,應該像是前脇片的直紋記號線要確實與地面保持垂直,而非胚布的橫布紋記號線是否吻合人台的某道標示線。

Step 2

- 取前脇片置於人台,將直布紋記號線置於側胸部位正中央,並將橫布紋記號線對齊人台胸圍標示線。直布紋記號線應時時與地面保持垂直。

- 沿著直、橫布紋記號線,分別用絲針固定。

- 將胚布往肩部推平,並在袖襱部位留下 0.5 公分(¼ 英寸)或更多的鬆份。

- 將前片與前脇片的邊緣相對抓別,沿著公主線將前脇片別在前片上。先從胸部開始往上別,再朝下固定至腹圍線為止。

剪牙口或修剪縫份

若本書指示你剪牙口或修剪縫份到大約某個份量,千萬不要停下來拿尺測量。只要剩餘的布料足夠你順利地繼續往下裁製且布料能保持平順,那就儘管放手剪。在立裁過程中,縫份份量的一般經驗法則是:

- 領圍:1.5 公分(½ 英寸)

- 袖襱、脇邊線與肩線:2 公分(¾ 英寸)

- 下襬:2.5 公分(1 英寸)

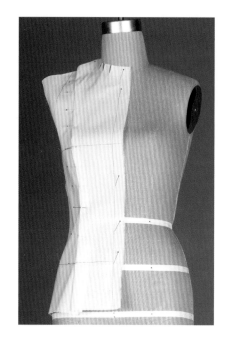

Step 3

- 修剪前脇片的縫份，在胸下圍到腰圍間剪牙口。

- 修剪袖襱與肩線的縫份至大約 2.5 公分（1 英寸）。

- 將前片的縫份往內折，疊合在前脇片上，用蓋別法固定絲針（你可以用粉片淡淡地做幾個記號，或是在反折縫份時，將絲針別在縫份邊緣做記號）。

- 沿著人台脇邊修剪胚布，留下 2.5 公分（1 英寸）寬的縫份。

- 以相同手法處理後片。將胚布的直、橫布紋記號線依序分別對齊人台後中心線與胸圍標示線。沿著後中心線用絲針往下固定，直到腹圍線為止，讓腰部的胚布能略略自由垂落。在頸圍後中心點用 V 字固定針法牢牢固定。在胸部別一針，以便將橫布紋記號線固定在適當的位置。

- 將胚布往頸部與肩膀推平，修去領口的多餘胚布，並依需要剪牙口。

- 沿著人台的後公主線修掉多餘的胚布，留下大約 2.5 公分（1 英寸）的縫份。

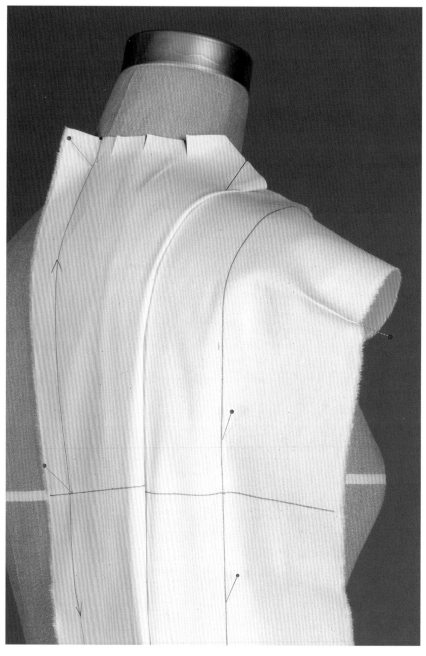

Step 4

- 取後脇片置於人台，將直布紋記號線置於側胸部位中央，並將橫布紋記號線對齊人台胸圍標示線。直布紋記號線應時時與地面保持垂直。

- 沿著直、橫布紋記號線，分別用絲針加以固定。

- 將胚布往肩部推平，並在袖襱部位留下 0.5 公分（¼ 英寸）或更多的鬆份。

避免使肩膀布紋成為斜向

讓直布紋朝向肩膀外緣彎曲不僅能賦予袖襱必要的鬆份，也能避免後袖襱的布紋走向逐漸變成斜布紋，甚至還能避免肩膀的布紋走向變成斜向。由於肩線是撐起整件衣服重量的部位，一旦變成斜向，就會弱化它的支撐力量，必須要特別留意。

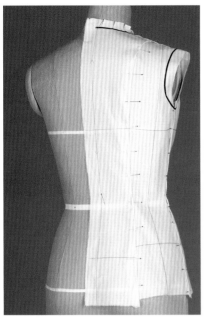

Step 5

- 將後片與後脇片的邊緣相對抓別，沿著公主剪接線將後脇片別在後片上。從胸部開始，先往上別，接著再朝下固定至腹圍線為止。

- 將前、後脇線別在一起，修剪縫份，在彎曲處剪牙口。

- 將後片的縫份往內折，疊合在後脇片上，用蓋別法固定絲針。

Step 6

- 將前肩線的縫份往內折，疊合在後肩線上。調整前、後公主剪接線，讓它們能在肩部彼此連接吻合。

Step 7

- 標示袖襱線和領圍線。

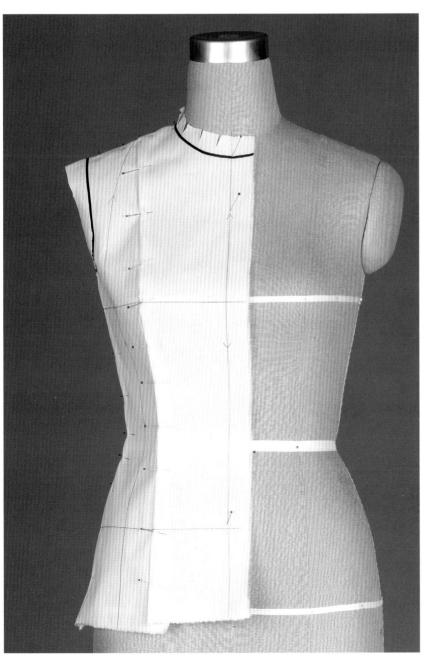

袖襱公主剪接線上衣
Bodice with an armhole princess line

美國總統約翰‧甘迺迪（John F. Kennedy）的遺孀
賈桂琳‧甘迺迪‧歐納西斯（Jacqueline Kennedy
Onasis）本身就是時尚風潮指標。身為最年輕且最
美麗的第一夫人，她為時髦、前衛的洋裝樹立了標
準。她選擇歐雷格‧卡西尼（Oleg Cassini）作為自
己的首席設計師，但是她也會穿迪奧、紀梵希與香奈
兒的服飾。

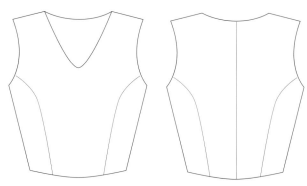

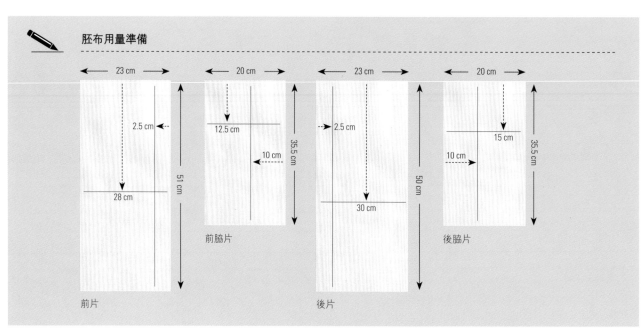

✏ 胚布用量準備

| 23 cm | 20 cm | 23 cm | 20 cm |

2.5 cm
28 cm
51 cm
前片

12.5 cm
10 cm
35.5 cm
前脇片

2.5 cm
30 cm
50 cm
後片

15 cm
10 cm
35.5 cm
後脇片

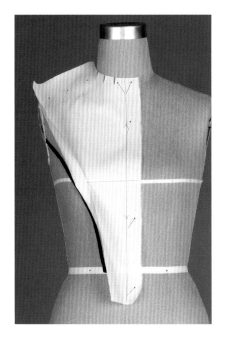

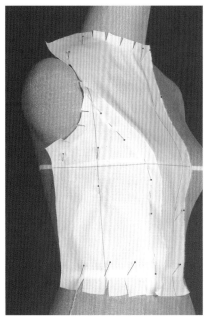

Step 1

- 取前片置於人台,將胚布的直、橫布紋記號線依序分別對齊人台前中心線與胸圍標示線。沿著前中心線用絲針一路往下固定到腰部,在乳尖點間和腰部預留適當的鬆份。

- 用 V 字固定針法牢牢固定頸圍前中心點。在胸部別一針,以便將橫布紋記號線固定在適當的位置。

- 將胚布往肩膀部位推平,修剪領口的多餘胚布,並依需要剪牙口。

- 取一段斜紋織帶,沿著剪接位置固定好。這條剪接線從你認為適當的袖襱位置開始,最後在腰圍線上收尾。就原作的照片看來,它始自袖襱下三分之一的位置,並結束在腰圍公主線略朝前中心線靠攏的位置上。

- 修剪多餘的胚布,留下至少 2.5 公分(1英寸)的縫份。

Step 2

- 取前脇片置於人台,將直布紋記號線置於側胸部位中央,並將橫布紋記號線對齊人台胸圍標示線。直布紋記號線應時時與地面保持垂直。

- 分別沿著直布紋與橫布紋記號線用絲針固定。

- 以斜紋織帶為基準,將前片與前脇片的邊緣相對抓別,從乳尖點開始,用絲針先朝袖襱向上固定,接著再往下固定到腰圍處。

- 修剪袖襱、公主剪接線和腰部的多餘胚布,剪牙口,讓胚布能平順地服貼在人台上。

檢查鬆份

別忘了,這是件帶有相當鬆份的洋裝,它不該緊貼在人台上。袖襱要保留大約1.5公分(½英寸)的鬆份,胸下圍也要留有適當鬆份,才能讓布料平順地垂落。

Step 3

- 從 **Step 1** 開始,以相同手法處理後片與後脇片。

- 將前肩線的縫份往內折,疊合在後肩線上,並將前脇邊線的縫份往內折,疊合在後脇邊線上;兩者均用蓋別法加以固定。

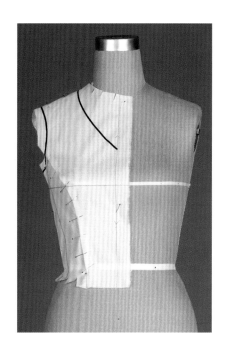

Step 4

- 仔細研究原作的照片,定出能反映這件洋裝態度的袖襱與領圍線位置。這是件一九六〇年代早期的服裝:袖襱的開口小,位置非常高;領口是帶點和緩弧度的端莊 V 字領,從肩膀到前中心線微微下凹,為整體風格增添了優雅的氣質。

1.3
Corsets
束腹馬甲

歷久彌新的吸引力

今日束腹馬甲（corset）百花齊放的現況，證明
了這種看似拘束、但實則出奇舒適且永不過時的
服裝具有歷久彌新的吸引力。

起初，束腹馬甲的作用是保護、支撐與雕塑女性胸部。雖然基本結構幾乎沒有什麼變化，但是外形卻順應時下潮流而千變萬化。

在十八世紀喬治王朝時期（Georgian era, 1714-1837），馬甲具有使女體曲線扁平化的效果，能將上半身擠成管狀，而後繼的維多利亞時期（Victorian era, 1837-1901）馬甲則呈現出性感、豐滿的外貌，其剪接線與撐條（boning）

將身體雕塑成沙漏狀。到了二十世紀，有種廣為流行的一九五〇年代馬甲風格，則是讓胸部呈現圓錐狀。

章節1.2「洋裝」中，在於探討如何運用打褶與剪接線來塑造不同的輪廓。馬甲的立裁雖然更加貼近人台，但是為了達到貼合身形與巧妙地女體塑形，同樣的建構原則如今依然適用。

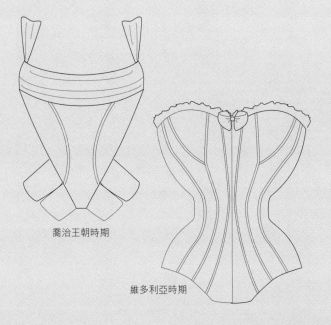

喬治王朝時期

維多利亞時期

了解布紋走向,進而正確運用布紋走向,是創造出色馬甲的重要關鍵。布紋走向必須與撐條搭配合作,才能創造出合適的支撐力與形狀。保持直布紋與橫布紋的均衡至關重要,否則環繞身體的張力環會被打破,使得馬甲扭曲變形,失去支撐力。你不妨將布紋走向想成一張建築藍圖。猶如某種建築形式的鋼骨結構能為建築物奠定穩固的基礎,布紋走向的強度與撐條的配置賦予馬甲撐托力與外形。

左頁:在電影《亂世佳人》(*Gone with the Wind*)的這張劇照中,由費雯・麗(Vivien Leigh)飾演的郝思嘉(Scarlett O'Hara)正在女僕的協助下繫緊馬甲,嘗試成就當時時尚流行極度推崇的蜂腰。這件馬甲可能是由一打以上的細長撐條,沿著布料的直布紋垂直配置組成,而且可從後背緊束,以達到緊身的效果。

上左:縱觀歷史上馬甲輪廓的變化,在在反映出當時的審美觀點。你可以清楚看見,喬治王朝馬甲較平板的輪廓線條和維多利亞時期馬甲豐滿渾圓的曲線恰恰形成對比。

上右:這件三宅一生(Issey Miyake)的雕塑作品充分展現出女體的複雜曲線。

尚-保羅・高提耶(Jean Paul Gaultier)為瑪丹娜(Madonna)一九九○年金髮雄心巡迴演唱會(Blond Ambition tour)所設計的尖錐馬甲。雖然這件服裝的設計帶有性挑逗意味,但它其實重現了一九五○年代的胸罩設計,同時也探索了內衣外穿的概念。

準備馬甲立裁人台

　　研究你的人台尺寸。如果你是為某個特定對象立裁這件馬甲，記得比較這兩組尺寸。許多人台的胸部並不明顯。胸上圍指的是乳尖點上方約7～10公分（3～4英寸）處的尺寸，普通女性的胸上圍尺寸大多比人台的小。胸下圍指的是乳尖點下方1～2公分處，也就是胸罩罩杯下緣停留的位置。同樣的，真人的胸下圍尺寸也比人台的尺寸略小一些。

　　決定好你想要打造的馬甲形狀與尺寸。如果有需要，可以為人台穿上胸罩，或是加上罩杯墊，讓胸部特徵變得更明顯。

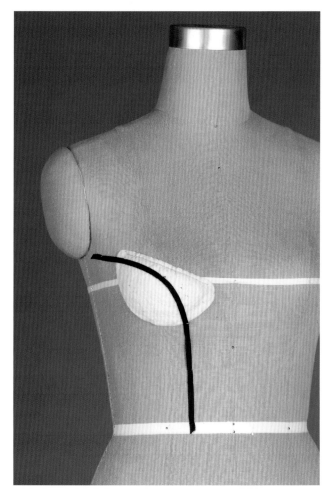

Step 1

- 依照所需份量，按紙型剪裁不織布或鋪棉，每側各一到三層。

- 疊合後，沿著上緣將它們縫合在一起。輕拉縫合線，小心調整，直到罩杯墊產生弧度。

- 在饅頭燙枕上用蒸汽熨斗整燙，直到罩杯墊達成期望的形狀為止。

Step 2

- 將罩杯墊放在略低於胸圍線且斜向脇邊的位置，用絲針固定。真人胸部的乳尖點下方會比人台的豐滿許多。

- 仔細研究你打算創造的輪廓，並決定出能達成理想外觀的最佳縫合方式。記住，縫合線愈接近乳尖點，布料就能愈平順地貼合人台。

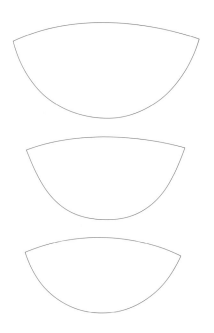

準備人台

立裁馬甲時，可將肩墊修小當作胸墊使用，集中托高胸部形狀，讓腋下到乳尖點的形狀變得較小、較柔和，會比較接近真實女體的線條，所得的成果也會最好。

準備馬甲的
布料與材料

處理布紋走向精確度能左右成品品質的服裝（如馬甲）時，通常會抽出一條紗線，以標示剪裁（而非徒手撕開）布料的位置，或指出布紋走向的鉛筆記號線該畫在哪裡。

- 標示布片尺寸，剪開一道 1.5 公分（½ 英寸）長的缺口，找出一條紗線，輕輕地抽拉，直到看見它在布料中移動。

- 如果能順利地完全抽出那根紗線，布片上就會留下一道清楚的軌跡，指示你該從哪裡剪開布片。如果不順利，沿著那根被抽出的線剪裁也行。假如那根紗線在抽出過程中斷裂，你可以用絲針挑出紗線繼續抽拉。

- 用鉛筆標示布紋走向時，只要沿著布料上紗線被抽空的「軌跡」描繪即可。

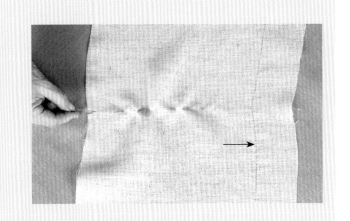

適用布料

現代馬甲使用的布料五花八門，其中甚至包括針織或帶有萊卡成分的彈性布料。現代女性何其有幸，這讓緊身的馬甲仍能保有些許的穿著彈性與呼吸空間。話雖如此，考慮到全面的調節與支撐，以及更為精準的合身度，最好還是能選用織目細密的梭織布。

馬甲經常被用作正式禮服的基底，最適合使用例如錦緞（damask）或細棉布一類的平紋梭織布製作，因為平紋梭織布的經紗與緯紗強度相當。此外也可以使用雪紡紗、巴里薄地紗（light voile），甚至是圓眼絹網（silk tulle）等既精緻又美麗的布料，但前提是直、橫布紋必須保持均衡，且有足夠的撐條能使布料維持緊繃狀態才行得通。

襯料

胚布或成品布往往會燙熨或包夾襯料，以便創造出硬挺的布片。

撐條

你必須慎重決定撐條的位置，因為在決定馬甲的輪廓與風格上，它扮演的角色十分吃重。撐條通常會放在最需要支撐力的地方，像是前脇部位。這個位置能托住胸部，讓它往前中心靠攏。傳統上，撐條也會放在前中心和脇邊。不過，脇邊位置的撐條往往會令穿者感覺很不舒服。

撐條的形式變化多端，有時可以直接縫在內裡上，或是插入預先縫好的穿帶通道中。若使用金屬螺旋撐條，則需要專門為它準備一條斜紋穿帶通道，或是在裡布與表布間打造出一條管道。

尼龍迴紋帶

將一段絲帶縫在腰線上，對於打造馬甲大有幫助。尼龍迴紋帶（Petersham ribbon）很強韌，卻可以用蒸氣熨斗燙出弧度。這個要素具有雙重作用。首先，運用絲帶將馬甲的腰部牢牢固定住，可以更容易得知乳尖點到腰圍的確切距離，這有助於處理比較棘手的胸部區域。其次，穿上馬甲時，若能先搞定腰部絲帶，要繫牢其他扣合物就會簡單得多。要知道如果沒有他人的協助，想繫緊其他扣合物有時會極為困難。

扣合物

馬甲可以用拉鍊、鈕釦、鉤眼釦或支骨（busk）等多種不同方式來扣合。除非那件馬甲不是非常緊身，或是底層另有更安全的扣件，否則鈕釦間有可能撐迸出空隙，因而走光。拉鍊雖然方便有效率，但是在時裝秀或試衣時要特別小心，因為拉鍊偶爾會在關鍵時刻繃裂。鉤釦帶或支骨則是常見的選擇。

布料選用

在此，我們使用棉麻混紡布縫製馬甲，因為這種布料很容易看見布紋。馬甲的立裁會緊貼在人台上，因此，若能清楚看見布紋，就可以在布片扭曲或拉扯發生的當下立刻察覺。

公主剪接線馬甲
Princess-line corset

這件蕾絲前襟扣合公主剪接線馬甲是件柔軟的女性內衣，與結構繁複的塑身衣截然不同。公主剪接線帶出胸部線條。就這個案例來說，裝飾性蕾絲讓我們更容易看出它的款式設計線。這不是件非常緊身的馬甲，所以扣合前襟的鈕釦並沒有被撐開。和第64、65頁的洋裝一樣，這件馬甲採用的是袖襱公主線剪接法。也就是剪接線始自袖襱，接著跨越乳尖點，朝腰線向下延伸。

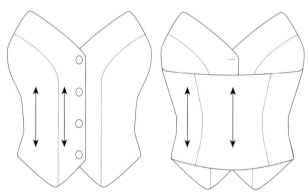

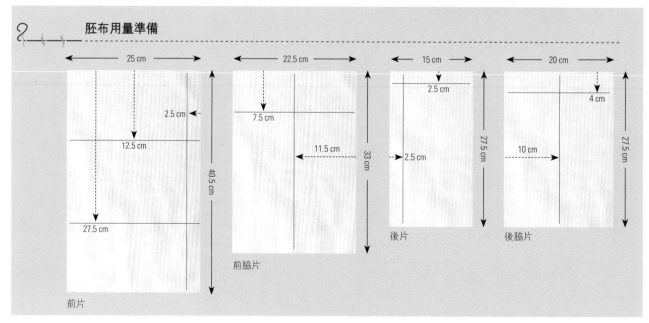

胚布用量準備

前片

前脇片

後片

後脇片

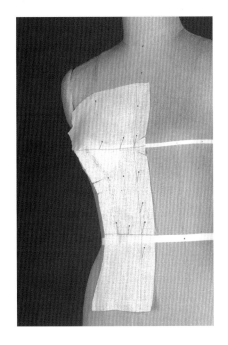

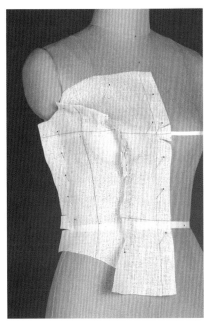

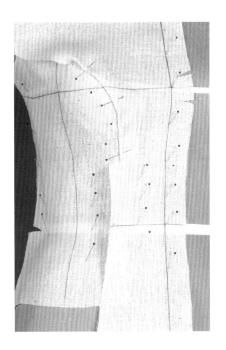

Step 1

- 取前片置於人台,將直、橫布紋記號線分別依序對齊前中心線與胸圍線,並沿著人台前中心線用絲針一路往下固定。在胸圍線剪牙口,好讓布片能平順地貼合人台。

- 沿著為公主線畫出的款式設計線修剪多餘胚布,僅留下約 2.5 公分(1 英寸)寬的縫份。

- 在胸下圍與腰線處剪牙口,一直剪到款式設計線前,讓布料能緊密貼合人台的曲線。

Step 2

- 取前脇片置於人台,將橫布紋記號線對齊人台胸圍標示線,並將直布紋記號線置於公主線和脇邊線的正中央。直布紋記號線應時時與地面保持垂直。

- 分別沿直、橫布紋記號線用絲針固定。

- 將前片與前脇片相對抓別,沿著公主剪接線將前脇片固定在前片上。

- 修剪多餘的胚布,留下約 2 公分(¾ 英寸)寬的縫份。每隔 2.5 公分(1 英寸)左右剪牙口,直到別針的那道線。

- 此時,胚布應該相當緊密地貼合在人台上,同時布紋走向應當是穩固的,分別保持垂直與水平狀態。仔細檢查鉛筆記號線,如果出現波浪狀、歪曲或牽扯,小心地一次取下一根絲針,慎重決定該如何修正這些狀況。

Step 3

- 將前片縫份往內折入,疊合在前脇片上,用蓋別法固定絲針。每一次只取下一、兩根絲針,便暫時固定在完成線旁的水平位置上,以免絲針位移。

絲針固定要點

立裁一件非常合身的服裝時,若要使其更加牢固,千萬記得下針的距離就要更緊密才行。

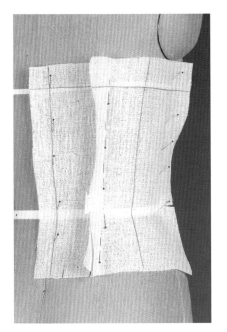

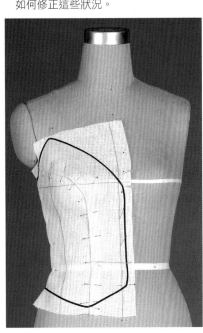

Step 4

- 取後片置於人台上,將直布紋記號線對齊後中心線,並將橫布紋記號線對齊胸圍標示線。

- 沿著後公主剪接線用絲針往下固定,別針的線條尾端微微向後中心線傾斜。

- 修剪多餘胚布,留下約 2.5 公分(1 英寸)寬的縫份,並且在腰部剪牙口。

- 比照前脇片的方式處理後脇片,記得保持直布紋記號線垂直。

Step 5

- 將前脇片疊在後脇片上,另將後片疊在後脇片上,分別用蓋別法固定絲針。

- 以標示帶標示款式設計線。

沙漏型馬甲
Corset with Georgian shape

相較於第72頁的公主剪接線馬甲，這件凡賽斯（Versace）沙漏型馬甲具有一種更強悍、銳利的特質。金屬拉鍊與大量的壓線縫，為這件馬甲增添了鎧甲般的特性。

其布紋走向安排創造出沙漏般的輪廓。前片的線條是垂直的，加上脇片的布紋朝前中心線傾斜，使得能量全往腰線集中，胸圍線反而沒那麼突出。

前片的多道剪接線將胸部的合身服貼表現分成三塊，而不是像公主剪接線馬甲般一分為二。也因此，這件馬甲的胸部形狀會比較柔和、扁平，不像單一條剪接線會造就較為分明的胸部輪廓。

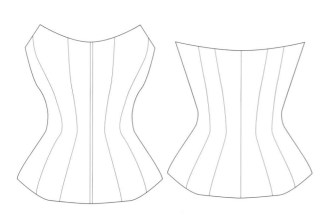

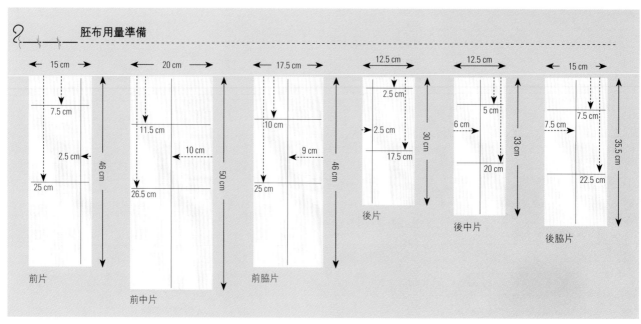

胚布用量準備

前片 ← 15 cm → 7.5 cm 2.5 cm 25 cm 46 cm

前中片 ← 20 cm → 11.5 cm 10 cm 26.5 cm 50 cm

前脇片 ← 17.5 cm → 10 cm 9 cm 25 cm 46 cm

後片 ← 12.5 cm → 2.5 cm 2.5 cm 17.5 cm 30 cm

後中片 ← 12.5 cm → 5 cm 6 cm 20 cm 33 cm

後脇片 ← 15 cm → 7.5 cm 7.5 cm 22.5 cm 35.5 cm

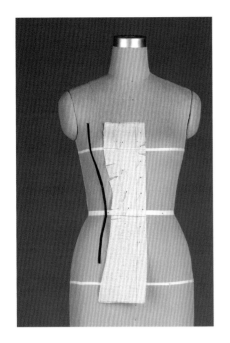

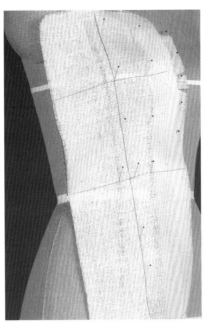

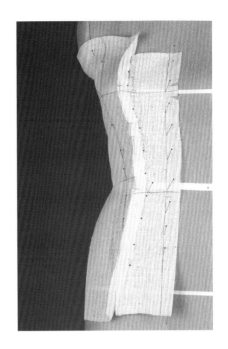

Step 1

- 用黑色斜紋織帶在人台公主線兩側標示兩條款式設計線,位置大約從袖襱到超過腰部。

- 取前片,將橫布紋記號線與人台胸圍線對齊,沿著人台前中心線用絲針一路向下固定,在胸圍線剪牙口,好讓布片能平順地貼合人台。

- 沿著你設定的款式設計線剪去多餘的胚布,只留下大約 2.5 公分(1 英寸)寬的縫份。

- 在胸下圍與腰線處剪牙口,一直剪到款式設計線前,讓布料能緊密貼合人台的曲線。

- 沿著胸圍線、胸下圍與腰圍線用絲針加以固定。

Step 2

- 取前中片,將上、下橫布紋記號線依序分別對齊人台胸圍、腰圍標示線。

- 此時,直布紋記號線會朝前中心線傾斜,因而讓直布紋的強度順著胸部延伸。這麼一來,側胸部位所需的支撐力便有了著落。

- 沿著直布紋記號線用絲針固定,同時也在胸圍線與腰圍線橫向落針固定。

Step 3

- 將前中片與前片的邊緣相對抓別,緊貼著人台表面別在一起(抓合固定法)。

- 修剪縫份,留下大約 2 公分(¾ 英寸)寬即可。

- 在腰部與胸下圍剪牙口。修剪前中片靠脇邊這一側邊緣的縫份,留下約 2 公分(¾ 英寸)寬即可。

運用斜布紋的伸縮性

注意看布紋走向到了腰部以下是如何變成斜向的,進而預留出腹圍造型所需的彈性。

對齊橫布紋記號線

記住,當你連接兩片胚布時,橫布紋記號線未必要完全對齊。它們的功用是導引你將個別的布片放在適當的位置上。馬甲上的所有橫布紋記號線應該大致沿著相同的緯線前行,但是讓它們在接縫處彼此吻合並非我們追求的目標,更何況它們通常都對不齊。

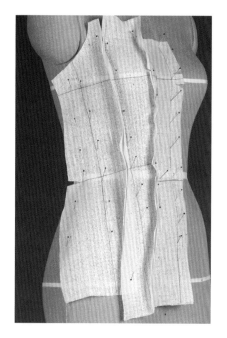

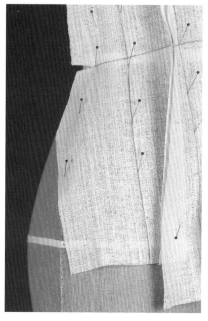

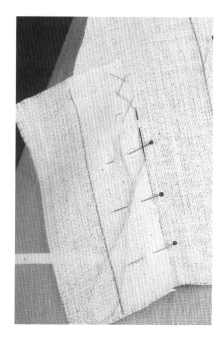

Step 4

- 取前脇片置於人台上，將胸部橫布紋記號線對齊人台胸圍標示線，並將腰部橫布紋記號線對齊人台腰圍標示線。

- 直布紋記號線會朝前方傾斜，並且平行於前中片的直布紋記號線。

- 沿著直、橫布紋記號線用絲針固定。

Step 5

- 將前脇片別在前中片上，並將縫份修剪至約 2 公分（¾ 英寸）寬。

- 根據需要，在適當的位置剪牙口。

- 觀察脇邊處布料的短缺情況，這裡必須追加一小塊布片。

Step 6 22

- 剪一塊小布片，讓立裁能繼續進行。對齊布紋，用千鳥縫將它固定在前脇片短缺的位置上。

- 沿著人台脇邊用絲針固定前脇片，並修剪多餘的縫份。

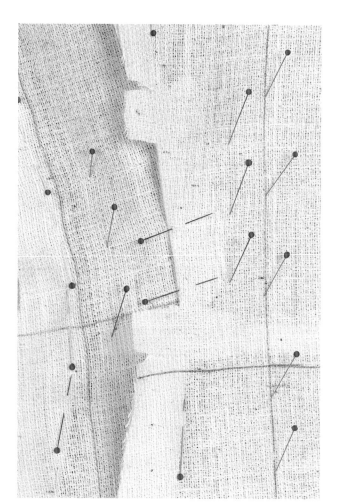

追加布片

在立裁過程中，如果原本準備的胚布不夠用，你可以直接增加一塊布片。不過很重要的是，追加布片的布紋走向必須和主體布片完全相同。

反折緊身服裝的完成線 23

處理這類緊身服裝的最佳辦法是，在待反折的完成線兩側各用一排絲針固定布片。接著，一次只拔起一、兩根絲針，將縫份反折，再用絲針重新固定。如此反覆施行，讓兩側的絲針列將布片牢牢地固定在原本位置上。

Step 7

- 將前片縫份往內折入，疊合在後片上。

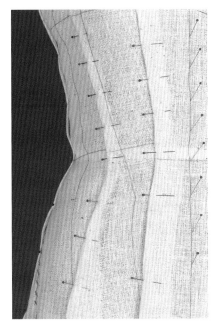
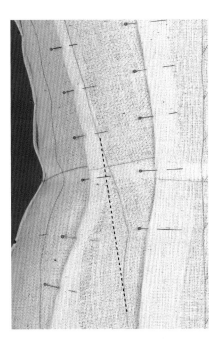

Step 8

- 往後退幾步，把服裝平面圖拿高，仔細檢查款式設計線。如果有必要，你可以在此時調整它們。

- 仔細察看布紋有無扭曲、拉扯的情況。它們應該呈現筆直的線條，順著布片滑下。記得留意前中片的鉛筆記號線在腰部以下是如何彎曲的。那代表它「布紋歪斜」，需要加以修正。

- 鬆開布紋記號線出現拉扯的部位，重新固定絲針，讓記號線變得平直。

- 從 **Step 1** 開始，以相同手法處理後片。

Step 9

- 用斜紋織帶或標示帶，標示馬甲的頂端與底部的輪廓設計線。

- 讓馬甲頂端保持在前腋下部位較高的位置，以便提供胸部額外的支撐力。

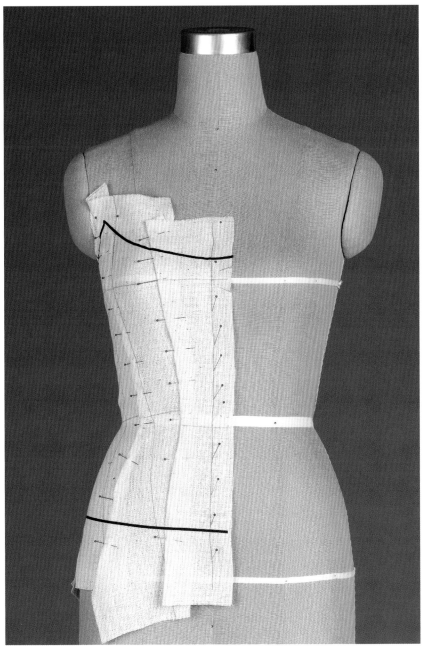

拉克華的馬甲

這件拉克華（Christian Lacroix）的一九九七年秋冬系列馬甲，玩的是對比技法：柔媚感性的花朵配上由剛強結構和緊身設計所組成的 S 形剪接線。花朵怒放向前的姿態則受到支持馬甲豎立的垂直線條所約束。

這件馬甲性感的低開口上緣被花朵裝飾所覆蓋。下身的裙身也呼應這個主題，一條硬質皮革腰帶越過裙身正面，環抱住整個裙身，而柔軟的裙褶則從腰帶底下突然湧出。這兩種外觀間的張力創造出一種魅力與活力完美平衡的能量。

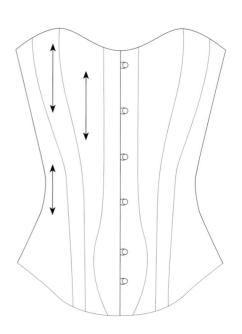

從明顯的胸部輪廓與纖纖細腰可得知，這件馬甲顯然屬於維多利亞時期的造型。它筆直的特性（也就是能讓穿戴者抬頭挺胸的特質）指出，儘管剪接線是彎曲的，但是布紋走向應該是垂直的。

公主線剪接能賦予胸部明顯的輪廓。前中片的那兩條剪接線，如同第74～77頁的那件喬治王朝風格馬甲一樣，使得胸部與腰圍更為貼身。

在馬甲背面，兩道用支骨撐起的剪接線向前彎曲，幫忙將腰圍線往內帶。當脇片朝前片延伸時，脇片的布紋走向會變成斜向且具有延展性，因此能讓正面的腹圍部位變得更為合身。

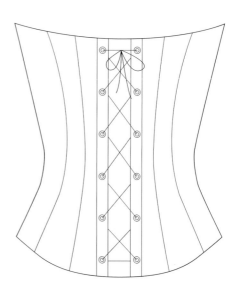

估算布料用量

準備胚布之前，讓我們先想像這件馬甲完成後的份量：這些裁片都斜向前方，所以它們需要足夠的寬度，才能使馬甲從上緣到下襬的布紋走向都保持垂直。

照片所顯示的是模特兒的身材比例，但人台代表的是實際比例，因此要留意你的款式設計線看起來會是微微縮短的。

在立裁過程中，你得設法在柔媚感性與克制壓抑的特質間取得平衡。想像穿著這件馬甲的女子會有什麼樣的感受：撐條能讓她整個人昂首挺胸。約束並不是負面的；她反而會因此覺得受到支撐，自覺是高貴莊重的。

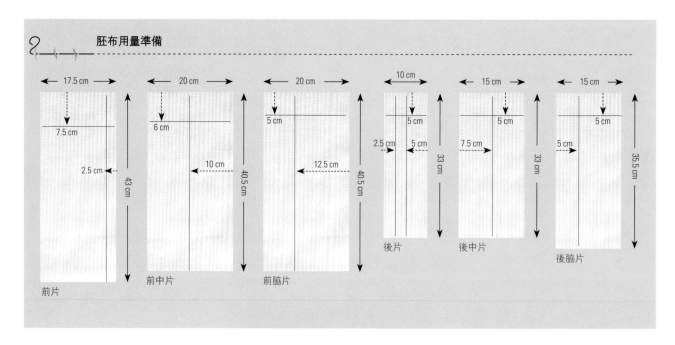

胚布用量準備

前片 — 17.5 cm / 43 cm / 7.5 cm / 2.5 cm

前中片 — 20 cm / 40.5 cm / 6 cm / 10 cm

前脇片 — 20 cm / 40.5 cm / 5 cm / 12.5 cm

後片 — 10 cm / 33 cm / 5 cm / 2.5 cm / 5 cm

後中片 — 15 cm / 33 cm / 5 cm / 7.5 cm

後脇片 — 15 cm / 35.5 cm / 5 cm / 5 cm

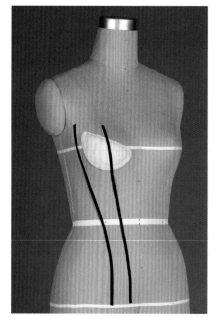

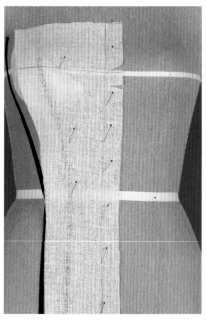

Step 1

- 參照第 78 頁的服裝平面圖，用斜紋織帶在人台上定出胸圍線與臀圍線。

- 將罩杯墊固定在胸下圍部位，或是為人台穿上胸罩。

- 運用斜紋織帶在人台正面標示兩條剪接線。暫時還不要處理前中心線旁的那條縱向曲線，那條線只是裝飾用途，並非結構線。

Step 2

- 取前片，將直布紋與橫布紋記號線分別對齊人台前中心線和胸圍標示線；用絲針固定。

- 在前中心線與胸圍線交叉處剪牙口，讓布料能平順地服貼在人台上。

- 沿著斜紋織帶標示的剪接線修去多餘胚布，留下約 2.5 公分（1 英寸）的縫份。

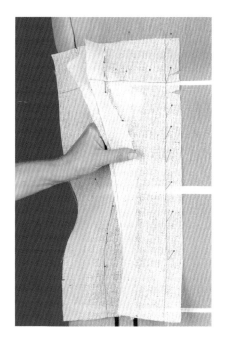

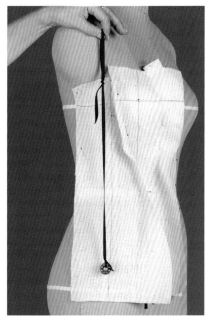

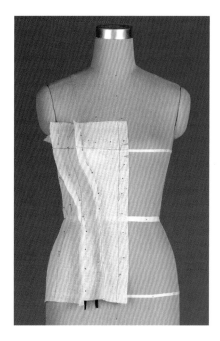

Step 3

- 取前中片，將橫布紋記號線對齊人台胸圍標示線，並將直布紋記號線置於兩條款式設計線正中央。

- 將前片與前中片的邊緣相對抓別，落針時，針與針的間距要相當密，才能達到緊密貼合的效果。別忘了要突顯出胸下圍部位。

- 同時修剪兩塊布片多餘的布料，只留下2公分（¾英寸）寬的縫份。在腰部與胸下圍彎曲處剪牙口。

Step 4

- 沿著外側那條款式設計線用絲針固定前中片。修剪多餘布料，只留下約2.5公分（1英寸）寬的縫份。

- 取前脇片，將橫布紋記號線對齊人台胸圍標示線，並且讓直布紋記號線垂直落下。如果你已經搞不清楚哪條才是正確的垂直線，不妨用斜紋織帶掛著重物做出鉛垂線來幫忙校正。

- 將前中片與前脇片的邊緣抓別固定。

- 沿著人台脇邊將縫份修剪至約2.5公分（1英寸）寬。

Step 5

- 接下來，仔細核對服裝平面設計圖與三塊前身布片的款式設計線有無出入。

- 你可以在別針完成的剪接線上別上斜紋織帶，這能幫助你判別它們是否和拉克華的馬甲一樣，擁有美麗的流動感。

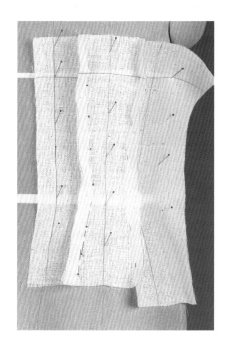

Step 6

- 取後片，將直布紋記號線對齊人台後中心線，並將橫布紋記號線對齊人台胸圍標示線。

- 取後中片，將直布紋記號線對齊人台後公主線，並將橫布紋記號線對齊人台胸圍標示線。

- 在後中片的中央抓出一道褶子，好讓布片非常緊密地服貼在後腰上。

- 將後片與後中片的邊緣抓別固定。

- 取後脇片，比照後中片，在腰部抓出一道褶子。

合身度

由於這件馬甲非常緊密貼身，一道誇張的後背弧度將有助於保持馬甲固定不動。

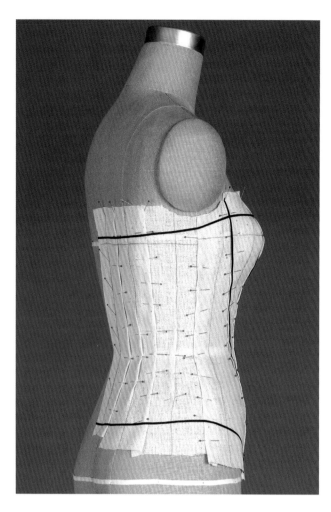

Step 7

- 將所有前、後片的縫份都往前中心或後中心方向折入，用蓋別法固定所有的接縫完成線。

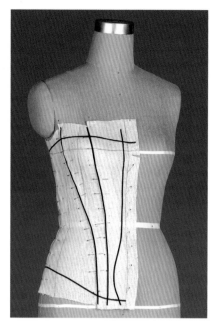

Step 8

- 用標示帶標示前中心裝飾片的曲線，這會是決定馬甲風貌的重要元素之一。

- 用標示帶標示馬甲上緣與下襬輪廓線。

- 為了追求精準，請再次核對照片中的款式設計線。用黑色標示帶標示剪接線，有助於你從遠處評估整體的立裁成果時，判斷眼前的成品是否達到預想的風格樣貌。

- 視情況修正線條。

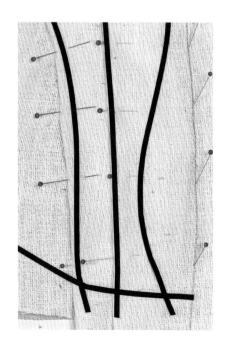

Step 9

- 前脇線會略往前中心線偏移，以便更誇張地達到強調臀部的效果。

- 從遠處再次檢查線條，視情況重新調整絲針的接縫處。

- 在所有接縫處做上對合點記號。等你拆開這些布片後，對合點記號能幫助你重新吻合這些布片的拼縫位置。運用你的打版技巧，在後背的裁片做上雙V形標記或對合點記號，並在正面的裁片做上單V形標記或對合點記號。同時在所有裁片上標出腰圍線位置，作為簡便的參考點。

做記號與描實

胚樣展示

想清楚你的胚樣展示目的為何。是給自己參考，想知道你的合縫與布紋走向安排會帶來什麼樣的成品效果？還是為了提供給你的雇主或潛在客戶參考？若能在試衣胚樣中包含愈多定案的縫製細節，就愈容易判斷諸如飾縫細節和緣邊裝飾的比例是否恰當。

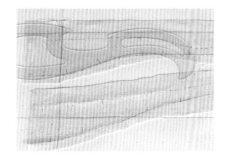

Step 1

■ 取前片，運用透明雲尺將胸部、腰部到腹圍部位或凹或凸的曲線平順地連接起來。

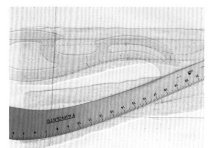

Step 2

■ 取前中片，運用金屬製大彎尺繪製較長、較直的部位。

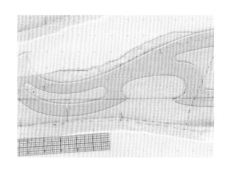

Step 3

■ 用一把短的透明方格尺將直線連接起來，並且加上縫份。連接衣身布片的縫份為 1.5 公分（½ 英寸），前中心線與後中心線的縫份為 4 公分（1½ 英寸）。

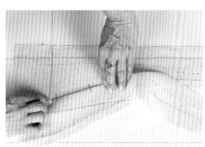

Step 4

■ 將前中片與前脇片的對合點記號對齊後，描實線條。

■ 這件馬甲需要縫製完整的胚樣，因此必須將所有裁片以鏡射方式剪出左右對稱的第二片。

■ 首先，整燙新的胚布片，再參照第 80 頁的胚布用量準備圖，畫出直、橫布紋記號線。

■ 接著，將立裁所得的胚布片放在折雙的新胚布片上，對齊直、橫布紋記號線，並用絲針固定妥當。

■ 沿著已經描實的線條，將兩塊布片一起剪下。

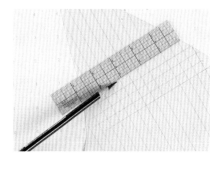

Step 5

■ 接下來，整理所有布片的每個細節。鋪棉壓線的部位必須在動手縫製胚樣前就先完成。決定好你認為適當的比例後，用鉛筆及方格尺畫出線條。

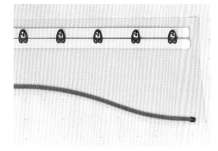

Step 6

■ 可選用「支骨」（上頭附有球形突出物與環圈的兩條金屬片）或鉤釦帶作為扣合物。

■ 選用金屬螺旋撐條才能使撐條隨著裁片的合縫而彎曲，塑膠撐條無法達到這種作用。由於兩道主要的正面縫線呈 S 形，撐條的選用很重要，須特別留意。

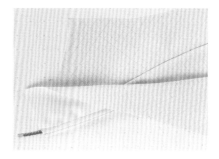

Step 7

■ 縫合接縫處後，將縫份折邊壓縫，形成一條穿帶通道，以便穿入撐條。

■ 在原作照片中，撐條與裁片縫合這兩者的壓線縫看起來是有差別的，不過目前這樣處理就夠了。

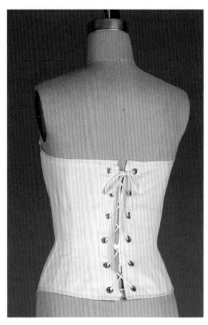

Step 8

■ 剪下一段胚布，將它隨意彎扭，讓人對你想要裝飾的花朵形式與形狀有大致概念。等到助理為你的成品挑選絲質花朵時，便可運用這些實體模型作為指南。

■ 將花朵飾片假縫在馬甲上緣，或塞進上緣內側。

Step 9

■ 後中心線是由交叉紐帶扣合。這種扣合方式允許穿戴者自行調整馬甲的鬆緊度，且有助於進一步適應這件緊身衣服。

■ 將兩支撐條放進後中心線返摺所形成的穿帶通道中。在那兩條穿帶通道內側釘上一排雞眼洞，它們同時也能協助後中心線保持筆直狀態。

分析

■ 仔細觀察拉克華原作的照片和你的立裁成品。靠著正面的兩組剪接線，使你的馬甲胚樣呈現出維多利亞時期的輪廓。不過，拉克華馬甲從上緣到腰部的 S 型曲線似乎更為明顯。此外，拉克華馬甲從上緣到腰部的距離似乎也比較短，原因應該是它的上緣開口開得比你的胚樣低。

■ 或許那位模特兒的腰圍比人台腰圍細，但是無論如何，拉克華馬甲的腰圍看起來確實比較細。請留意胚樣的第一道正面剪接線在腰際顯得略寬。如果能讓兩道剪接線在腰際靠攏些，也許能創造出較細腰身的錯覺。

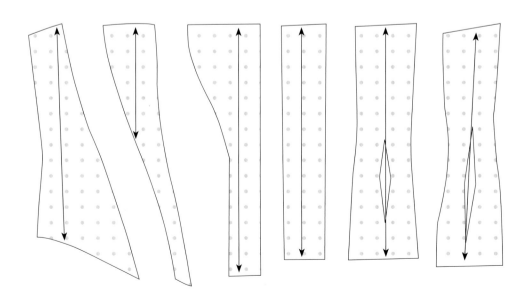

前脇片　　　　　前中片　　　　　前片　　　　　後片　　　　　後中片　　　　　後脇片

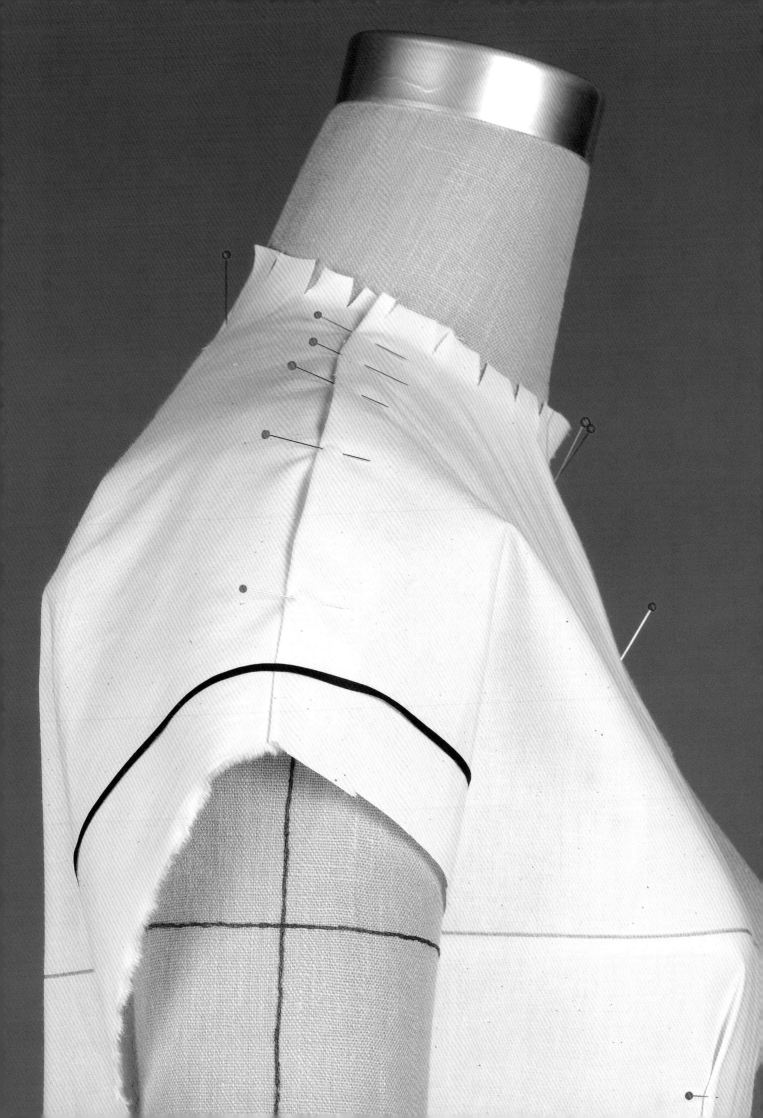

2 中階立裁

在本章中，你的目標是找到個別服裝或套裝的平衡感。上衣或外套之類的服裝有許多構成要素，想要調和這類服裝，會比處理第一章探討的較簡單服裝構形更為複雜。具有洞察力的眼光開始能分辨出勻稱的合身樣式、對稱的線條、有趣的視覺焦點，以及新穎的輪廓。

現在，你累積了一些立裁的經驗，多練習能幫助你提高精確性與嫻熟度，讓各種基本技巧化為不假思索的習慣。知道如何運用活褶、定形褶與碎褶創造出份量感，而且有能力處理複雜的曲線，這些將幫助你更容易控制你想創造的輪廓。

當你有了自信，就會培養出「好眼光」。只要你對創作的成品懷有遠見，就能學會如何在胚樣成形的時候辨認出它，而你的個人風格便由此開始滋長。

2.1
Skirts

裙子

變化萬千的裙裝之美

普拉達（Prada）在二〇〇四年於東京策畫了一場名為「腰下風光」
（Waist Down）的裙裝展，展出該品牌自一九八八年至當時發表過的裙裝
設計。這些裙裝的形狀五花八門，千變萬化。無論是定形褶裙（pleated
skirts）、尖褶褶裙（darted skirts）、活褶裙（tucked skirts）、多片裙
（gored skirts）、碎褶裙（gathered skirts），或是別出新裁的剪接，每
一件裙裝的輪廓都是獨一無二的。

在這場展覽中，有個專題展示的是由天花板垂吊而下，一
整排旋轉的裙裝。它們展現的萬千姿態強調出裙裝的一項
重要特質：布料動態之美。

章節1.2所介紹的合身上衣是由不同的打褶與縫合法來創造
變化。我們也可以運用同樣的這些技巧精心安排裙裝的運
動性和流動感。這些方法創造的不同效果為我們帶來服裝
史上變化無窮的裙裝款式。

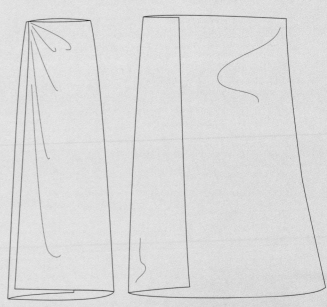

左：這兩名女子身上的
沙龍帶有明顯的筆直長
線條。將一塊簡單的矩
形布紮在腰間時，常
會形成這類線條。右側
這件裙裝的垂墜效果來
自上緣的圍裹與綁紮。

上：這張緬甸沙龍的服裝
平面設計圖，清楚展現出
布料本身簡單的形狀。

最早的裙裝素材是簡單的梭織布片，無論男女皆穿裙。各文化間的裙裝差異只在於纏繞或綁縛布片的方式有別。坦尚尼亞人有肯加布（kanga），前伊斯蘭時代的阿拉伯半島部落則有圍腰白布（izaar）。「沙龍」（sarong）這種馬來文化的服裝也廣見於東南亞國家和太平洋島嶼，而且還變身為沙灘裙，持續出現代時尚中。

布片繫縛在身上的方式界定了它的輪廓。在西歐，農夫運用一條像繩索的簡單腰帶穿過裙頭折疊的邊緣，將裙頭整個收攏。傳統印度長褶裙（ghagra）的材質是非常薄的絲綢，可以反覆折疊，直到它適合穿著者的腰圍為止。

慢慢地，當女裝上身變得更合身、形狀更多樣後，裙片的剪裁也開始有了變化且更加合身。儘管裙長還是維持在適度覆蓋腳踝的長度，至少不用工作的婦女穿的是長度及踝的裙子，但裙子的寬度和輪廓時有變化，從一七五○年代由馱籃式裙撐（pannier）支撐起的矩形，到一八○○年代帝政型（Empire line）的細窄輪廓，再到一八五○年代內搭克莉諾琳襯裙（crinoline），得耗費許多布料的圓塔狀外形。接下來，裙子開始被臀墊（bustle）往回拉；裙長持續縮短，直到一九一五年左右，裙襬終於比地板高了。

直到迪奧在一九四七年的時裝秀推出「新風貌」（New Look）系列，內搭襯裙的裙裝早已從日常服裝中消失無蹤。迪奧發表了帶有窈窕腰身的奢華蓬裙，做為對戰爭年代諸多束縛的一種反動。此舉不僅預告了此後十年的時尚輪廓，更讓巴黎重新恢復時尚之都的地位。

裙襬持續上上下下的變化，泡泡裙（bubble skirts）流行了又退燒。今日，一件時髦的現代裙裝往往會運用尖褶、活褶與碎褶這些超越時代的相同技法，來塑造看似新鮮、卻又熟悉的裙裝輪廓。

從腰間垂落、綻放的眾多定形褶，為印度拉賈斯坦邦（Rajasthan）的傳統長褶裙創造出蓬鬆感。

蘇格蘭裙
Kilt

蘇格蘭裙（kilt）是一種男女通用的傳統蘇格蘭服飾。此裙型是利用一大張矩形的蘇格蘭格子呢（tartan）圍裹而成，前身是平的，兩側及後身則折疊出對稱的單向細褶。這些細褶的上段（從裙頭到腹圍線）以垂直的方式縫合固定，腹圍線以下則是鬆開的，方便自由活動。蘇格蘭裙和第91頁印度拉賈斯坦邦的傳統長褶裙一樣，都是由眾多垂直細褶所組成，不妨比較兩者的輪廓有何異同。

✏️ **胚布用量準備**

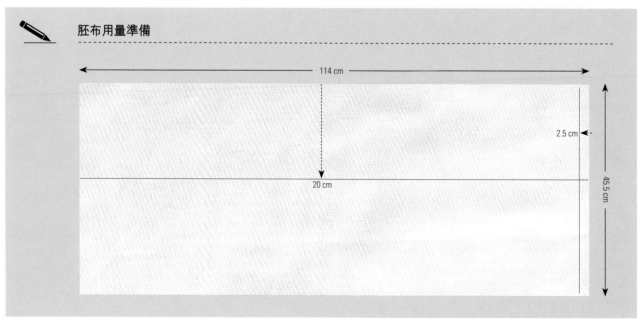

114 cm

20 cm

2.5 cm

45.5 cm

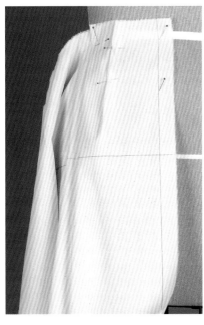

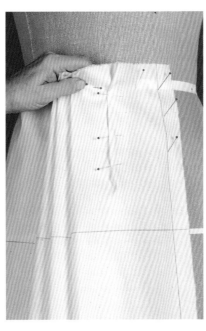

Step 1

- 將直、橫布紋記號線分別與人台前中心線、臀圍標示線對齊,用絲針固定前中心線。

- 在曲線轉折(稜線)的位置抓出一道小褶子,以便協助胚布貼合腰身,同時讓橫布紋記號線沿著臀部曲線繞行身體一圈時能保持水平。

Step 2

- 為裙身打褶,每一褶均往內折入約 10 公分(4 英寸),直到布料用盡為止。

Step 3

- 觀察打褶所創造的裙子輪廓。依照傳統,所有的定形褶都要從裙腰處往下縫合約 10 公分(4 英寸),然後才鬆開。這種處理手法創造的裙子輪廓是,先順著臀部的線條而下,接著會略帶角度向外展開。

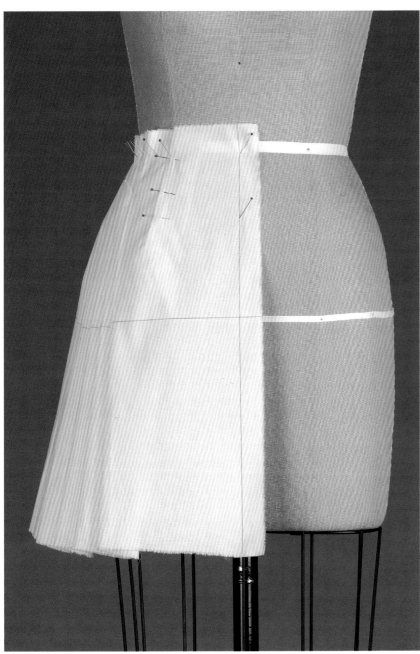

裙型介紹

和蘇格蘭裙一樣，村姑裙（dirndls）與芭蕾舞裙（ballet skirts）都是取基本的矩形布片圍在腰間，也是許多文化幾個世紀以來既有的衣著。打褶讓裙裝具有蓬鬆、豐滿感；對村姑裙與芭蕾舞裙來說，份量感來自於腰間布料的簡單碎褶。

在這項練習當中，你可以看見，就算兩件裙裝都以胚布為素材，裙子的長度與碎褶的數量都會造就出截然不同的裙子輪廓。

村姑裙與芭蕾舞裙

村姑裙：數百年來，多種不同文化的農婦所穿著的一種歐洲民俗服裝。它是取簡單的梭織布片，用鑲帶或抽帶圍在腰間所形成的一種裙裝。

芭蕾舞裙：這種裙子顯然是從芭蕾舞得到的靈感，通常是指大量運用質地非常輕盈的布料，在腰間做出許多碎褶的裙裝款式，裙長不拘。

✏ 胚布用量準備

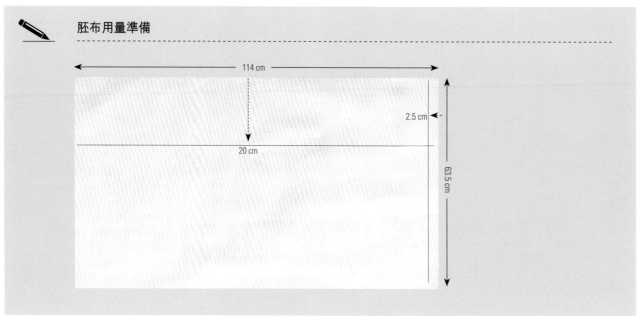

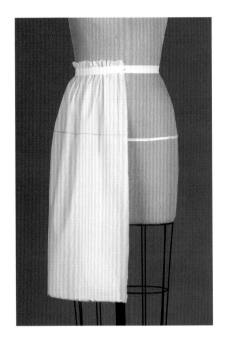
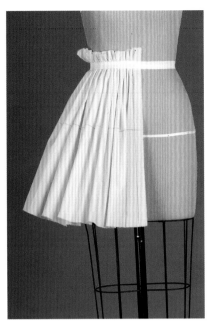

村姑裙

- 動手立裁之前，先在人台的腰部繫上一條鬆緊帶。

- 在前中心線別上絲針，固定胚布。將胚布上端塞入鬆緊帶底下。

- 接著調整胚布，平均地在裙腰抓出碎褶，留意橫布紋記號線應落在臀圍線上，並且保持水平狀態。

- 仔細觀察裙子的外形：腰間的碎褶讓布料微微鼓起，接著才呈直線垂落。

芭蕾舞裙

- 從村姑裙的裙腰頂端往下量 45.5 公分（18 英寸），撕掉裙子的下半部。

- 碎褶會從脇邊往前、後中心線平均分攤。

- 仔細觀察較短的裙長與額外的用布量所創造的裙型。抓了碎褶的大量布料會將裙襬向外推。

三種簡單的裙型

仔細研究這三種裙型，以便訓練你的眼光，看清製作技法是如何創造出細微卻明確的差異。

注意，這些打定形褶、打活褶與抓碎褶的技巧運用在袖子或領口時，會創造出相同類型的外觀。

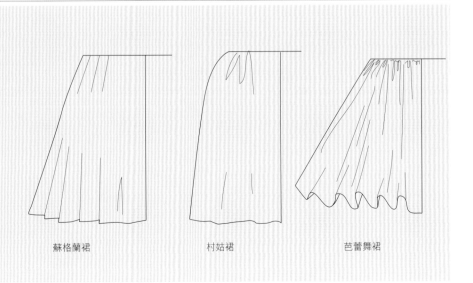

蘇格蘭裙　　　　　村姑裙　　　　　芭蕾舞裙

直筒裙
Straight skirt

直筒裙（straight skirt）可説是現代版的村姑裙，因為它也是由簡單的矩形布片包圍身體。差別在於，村姑裙的裙腰會打上碎褶，而直筒裙則是用尖褶來消除蓬鬆感，進而創造出順暢的線條。為了方便活動，這種裙子的後中心下襬通常會有一道定形褶或狹窄的隙狀開口。

直筒裙有時也稱為「鉛筆裙」（pencil skirt），這種細窄合身的服裝在二次大戰期間廣為流行，因為當時經濟匱乏，迫使眾人必須撙節布料用量。直筒裙起初是勞動婦女實穿、樸素的裙裝，後來卻演變成一種歷久不衰的時尚要角。

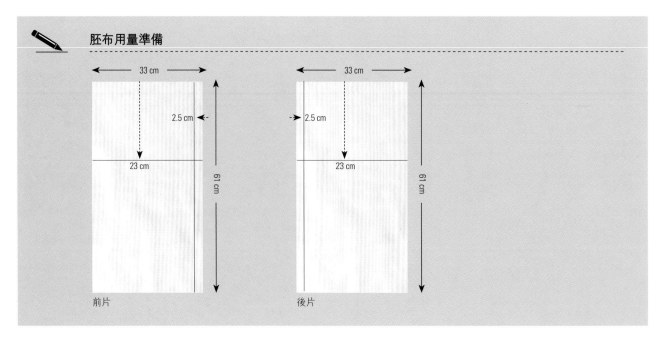

胚布用量準備

前片

後片

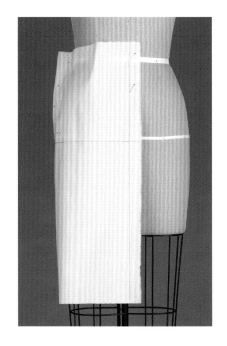

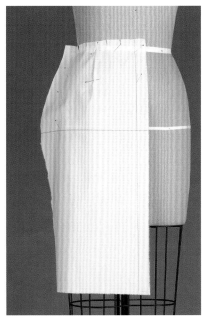

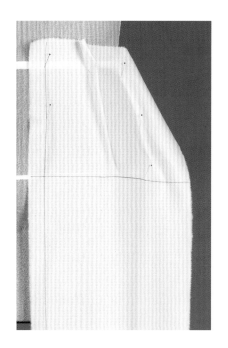

Step 1

- 將直布紋記號線對齊人台前中心線，沿著前中心線向下固定大約 15 公分（6 英寸）的長度。

- 預留約 2.5 公分（1 英寸）的鬆份，並保持橫布紋記號線的水平狀態，在臀圍線別上絲針固定。

- 將胚布從臀圍線往上推平到腰部。觀察多餘的胚布如何在前身成形。

Step 2

- 在曲面轉折（稜線）的位置抓出一道褶子，褶深約 2.5 公分（1 英寸）。

- 從腰線往下針別大約 10 公分（4 英寸）長。褶子的走向應該微微朝脇邊傾斜，以便為腹部塑造蓬鬆感。

- 修剪多餘胚布，並在腰圍線剪牙口，直到胚布平順服貼為止。

Step 3

- 重複 Step 1，以相同手法處理後片。

- 當你沿著脇邊線朝上固定絲針時，會看見此處多餘的胚布份量甚至比前身的更多，因為臀部的形狀比腹部更為渾圓、立體。

- 讓我們嘗試不同的打褶法。單一的縫合褶會創造突出的褶尖，而且得有相當長的褶長。

- 接下來嘗試將鬆份分成兩個褶子。現在，褶子不但可以縮短，同時由於它們不那麼深，因而可以創造出更加平順的後片線條。

吻合橫布紋記號線

相鄰胚布裁片的橫布紋記號線是否彼此對齊，其實並不重要。它們的存在只是指引你保持每一塊裁片擺放位置的均衡，並非企圖要讓它們對齊。

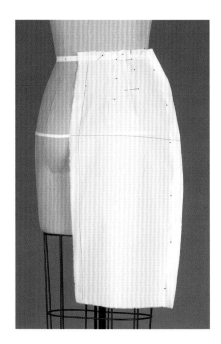

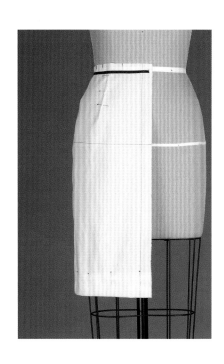

Step 4

- 將前、後片相對抓別，用抓合法固定脇邊。修剪胚布，留下約 2.5 公分（1 英寸）寬的縫份。

- 將前片脇邊線縫份往內折入，疊在後片上，用蓋別法固定，記得確認前片與後片的鬆份相等。

Step 5

- 用斜紋織帶沿著腰圍線固定一圈，以方便做記號。

- 將裙襬向上往內折，保持裙襬和人台下方鐵柵的橫桿成水平。

A字裙
A-line skirt

喇叭裙（flared skirts）或A字裙（A-line skirts）通常是指腰部或臀部緊密貼合，但下襬會變得比較寬大展開的款式。這件立裁作品的外形將取決於所選用的本布。長度較長的輕薄絲綢會創造出較柔和飄逸的裙襬風貌。

由於這件裙子的裙腰高於腹圍，而多餘的布料會往正面垂落，所以它的褶子遠比直筒裙的小。

別忘了扣合物，採用脇邊或後片拉鍊均可。

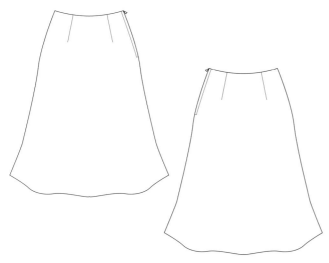

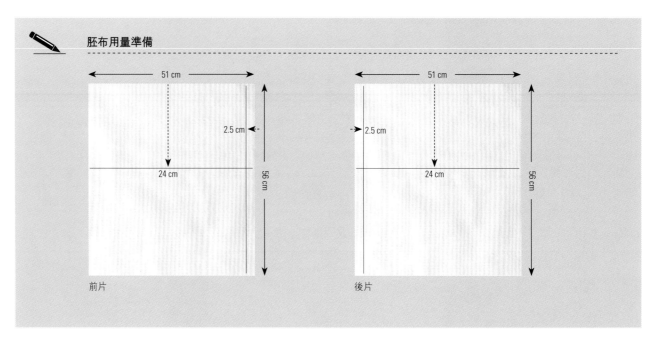

胚布用量準備

前片

後片

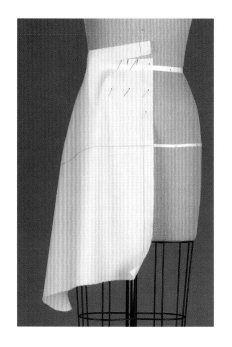

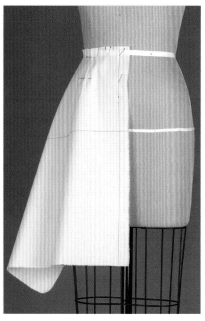

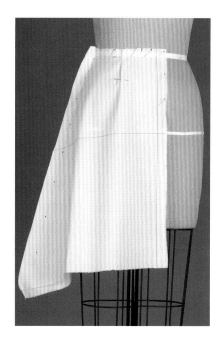

Step 1

- 將直布紋記號線對齊人台前中心線,沿前中心線向下固定大約 15 公分(6 英寸)長。

- 從前中心線開始,在腹圍線上橫向固定絲針至大約 7.5 公分(3 英寸)長。

- 沿著腰圍線一邊固定絲針,一邊修剪多餘的胚布並剪牙口,讓布料能向前垂落,呈現波浪狀。

Step 2

- 推平覆蓋在腰圍線與腹圍線的胚布,持續在腰圍線剪牙口。

- 在曲面轉折(稜線)的位置抓出一道小褶子,以免裙襬的波浪變得過於誇張。

- 核對照片。裙子的正面相當平坦,而那一道小褶子能讓裙襬的波浪受到控制,朝脇邊發展,使得整件裙子的外觀更加平衡。

Step 3

- 沿著人台脇邊修剪胚布,留下大約 2.5 公分(1 英寸)的脇邊縫份即可。

- 從 Step 1 開始,以相同手法處理後片。

- 將前、後片相對抓別,用抓合法固定脇邊布料。上端 10 公分(4 英寸)請沿著人台脇邊別針,接下來的線條朝外傾斜,成一直線,以便創造出波浪狀。

- 從側邊檢查裙身的波浪。以這件裙子而言,前後片的波浪份量應該是同等蓬鬆的。請注意,為了追求活動時裙身的擺動能更加優雅,裙身後片展開的幅度通常會比前片略大。

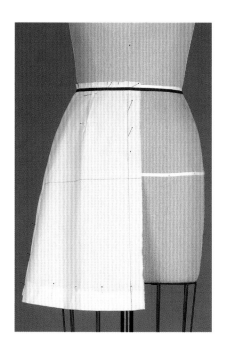

Step 4

- 先用粉片在前、後片的臀圍線淡淡地做上記號,再畫上對合點記號,方便稍後重新別針時位置能吻合。拆除絲針,將前片脇邊線縫份往內折入,疊在後片上,用蓋別法固定。

- 要準確地處理均衡這件事。假如與後片相比,前片脇邊上移了,這將會改變裙片展開的方式;反之亦然。小心別破壞了你創造出來的垂褶風格。

- 用斜紋織帶牢牢固定住腰圍線。

- 用一把長直尺或金屬角尺標示裙襬位置,並向上折出完成線。

脇邊線

注意,當前、後腰圍線上移或下挪時,胚布的脇邊線角度也會發生變化。胚布的脇邊線應以人台的脇邊線為準。

圓裙
Bias circle skirt

這款圓裙（bias circle skirt）沒有打褶，也沒有接縫，布料只是滑過腰部和腹圍，自由地垂墜，形成波浪狀的裙襬。直布紋落在前、後中心線，橫布紋落在脅邊線，而正斜紋則落在公主線上。大方的裙襬用料和斜布紋剪裁在行走時會創造出一種絕妙的翻飛律動。

由於它給人一種輕快的感受，這款裙裝成了樂觀的一九五〇年代的代表性造型。這張奧黛麗·赫本著圓裙的照片是電影《羅馬假期》（*Roman Holiday*）中的劇照。

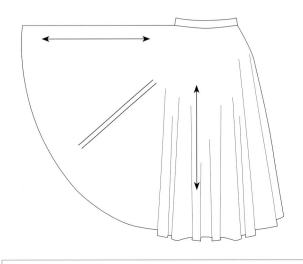

斜布紋記號線

我們會用間隔0.5公分（英寸）的雙線來標示斜布紋記號線。

✏️ **胚布用量準備**

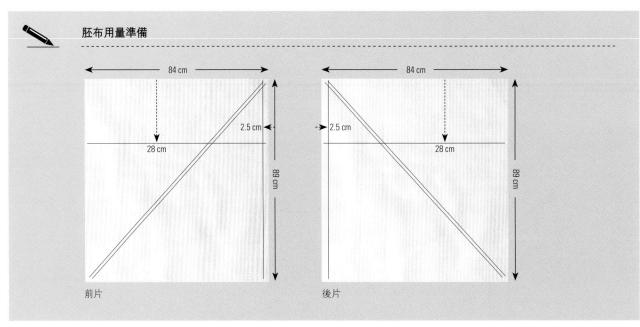

前片　　　　　　　　　　　　　　　後片

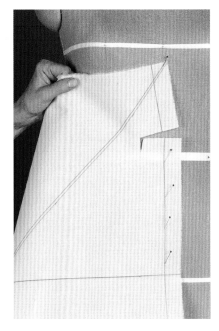

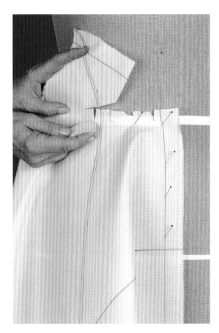

Step 1 24

- 將直、橫布紋記號線依序分別對齊人台前中心線、臀圍線。布片的上緣幾乎要碰到胸圍線。

- 從腰圍線開始,用絲針縱向固定前中心線大約 12.5 公分(5 英寸)長,並沿腰圍線橫向針別 2.5 公分(1 英寸)長。

- 在腰圍上方大約 2.5 公分(1 英寸)處橫向剪一道深長的切口,並且朝脇邊方向旋轉 2.5 公分(1 英寸)後固定。

Step 2

- 由於這裡運用四分之一圓作為半個前片,請讓布片上緣鬆鬆地垂下,如此一來,橫布紋記號線才會平行於人台脇邊線,且斜布紋記號線會垂直於地面。斜布紋記號線應該大約落在公主線上。

- 用粉片在腰圍做上淡淡的記號,以供修剪時參考。

Step 3

- 修剪腰圍多餘的胚布,每隔 1.5 公分(½ 英寸)剪個牙口,保持裙身的波浪均勻地垂落。

- 從 Step 1 開始,以相同手法處理後片。

- 將前、後片相對抓別,用抓合法固定脇邊線。

剪牙口與別絲針

剪牙口與別絲針的時候記得要盡可能精準。因為就算你別上絲針的位置只差了0.5公分,裙身波浪的垂墜方式也會隨之發生變化。

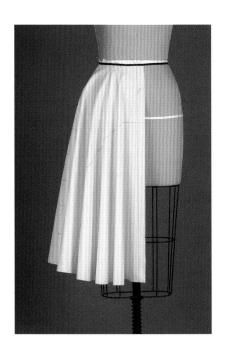

Step 4

- 以脇邊線為起點(因為這裡是裙子最短的地方),運用角尺或人台下方鐵柵的橫桿讓裙襬等長,成一水平線。

- 留意進一步在腰圍剪牙口會讓波浪產生什麼樣的調整變化。

- 確定腰圍的針別位置,取斜紋織帶環繞腰部繫緊,作為簡便的腰圍線標記。

比爾・布拉斯的陀螺裙

這件基本剪裁的比爾・布拉斯（Bill Blass）裙裝，外形與第96頁介紹的那款直筒裙有幾分神似，但隱藏在簡約外形當中的微妙差異卻賦予它更有活力的態度。裙子的脇邊貼著身體曲線，裙襬在膝部收窄。高腰和緊密貼身突顯出它經典、曲線玲瓏、沙漏般的女性化造型。

伸展台上的模特兒個子通常都非常高。當你著手規畫這件立裁作品的胚布片時，記得要仔細考慮照片中人物的身材比例和你要裁製的最終尺寸兩者間的比例差異。在動手進行立裁之前，先決定好裙長。這會讓你更容易確定其他部分的比例。此外，你也要決定這件裙子需要多少的「鬆份」。這件裙裝在模特兒身上看起來非常合身，但說實在的，它的臀部至少需要2.5～5公分（1～2英寸）的鬆份。

動手進行立裁後，不妨時時想像穿衣者的模樣、這件裙裝的形狀，以及它所展現的明快、性感風韻。

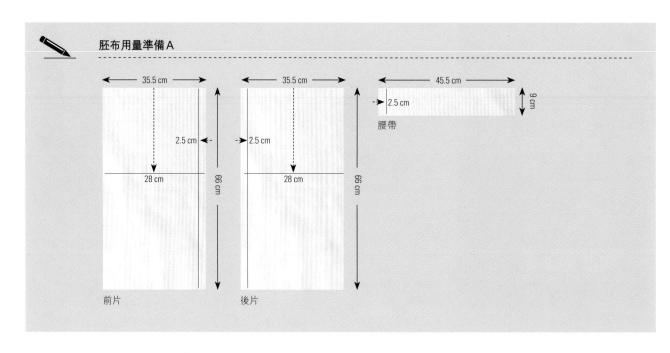

胚布用量準備A

前片

後片

腰帶

Step 1

- 將直、橫布紋記號線分別與人台前中心線、臀圍線對齊。在前中心線縱向固定絲針至大約 15 公分（6 英寸）長。

- 估算你在臀／脇邊部位想要保留多少鬆份，沿著脇邊，從臀圍線往上固定絲針直到腰圍線。

- 安排褶子位置時，若仔細研究原作的照片，就會注意到這件裙裝的腹圍部位帶有一種寬闊的感覺。這有部分是布面的橫條紋所致，但也有部分是因為裙腰的褶子朝上衣之公主剪接線那一側微微向外傾斜。從腰部開始，往下抓別出這道褶子。

- 由於褶尖斜向脇邊，當褶子通過腰部朝上走時，自然會繼續保持原有的傾斜角度遠離脇邊，但那將會很不美觀。因此，你得在褶子上剪牙口，讓它即使在腰部上方，也能往脇邊靠近。

Step 2

- 拆除前中心線的絲針，在接近腰圍線的地方，在褶子上剪牙口。

Step 3

- 調整褶子的頂端，讓它倒向脇邊，接著重新為褶子別上絲針。這會使注重腰身的服裝樣式其腰身更為明顯。

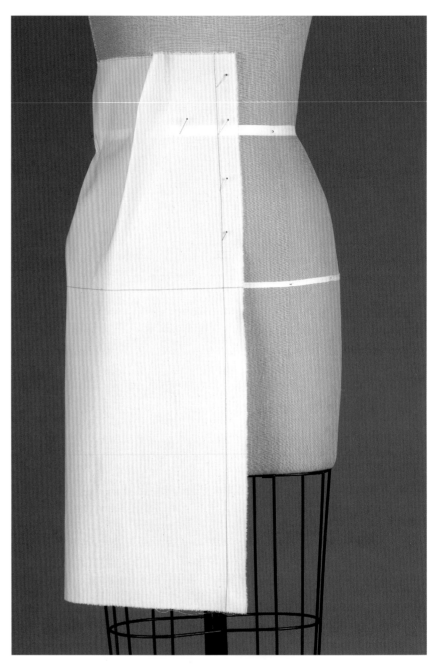

精準的別上絲針

你的抓褶愈精準，就愈容易轉版到紙型上。練習非常仔細地別上絲針，如圖所示，將絲針水平地別在縫口上。盡可能讓布料的摺痕保持平均。如果褶子的線條皺了，不妨嘗試一次取下一根絲針，找出問題究竟在哪裡。

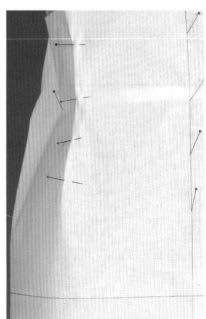

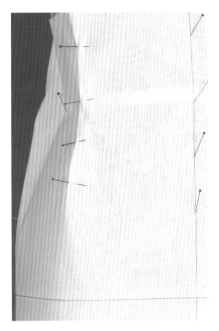

Step 4

- 端詳原作照片並確認收窄的角度後，決定脇邊線的位置。記得保持橫布紋記號線成水平。

- 對照服裝平面設計圖，在鏡子裡察看脇邊的狀況。

- 保留一些鬆份，將脇邊線用絲針固定在人台上。

- 修剪縫份至約 2.5 公分（1 英寸）寬。

- 在腰圍處剪牙口。

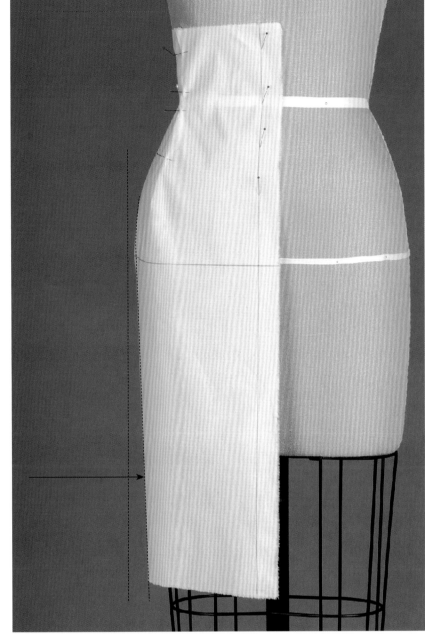

Step 5

- 將直、橫布紋記號線依序分別對齊人台後中心線、臀圍標示線。

- 在後腰部抓出兩道褶子，同前片褶子一樣剪牙口。

- 從臀圍線開始，一路向上將脇邊線固定在人台上。將縫份修剪至約 2.5 公分（1英寸）寬。

Step 6

- 從臀圍線開始，將後片脇邊線一路向下別在前片上。

- 對照服裝平面設計圖，在鏡子裡察看裙側收窄的狀況。

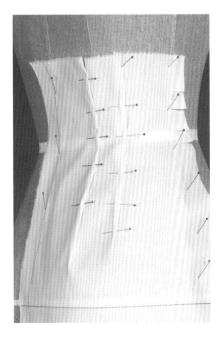 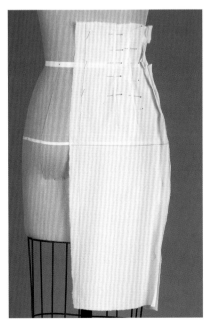

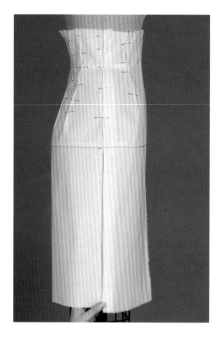
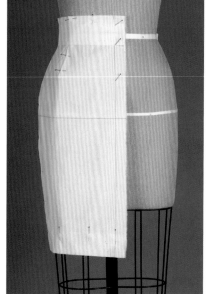
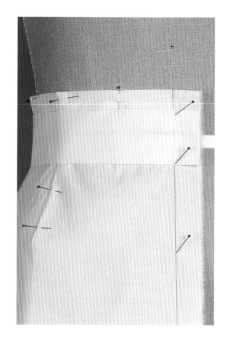

Step 7

- 從臀圍線開始，向上處理：將前片脅邊縫份往內折，疊合在後片上，用蓋別法固定。

- 接下來將前、後片縫份往內折入，捏住下襬，拉緊胚布，使它能平整地垂落在正確位置上。

- 從各個方位檢查裙子的輪廓：從腰部到膝蓋這段收窄的脅邊線有出現任何直角嗎？它具有沙漏般的曲線嗎？

Step 8

- 裁製腰帶時，首先要察看服裝平面設計圖，腰帶寬為 5 公分（2 英寸）。

- 用粉片標示腰帶上下緣的線條，將兩側毛邊往內折，燙平成一條 5 公分（2 英寸）寬的布片。

- 將腰帶環繞腰圍一圈，大約三分之二在腰圍線上，三分之一在線下。

- 將裙身上緣及下襬往內折入。

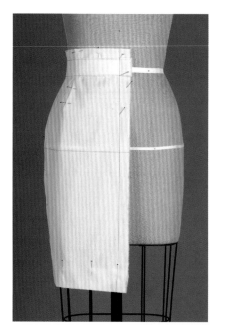

Step 9

- 如果腰帶看起來似乎太寬，不妨縮小比例再試試。在這類細窄的布片上，即使是 0.5 公分（¼ 英寸）也會造成重大的差異。

- 標示所有的完成線與褶子。

檢查比例

諸如腰帶寬度之類的細節，對於設定比例來說非常重要。仔細研究較寬、略窄這兩種不同腰帶寬度，是如何讓整件裙子的外觀從有點厚重笨拙，搖身變為高雅脫俗。

做記號與描實

其實，前片與後片的曲線未必永遠都會相吻合。某些特定的款式會要求不同形狀的剪接線。不過在這種情況下，前、後片的形狀還是類似的。你可以平衡其間差異，確保脇邊線是平順的。

當裙襬的緣邊一如這件裙裝呈凹狀曲線，若非緣邊淺得足以輕鬆向內反折，也許是2.5～4公分（1～1½英寸）這個範圍，否則就得用內貼邊來做最後加工。

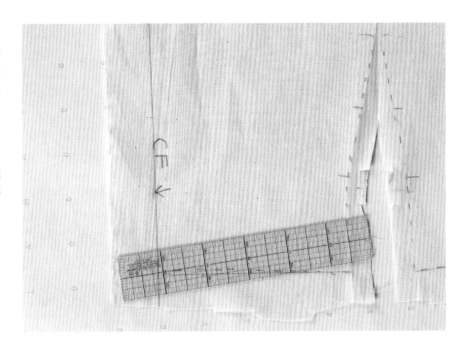

Step 1

- 畫出褶子的線條，並將縫份修剪至1.5公分（½英寸）。

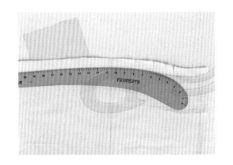

Step 2

- 畫出前片與後片的脇邊線。
- 對齊前、後片的腰圍線與下襬緣邊，用絲針別在一起。
- 將複寫紙放在後片下方，運用點線器，將前片脇邊線的曲線複寫到後片脇邊線上。

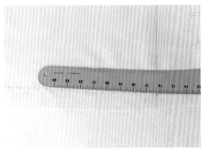

Step 3

- 比較這兩條脇邊線的線條——兩者應該要均衡。假如某一條遠比另一條大，就得進行測量。將較大的那條減一些，較小的這條加一點，以便調和兩者之間的差異。

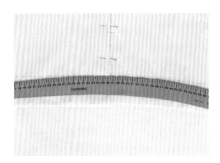

Step 4

- 運用曲線尺畫出下襬線；由於裙身收窄，因此它會呈現微微的凹入。根據你的打版知識，你知道脇邊線與下襬線必定得互相垂直。因此，下襬線會自然地往上傾斜。畫出直角後，要注意前、後下襬線的中央也要是直的。

- 用透明方格尺為下列部位加上縫份：
  - 脇邊線：2公分（¾英寸）
  - 上緣：1.5公分（½英寸）
  - 下襬：2.5公分（1英寸）

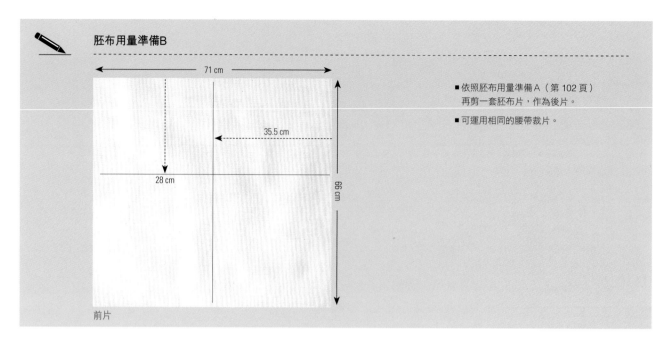

胚布用量準備B

71 cm

35.5 cm

28 cm

66 cm

前片

■ 依照胚布用量準備A（第102頁）再剪一套胚布片，作為後片。

■ 可運用相同的腰帶裁片。

這件裙裝需要縫製完整的胚樣，因此，必須以鏡射方式剪出左右對稱的另一套前、後片。

■ 首先要整燙新剪裁的這套胚布片，再依照胚布用量準備圖，分別畫出直、橫布紋記號線。

■ 處理前片時，以中央的直布紋記號線為準加以對折，接著取裁製完成的胚布片，將其前中心線與新胚布片的對折線相疊。對齊兩者的橫布紋記號線，用絲針固定。

■ 沿著已經描實且加上縫份的線條，同時將兩塊布片一起剪下。

■ 處理後片時，對齊直、橫布紋記號線後，用絲針固定，並沿著已經描實且加上縫份的線條裁剪布片。

■ 在做了對合點記號的部位剪牙口，深度不超過0.5公分（¼英寸）。

■ 將複寫紙放在胚布片下，用點線器描出褶子的線條。由於你處理的是折雙布片，因此也必須將複寫紙放在折雙的布片下，二度描出褶子與所有內部線條。

分析

■ 要分析你立裁的裙子，請先備妥原作照片，站在跟人台有段距離的位置。裙子的形狀處理得如何？它具有恰當的鬆緊度，穿起來合身舒適，卻又保有照片中那種曲線美嗎？

■ 仔細觀察脇邊部位。端詳負形空間（negative space），看看你的立裁成果是否從腰部到下襬都和原作照片具有同樣的角度。

■ 皮帶雖然是配件，但它在此扮演了評判比例的重要角色。經過調整之後，它看起來似乎是正確的樣貌。

■ 具體想像黑色條紋布所縫製的胚樣──這可是件極富挑戰的事，但嘗試這麼做會是個很棒的練習。

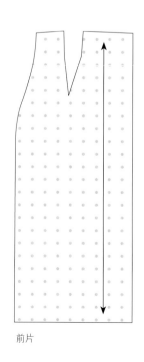

前片

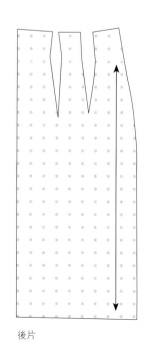

後片

腰帶

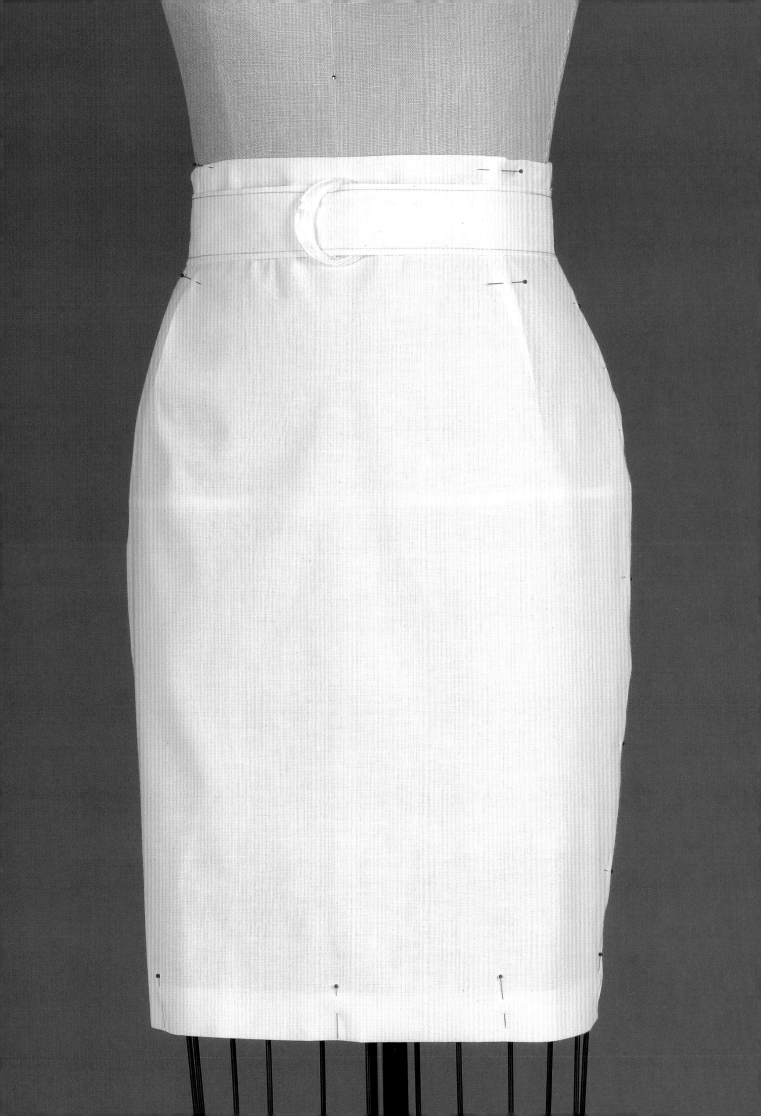

低腰襠片碎褶裙
Yoked skirt with gathers and flare

　　這件裙子的合身剪接裁片（yoke，又稱襠片），為抽碎褶且裙襬呈波浪狀的裙身下段提供了支撐的基礎。由於這塊襠片結束在腹圍線，因此並不需要打褶子。襠片的上緣呈弧形，進而創造出合身度。請留意裙襬垂落時如何產生與圓裙類似的滾動波浪感。因為裙身不是長方形，而是弧形的，脅邊的部分布片會是斜向布紋，使得這件裙子在移動時能產生迷人的搖擺。

✎　**胚布用量準備**

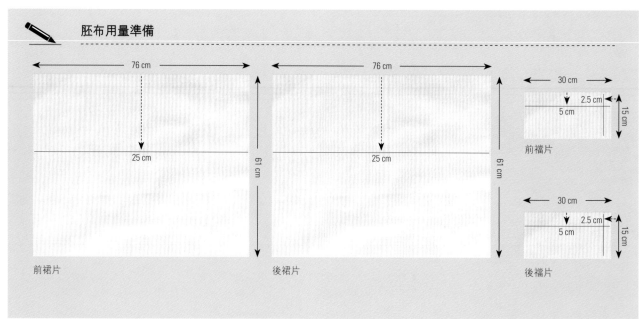

前裙片　　　　　　後裙片

前襠片

後襠片

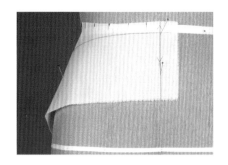

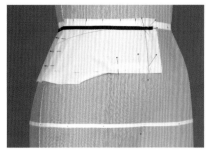

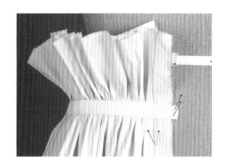

Step 1

- 取前襠片，將直布紋記號線對齊人台前中心，並將橫布紋記號線對齊人台腰圍標示線。

- 沿著前中心線一路向下固定絲針，再沿腰圍線橫向固定起始 2.5 公分（1 英寸）的部位。

- 接著用手將襠片往脇邊推平，修剪多餘胚布並剪牙口。

- 以相同手法處理後襠片。

Step 2

- 將襠片的脇邊相對抓別固定。由於裙身的重量是由襠片來承擔，因此襠片得相當密合地固定在人台上，無須保留任何鬆份。

- 將前襠片的縫份往內折入、疊在後襠片完成線上，用蓋別法固定。

- 用斜紋織帶標定腰圍線，並在前中心與後中心用 V 字固定針法固定。

- 衡量能營造出預期比例的襠片寬度，進行測量並用粉片淡淡地做上記號。

- 沿著標示記號將襠片邊緣往上反折。

Step 3

- 裁製前裙片時，你得創造波浪與碎褶。如同第 26 ～ 29 頁的舞蹈用束腰寬外衣練習，繫上一條鬆緊帶有助於均勻地調整布料。

- 輕輕掀起襠片的下緣，在襠片下緣上方大約 2.5 公分（1 英寸）處別上一條鬆緊帶，記得鬆緊帶要與地面保持平行。

- 將前裙片塞入鬆緊帶底下，對齊前中心線。將它平均地往上拉到鬆緊帶上方 10 ～ 15 公分（4 ～ 6 英寸）處。

- 請注意，現在裙片的輪廓跟第 94 ～ 95 頁的村姑裙相同。因為希望裙身能帶點波浪，長方形布片就得變成弧形布片。

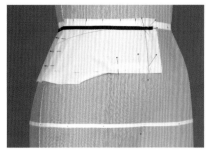

Step 4

- 參考第 100 ～ 101 頁裁製圓裙的作法，並留意當你剪牙口、創造出弧形時，前裙片會如何垂落。從脇邊開始，抓住前裙片的下襬往下拉，邊拉邊調整碎褶，同時注意波浪是如何產生的。持續進行，直到完成你想要的波浪為止。

- 請注意，橫布紋如今已不再是水平的，而是朝向脇邊線垂落。脇邊線現在是有角度的，你可以將頂端邊緣的大三角形布片剪掉。

- 從 Step 3 ～ 4 開始，以相同手法處理後裙片。

Step 5

- 用絲針將脇邊線別在一起。

- 修剪裙片上緣，讓它剛好只比鬆緊帶的位置再高一點。

- 最後確認碎褶位置。留意照片中裙身的兩側相當平坦，使得裙子的輪廓更為討喜，而碎褶則往前中心與後中心聚攏。

- 將上翻的襠片翻下來，沿著重疊的邊緣用絲針別在裙身上。

- 以人台下方鐵柵的橫桿為準，往上折出裙襬。

2.2
Blouses
上衣

上衣新風貌的轉變與誕生

早期的服裝通常是由裘尼克衫的變化與多層混搭所組成──以專屬於特定地區或部落的手法圍裹與綁紮梭織布片。在西方文化中，這些簡單的形狀演化成「農作」罩衫（'peasant' smock），由方形布片的組合與碎褶所組成。

到了十四世紀晚期，布片被剪裁、製作成更為精緻的形式，那就是男性「襯衫」（shirts）的濫觴。

然而直到一八六〇年代，當法國歐仁妮皇后（Empress Eugénie）讓紅色的加瑞寶地衫（Garibaldi shirt，以義大利革命志士的名字命名）大為流行後，「女衫」（blouses）才躋身時髦服飾之列。這種服裝再現男性襯衫的特性，是由單一塊布料裁製成許多方形和矩形，精心縫製而成，沒有半點廢料。

當襠片的概念被提出，加上適合身形的袖襱與袖山逐漸普遍後，據此製作的襯衫變得更為舒適合身，進而成為女衫的前身。到了一八九〇年代，有愈來愈多的婦女投入職場，在衣著上亟需一種實用的新風貌，「襯衫式」女衫（'shirtwaist' blouse）因此應運而生。

在現代時尚中，女衫是剪裁最為複雜的服裝之一，且通常帶有美麗的細節和裝飾，如同幾個世紀前的農作罩衫[*]一般。

[*]譯注：這類工作服的前身，肩部通常會有縮褶繡。

這張圖取自義大利文藝復興時期的畫家卡巴喬（Vittore Carpaccio）於一四九四年發表的畫作局部。畫中所有男人均穿著以梭織布片為素材，剪裁得非常合身、結構複雜的服裝。

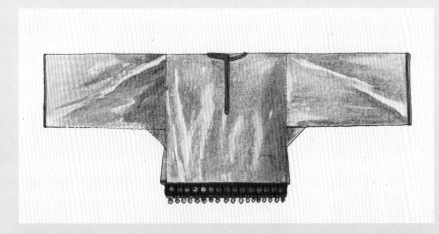

這件來自紐查（Nu-cha）的韃靼族女子襯衫，說明了早期女衫的傳統結構是多麼地簡潔。它的織帶緣邊裝飾、下襬的金色飾板與硬幣，具體表現了許多文化都會運用於服飾上的精巧裝飾。

這件大約一八六六～一八九〇年代的棉質襯衫顯示出一種近似村姑衫（peasant blouse）的結構：前、後衣身均為矩形布片，且腋下有嵌入式襠布（gusset）。

對折 →

這件現代版村姑衫和前述歷史上的韃靼族女子襯衫兩者的剪裁如出一轍。請注意腋下的那塊三角形布片是個對折的正方形，它創造出一個嵌入式襠布，讓手臂有更大的活動空間。

115

女衫立裁

為裙子帶來份量感和活動空間的定形褶、活褶與碎褶等技巧,也同樣能運用在女衫上,創造出符合女性肩膀、胸部與腰部曲線所需的形狀。

由於女衫的協調與否得考慮多重元素,因此比例是最重要的。領圍高度、袖子形狀及脇邊剪裁都得一併思考。領片、袖口布與鈕釦的大小必須是協調的,才能保持整體平衡。

為求穿著的舒適性,女衫通常會是大致合身。在操作碎褶或活褶等結構元素時,必須對它們要順應的形狀保有務實的敏感度。那些需要鬆份的部位,諸如胸部、手臂頂端和肩胛,必須遠離人台、而不是貼著人台進行立裁作業,這點還有賴練習,也需要技巧。

現代女衫的合身袖子與弧形袖襱是晚近的一種服裝演變。相較於方形/矩形布片創造的優雅、基本形式,打造現代的袖子與袖襱顯然棘手得多。精通如何組合曲線,形成一只優美且合身的袖子,是複雜、卻極為重要的事。袖子往往是服裝的焦點所在,還能勾勒出上半身的輪廓。假如一件衣服的袖襱不好看,未經訓練的眼睛或許看不出究竟哪裡不對勁,但卻能直覺地察覺到某個地方出錯了。

袖寬與袖山:變化無窮的曲線

袖寬與袖山能搭配出無窮的曲線組合。只要些許的差異,就能使一只袖子產生截然不同的外觀與合身度。

由於袖子相對較難裁製，因此，在著手處理接下來的立裁練習之前，先了解某些基本袖型的運作方式會有些許幫助。以下介紹的三種袖子與袖襱組合能創造出迥異的效果。仔細研究這些袖型曲線及因而產生的腋下合身度其間的差異，就會了解在袖山底部挖去更多布料，其作用就像是褶子，能消減該部位的寬鬆感。

傳統達西奇非洲裝
（Traditional African daishiki）

這種傳統裘尼克衫的袖子與衣身是方形／矩形一類的幾何剪裁。穿起來既寬鬆又優雅。請注意，布料的許多折疊會讓袖子垂落到兩側，使其具有充分活動的自由。

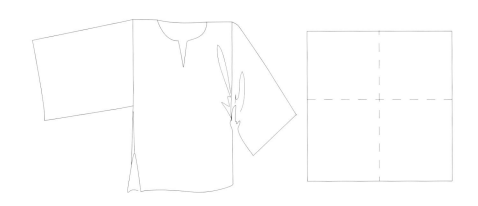

經典襯衫
（Classic shirt）

這種經典襯衫上的襱片會吸收胸部與袖襱的部分鬆份。整件衣服沒有褶子，穿起來相當寬鬆。仔細觀察袖山頂點在剪去一塊楔形布料後所呈現的弧度。儘管並不如達西奇非洲裝那樣綽有餘裕，但腋下部位依舊保有折疊與寬鬆度。手臂仍舊能舉得相當高。

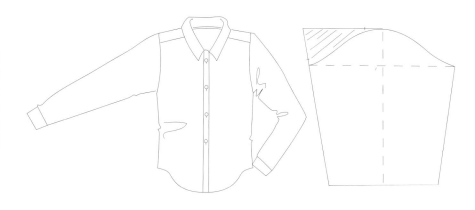

塔士多女衫
（Women's tuxedo shirt）

這種纖細合身的塔士多女衫在公主線位置有塊前飾片，能取代褶子，吸收胸部鬆份。其袖山頂點相當高，讓腋下部位因此能緊密貼合身體。注意袖山底部被挖去的額外布料會讓腋下的折疊減少。手臂的抬舉也因此受到更多限制。

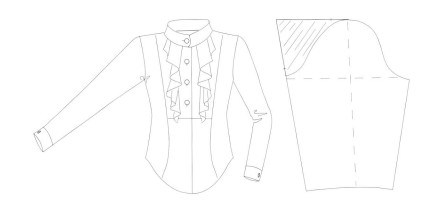

村姑衫
Peasant blouse

這款村姑衫是以莫斯奇諾（Moschino）二〇〇八年春夏系列中的一件連身褲裝為基礎所發展出來的。其前片、後片與袖子都是由矩形布片構成，並沿著領口周圍打了碎褶。這件服裝的獨特之處在於它的比例配置。寬闊的肩章、袖口布與開襟反而突顯出細長的前片與後片。

修改既有款式

在時尚圈中，設計師經常會修改既有的款式或經典剪裁，以符合自己的目的。在此，我們將這款一件式服裝從腹圍線以下全數裁去，讓它變身成一件女衫。

✏️ **胚布用量準備**

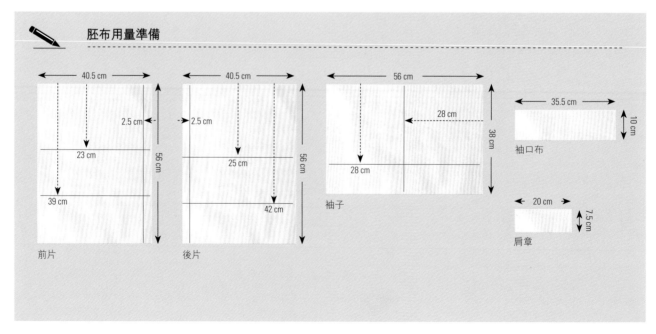

前片　　　40.5 cm　　2.5 cm　23 cm　56 cm　39 cm

後片　　　40.5 cm　　2.5 cm　25 cm　56 cm　42 cm

袖子　　　56 cm　　28 cm　38 cm　28 cm

袖口布　　35.5 cm　　10 cm

肩章　　　20 cm　　7.5 cm

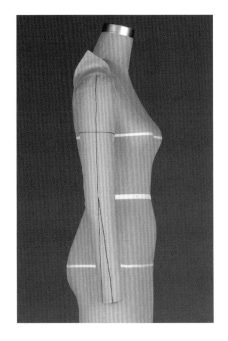

Step 1

- 將填充手臂的三角形肩布從頂點開始固定在人台的肩膀部位，三角形肩布的兩側也比照辦理。填充手臂應與人台肩膀邊緣緊密接合，不可產生空隙。千萬別讓填充手臂鬆垮垮地垂掛在人台上，務必要牢牢固定好。

- 請留意，固定妥當的填充手臂應該向前微彎，就像人體真實手臂的自然姿態一般。

Step 2

- 將胚布的直布紋記號線對齊人台前中心線，並將第一道和第二道橫布紋記號線依序分別對齊人台胸圍線和腰圍線，接著用絲針固定前中心線。

- 核對照片，決定女衫正面的寬鬆程度，接著在脇邊部位以絲針固定，記得保持胸部的橫布紋記號線成水平。

- 捏住胚布的頂端，察看碎褶的份量，然後用絲針固定在恰當的位置上。

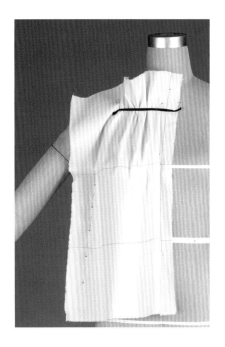

Step 3

- 在碎褶上方別一段斜紋織帶，協助保持碎褶均勻地分布。

- 從 **Step 1** 開始，以相同手法處理後片。配合前片的碎褶數量，在後片創造出相同份量的碎褶。

- 將前、後片的脇邊背對背疊合，用抓合法固定在一起，下襬會略呈波浪狀。

Step 4

- 取袖子裁片放在填充手臂上，將直布紋記號線對齊手臂的中心線。

- 在腋下縫份剪牙口，以便用蓋別法固定袖下線。

女衫的基本結構

你手上的那兩塊矩形布片很像第115頁的那些女衫照片。女衫的基本結構都很類似，因此，看見這張照片將有助於你想像這對袖子別在衣身上的模樣。

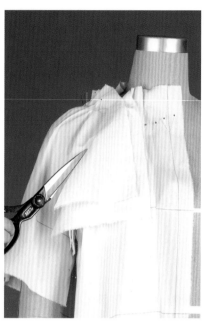
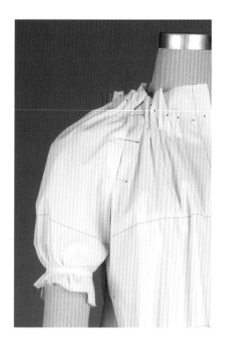

Step 5

- 將袖子裁片的直布紋記號線對齊人台肩線與填充手臂外側的中心線，並將橫布紋記號線對齊填充手臂的袖寬線。

- 在肩膀部位將袖子裁片抓出蓬鬆的外觀，並且用絲針固定在適當位置上。

- 抬起手臂，與照片兩相比對，判斷袖子的份量是否恰當。

- 將袖片袖下線抓別，用抓合法固定袖下線，對齊袖片前、後的橫布紋記號線。

- 在袖寬線上方大約7公分（2～3英寸）處朝縫份剪牙口，以便將縫份往內折入，改用蓋別法固定腋下部位。

Step 6

- 修剪聚積在前胸與後背的袖子上緣多餘的三角形布料。

- 接下來，剪去積聚在正、反面衣身類似的多餘三角形布料。

Step 7

- 取一段斜紋織帶或鬆緊帶沿著袖口部位綁一圈，以便對袖子的份量有所概念。

- 將袖子裁片分別疊合在前片與後片上，用蓋別法固定。別絲針時從袖襱線中點開始，先往上朝領圍固定，再向下朝腋下固定。

- 當你來來回回地調整袖子完成線，將多一點或少一些的布料塞進袖襱時，仔細觀察袖型會如何變化。接下來，將袖子完成線上移、下調，再次觀察袖型有何變化。對照照片，嘗試將袖子完成線放在相同的角度上。

腋下部位絲針固定要點

腋下是不容易別針的部位，需要大量的練習。但是在創作服裝外形時，它的角色卻很吃重。不妨嘗試將填充手臂往後轉動一些些，並可在填充手臂上略加施壓以找出合適的針別位置。袖下線與人台脇邊線相連接的最後7公分（2～3英寸）左右也可以暫時不別針固定，等你將立裁成品從人台取下，放在桌上，那時再處理也不遲。

Step 8

- 當你在處理最後的整體比例時，若能將原作照片放在立裁人台旁，方便你經常檢視手上正在進行的立裁細節，定會大有助益。

- 在袖襠別上袖口布，調整碎褶，決定褶長與數量。

- 按原作照片中的款式設計線，用斜紋織帶標示領圍與下襬。不妨剪去下襬和領口多餘的布料，以便於具體掌握裁製成果的外觀。

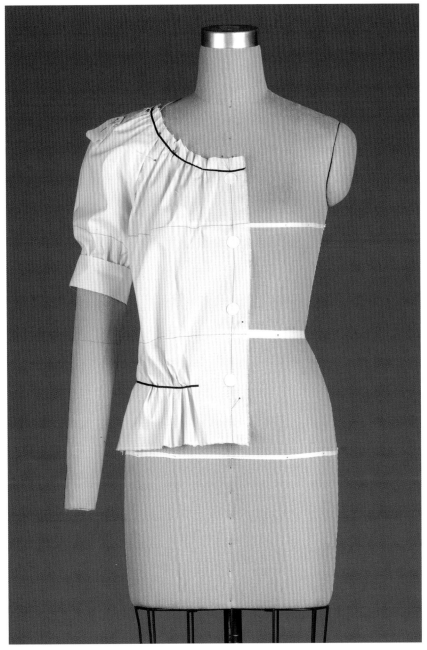

Step 9

- 運用諸如肩章、鈕釦與開襟等加工細節，營造出恰當的比例。

找出配件細節的均衡比例

你的女衫立裁能否成功，取決於配件細節的平衡感。舉例來說，袖口布與肩章的大小是連動的，它們也必須和衣身的份量搭配——不能過大，也不能太小。

實驗不同的寬窄幅度，並觀察微小的更動會如何改變整體外觀。

吉普森女衫
Gibson Girl blouse

一九〇〇年代的美國女性「完美典範」是藝術家查理士‧達奈‧吉普森（Charles Dana Gibson）的筆下人物。吉普森女郎總是腰板挺直，滿頭豐盈秀髮，纖纖細腰不盈一握。她的典型服裝是有襠片（yoke）設計的女衫，附有後背開扣、泡泡袖和立領。在風格最盛行的年代，甚至有超過百種以上的變化款式在市面流通。

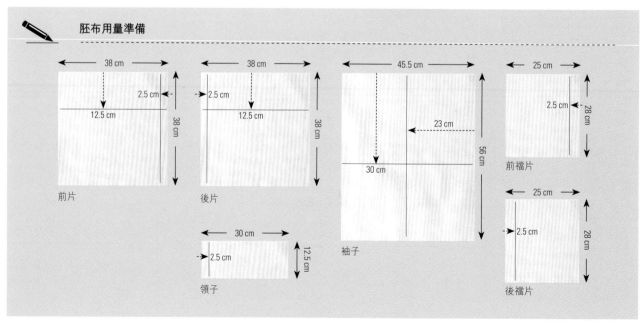

胚布用量準備

前片
38 cm
2.5 cm
12.5 cm
38 cm

後片
38 cm
2.5 cm
12.5 cm
38 cm

袖子
45.5 cm
23 cm
30 cm
56 cm

前襠片
25 cm
2.5 cm
28 cm

領子
30 cm
2.5 cm
12.5 cm

後襠片
25 cm
2.5 cm
28 cm

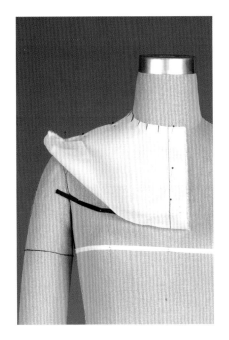

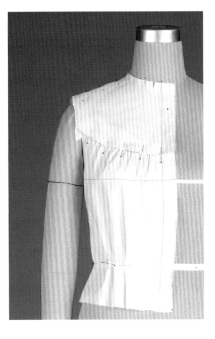

Step 1

- 先用斜紋織帶在人台上標示襠片剪接線位置。

- 將前襠片的直布紋記號線對齊人台前中心線,固定在人台上,修剪領口多餘布料並剪牙口,使布片平順地服貼人台。

- 按照斜紋織帶修剪出抵片剪接線,保留至少 2.5 公分(1 英寸)的縫份。

- 取後襠片,將直布紋記號線對齊人台後中心線,固定在人台上,比照前襠片的處理方式修剪領口布料並剪牙口。

- 修去肩部的多餘布料,將前襠片疊合在後襠片上,用蓋別法固定。

Step 2

- 將襠片向上翻起,讓出空間。取前片,將直布紋記號線對齊人台前中心線,並將橫布紋記號線對齊人台胸圍標示線。

- 研究原作圖片,嘗試定出前片的份量感。在脅邊線上固定一針。

- 用斜紋織帶標示襠片剪接線位置。將前片壓在斜紋織帶底下,以便協助調整碎褶位置。記得在胸部上方多安排些碎褶,因為那裡需要多一點空間,但接近脅邊的位置可以減少些碎褶,否則容易產生非預期的份量感。

- 修剪袖襱部位的布料,讓脅邊的布片能平順地服貼人台,包括腋下部位也是。

Step 3

- 腰線上抓出幾道活褶,協助控制上身的形狀。

- 核對原作圖片,以確保胸部的外觀是渾圓的。

- 從 **Step 2** 開始,以相同手法處理後片。

- 將前、後片的脅邊線用蓋別法固定。(如果需要,也可以先將前、後片的脅邊相對抓別,用抓合法固定在一起,接著點記號、拆除絲針,再改用蓋別法固定。)

- 將襠片翻回原位。抓塑出弧形的剪接線,並用絲針固定在前片上,持續不斷地調整碎褶,讓它們平均分布。

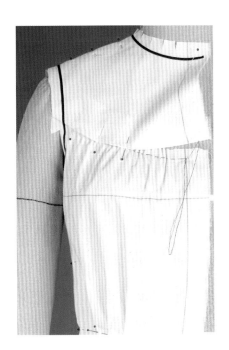

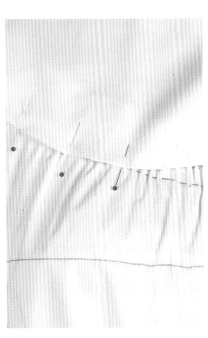

Step 4

- 如果碎褶的分布看起來不夠平均,不妨沿著剪接線做一道疏縫。

- 用標示帶或斜紋織帶標示袖襱。這個袖襱會是經典形狀,也就是前袖襱線的底部會比相對較直挺的後袖襱線挖得更深一些。由於這件上衣是有袖子的,其袖襱位置會略低於無袖上衣的袖襱位置。

- 用標示帶標示領圍線。這條領圍線與前中心線相交的位置應該落在人台頸圍前中心下方約 1.5 公分(½ 英寸)處;這條領圍線與後中心線相交的位置,則應落在人台頸圍後中心上。

- 拿著原作圖片,對照檢查你用標示帶標示的線條位置,接著用粉片淡淡地點出記號。著手進行袖子立裁前,記得先移除所有的標示帶。

123

袖子簡易打版

下一步是立裁袖子。你可以從零開始進行立裁（參見第126頁的Step 5），也可以運用這裡介紹的簡易袖子平面製版法作為起始點。

憑著精確的量身數據，有多種方法可以為袖子打版，不一定非得靠立裁不可。話雖如此，立裁的好處是你在操作過程中可以親眼看見自己創造的袖型，同時還具備了能進一步改進細微之處的彈性。

這個作法的目的是協助你立裁袖子。進行立裁初始，若能在手邊備妥量身尺寸和方便依循的一款基本袖型會很管用。不過，這麼做並不是想把它當成試衣紙型，而只是為袖子份量設定通用參數的一種省時手段。

你可以先在紙上完成這個平面製版，再轉印到胚布上，也可以直接畫在胚布上。

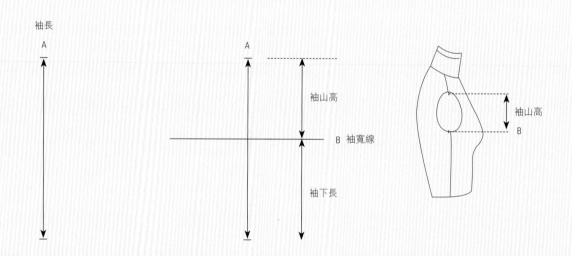

Step 1

- 從袖襱與肩線的交會點起，丈量到手腕或袖子結束的地方，所得長度即為袖長（A）。

- 畫一條垂直線段，標示為「A」。這也代表了布片的直布紋走向。

  吉布森女衫：A＝51公分（20英寸）；七分袖

Step 2

- 接下來決定袖山高（B）。這是指從袖山最高中心點到袖寬線間的長度。有三種方法可以找出這項數據：

1. 將袖圈尺寸除以三（袖山高為袖圈尺寸的三分之一）

2. 丈量從肩點（S.P.）到袖襱底端的垂直距離。

3. 估算內臂長。將手臂抬高，至穿著這件衣服時最適宜的手臂高度，丈量從手腕到袖襱底端（腋下點）的長度。透過這種方式，你可以從手腕往上量，而不必從肩點向下量，來找出紙型上的水平線（C線）。

- 運用這些方法之一或其中數種，甚至可以取三種方法的平均值，從垂直線段A的頂點往下取袖山高的長度，畫一條以A為中心、左右等長的水平線段，並且標示為「B」。這是袖寬線，同時也代表了布片的橫布紋走向。

  吉布森女衫：B＝23公分（9英寸）

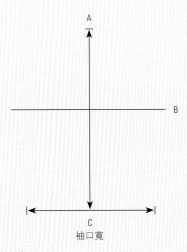

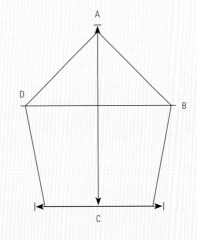

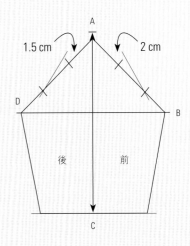

Step 3

- 估算袖口寬（C）。粗略估計袖口緣邊豐滿鼓起的程度，在垂直線段 A 的底部，畫一道以 A 為中心的水平線段，並且標示為「C」。

吉布森女衫：C = 35.5 公分（14 英寸）

Step 4

- 決定袖寬（D）。要做到這一點，得在線段 B 上找出定點，以便在袖山高到袖寬線間創造出夾角。傳統做法是，從線段 A 的頂點往袖寬線（B）取袖圈長除以二的長度，左右各定出一個「D」點。連接線段 A 的頂點與 D 點，畫出斜線。

- 另一種做法是，直接在丈量袖寬的那個位置粗估你想要的袖子份量；高一點的袖襱，就以袖寬線為準，低一些的袖襱，則取比袖寬線低 2.5 公分（1 英寸）左右的位置。以線段 A 為中心，將這個尺寸標示在線段 B 上，左右各定出一個「D」點。連接線段 A 的頂點與左、右 D 點，畫出兩條斜線。

- 從左、右兩個 D 點分別畫線連接線段 C 的兩端。

吉布森女衫：D = 28 公分（11 英寸）

Step 5

- 接下來要創造袖山的 S 形弧線。

- 標示出袖子的前、後。通常前袖在右，後袖在左。

- 將線段 A 的頂點到 D 點的長度分為三等分。

- 針對前袖，由斜線的上三分之一處垂直往外取 2 公分（¾ 英寸），定一點。

- 針對後袖，由斜線的上三分之一處垂直往外取 1.5 公分（½ 英寸），定一點。

- 從斜線上方定點畫一條線，貫穿斜線下三分之一處。交會在下三分之一處的這個點被稱為「支點」（pivot point，即為腋窩點），是袖子從袖襱上半部的凸曲線轉為袖襱下半布凹曲線的轉折點。

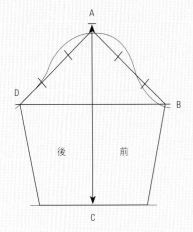

Step 6

- 從線段 A 的頂點經過支點，到袖寬線 B，畫出 S 形弧線。

- 研究這個袖型。在立裁操作中，若能具體想像紙型縫製完成後的最終形狀，將會大有幫助，即便這只是立裁袖子的起始點。

袖山的形狀

前袖的上三分之一會比後袖的上三分之一來得大，這是為了容納肩膀下方約2.5～5公分（1～2英寸）處突出的骨頭。後袖的坡度比較和緩，也較為寬闊，以便創造出手臂向前擺動所需的額外空間。

- 取一塊方形布片披覆在人台手臂上，觀察會發生什麼事。當布片兩側接合成為袖下線時，其上往肩部延展的這塊三角形部位，顯而易見缺少布料而有待填補。這個部位被稱作「袖山」（sleeve crown）。

- 讓方形布片上緣對齊袖襬底端，接著丈量從肩點到方形布片上緣的距離。這就是「袖山高」（crown height）。

- 如果動手操作前你握有某些指標性量身尺寸，比如袖山高，就能更輕鬆地立裁袖子。

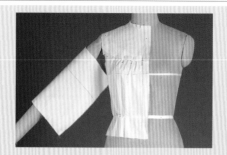

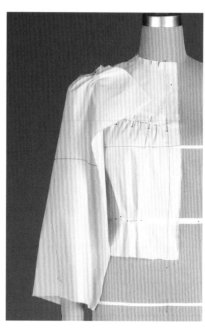

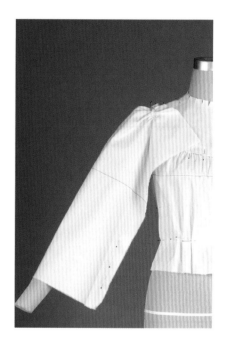

Step 5

- 如果採用袖子簡易平面打版，請在胚布上淡淡地畫線以作為參考。假如是從零開始進行立裁，則請先丈量袖山高（參見上方的專欄說明），並將它標示在胚布上以供參考。

- 將胚布的直布紋記號線對齊填充手臂的中心線。用絲針固定袖寬線，接著朝手腕部位別針固定。

- 任由袖子隨著手臂自然下垂的角度（也就是填充手臂上的藍色標示線）而略向前傾。

- 當袖山附近的多餘布料折返，就能看見袖子的輪廓開始浮現。

Step 6

- 用絲針固定碎褶，直到達到與原作圖片相同的外觀，藉此定出袖山的份量。

Step 7

- 從手腕開始，決定袖口的份量。從原作圖片看來，袖口似乎帶有些許波浪狀。

- 將袖片袖下線抓別，用絲針固定袖下線，大約向上別到手肘部位即可。

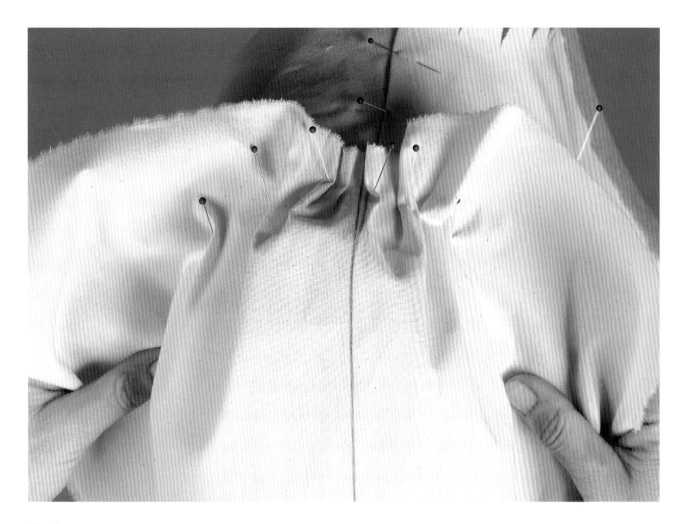

Step 8

- 定出標記點的位置。首先，從脇邊察看袖片，並且決定袖寬尺寸（大約以腋下高度為測量基準）。從各個角度檢查袖子，不時調整其份量，直到你認為它具備與原作圖片相同樣貌為止。所謂的標記點或「支點」，是指袖山開始進入手臂內側的那一點（又稱腋窩點）。不妨嘗試將袖片的標記點沿著袖襱上移或下挪 2.5 公分（1 英寸）左右，同時留意這會如何改變袖子立裁的整體平衡感。找出那個感覺最均衡且最優雅的位置。

- 將前、後片與袖襱牢牢地固定住，往下別針到大約袖襱一半深度的位置。

- 在別針處剪牙口，並修去上方多餘的三角形布料。

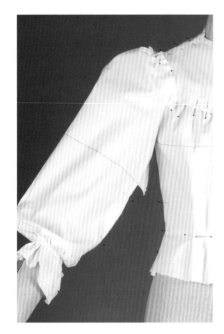

腋下部位別上絲針

在腋下部位別針是個不好處理的步驟，得經過相當的練習才能妥善處理。在別上絲針時，不妨借助填充手臂撐起完成線，會較容易操作。

Step 9

■ 將腕部到手肘的袖前片疊合在袖後片上，用蓋別法固定袖下線，並確認橫布紋記號線是對齊的。

■ 別針妥當後，取一段斜紋織帶或鬆緊帶綁在袖口上，接著開始調整碎褶。

■ 從脇邊察看立裁狀態，記得讓袖後片略長於袖前片，手肘才有活動空間。保留大約 1.5 公分（½ 英寸）的縫份，修剪多餘胚布。

Step 10

■ 再次檢查袖山是否平衡，接下來，沿著袖襱線將縫份折入且固定妥當，完成袖山的調整。

■ 將標記點以下的三角形多餘布料折入內側，讓它們沿著袖襱線垂落。

■ 將填充手臂抬高、放下，研究袖子「拉開」的形式，再沿著袖圈下半部別針固定。原則上，袖襱完成線應該要能被垂覆的袖管蓋住。

■ 來回輪流處理往下固定袖下線，以及朝袖襱方向往上固定袖下線。

■ 最後的 7 公分（2～3 英寸）左右會特別難以順利完成。其實不妨等到你完成領片立裁後，將這件女衫從人台取下，最後再回頭完成這部分的別針工作（參見 **Step 13**）。

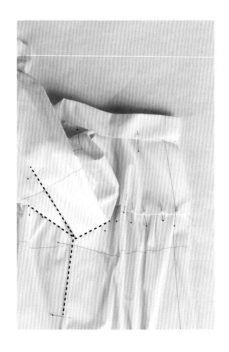

領子

領子的裁製可以由前往後，或者由後至前。這款簡單的帶型領（band collar）應從前身開始裁製，扣合物則會落在後頸。

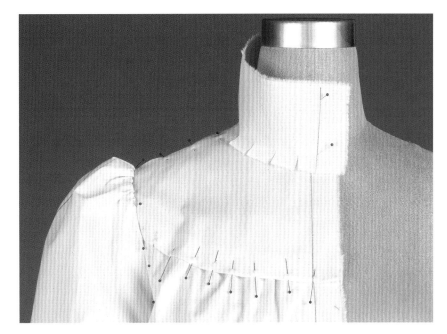

Step 11

■ 從對齊胚布的直布紋記號線與人台前中心線開始裁製領子。將帶型領往後背環繞，用絲針牢牢地固定，並且朝領圍線剪牙口。

Step 12

■ 將領片上緣反折到預想的寬度。

■ 將領片下緣往內折，用絲針固定在領圍線上。

Step 13

■ 標示袖片位置，將整件胚布從人台上拆下來。你可以在桌面上繼續固定腋下的完成線（參見 Step 10）。

■ 仔細觀察袖子的形狀與袖山高。前、後腋點應該落在相同高度的橫布紋上，而袖形應看起來像下方的服裝平面圖。

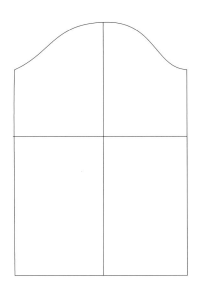

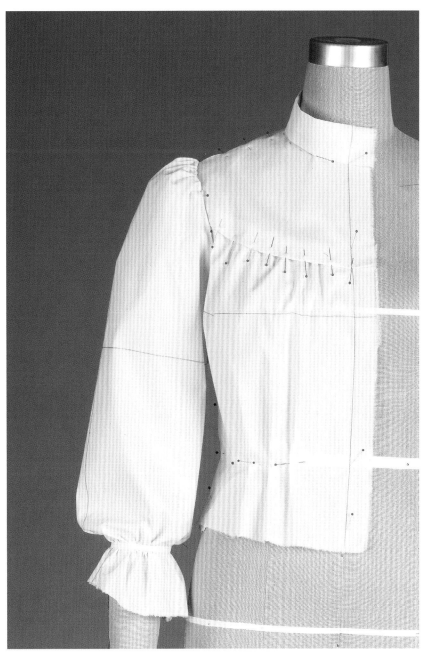

比爾 · 布拉斯的絲帶滾邊烏干紗女衫

這件比爾 · 布拉斯設計的上衣
可說是現代版的吉布森女衫。

　　這兩件女衫都在英氣勃發與嬌柔優雅間找到了平衡。合身的剪裁、領型與袖口布，帶出強悍、獨立、屬於職業婦女上衣的感覺，然而它的衣型卻蘊含了柔軟的女性特質。國民領（convertible collar）能修飾臉形，而袖子則勾勒出軀體的輪廓；關鍵在於找到正確的比例。

　　在安排上衣胸部的縫製時，絲帶滾邊能將公主剪接線隱藏得很好。

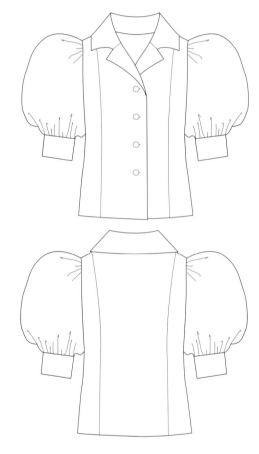

估算布料用量

這這件女衫的視覺焦點落在它誇張的袖子上。由於用料是薄透的烏干紗（organza），即使袖子其實相當蓬大，看起來也不會太沉重。不妨想像穿這件衣服的人會是什麼模樣，並且嘗試為袖子定出一個比例。用布尺決定約略的袖寬。

當你著手立裁這件女衫，試著感受穿上它會有什麼樣的感覺。軀幹部位該有多少鬆份？

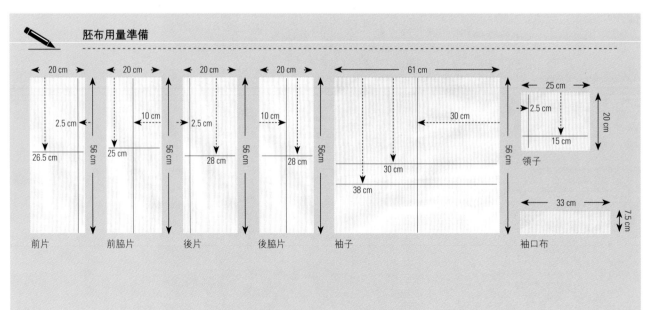

胚布用量準備

前片 ｜ 前脇片 ｜ 後片 ｜ 後脇片 ｜ 袖子 ｜ 領子 ｜ 袖口布

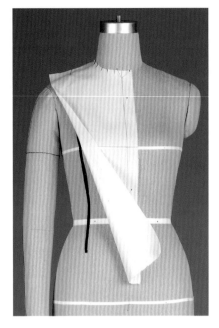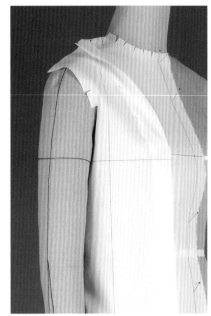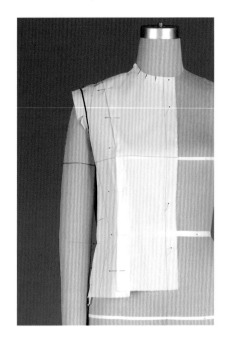

立裁上身

Step 1

- 用斜紋織帶標示粉紅絲帶的款式設計線位置。

- 將前片放在人台上,對齊直布紋記號線與前中心線,修剪領圍多餘的胚布並剪牙口,將胚布往肩膀推平。修出肩膀角度,保留 2.5 公分(1 英寸)的縫份。

- 沿著斜紋織帶的標示線修剪前片,保留約 2.5 公分(1 英寸)的縫份。

Step 2

- 將前脇片放在人台上,對齊橫布紋記號線與胸圍標示線,使直布紋記號線保持垂直。

- 切開袖襱部位,讓填充手臂能自由懸垂,但盡可能保留愈多縫份愈好。在標記點剪牙口,讓腋下部位的胚布能向脇邊垂落。

- 用絲針固定脇線,並且嘗試粗估女衫的份量。

- 沿著公主剪接線用絲針固定。這件衣服的款式設計線其實是落在人台的公主線與脇邊線之間;此時盡可能保持前片是筆直的。至於胸部線條需要的鬆份則應由前脇片支應。

- 用絲針固定肩膀部位。

- 這件衣服並不像第 60 ~ 63 頁介紹的上衣那樣貼身,而是寬鬆合身的,因此盡可能保持布紋垂直,且在袖襱處保留大約 2.5 公分(1 英寸)的鬆份。

- 從 Step 1 開始,以相同手法處理後片。

Step 3

- 用蓋別法將前、後片的肩膀處固定妥當,記得對齊前、後片的公主剪接線。

- 脇邊線別上絲針。首先採取相對抓別固定,接著修剪多餘胚布並剪牙口,再改用蓋別法固定。

- 將上身整理成彷彿被塞入裙子一般,察看輪廓,接著針別衣襬。它的飽滿程度應該大致和紮入裙子處相當。

- 標示出經典的袖襱形狀。袖襱應比手臂根部低約 2 公分(¾ 英寸),以便容納寬鬆的袖子。

- 當你認定找到了正確的曲線,便可用粉片淡淡地做上暫定記號,然後移除標示帶。

- 將縫份修剪至約 2 公分(¾ 英寸)寬。

美化公主剪接線

典型的公主剪接線是弧形的。然而,當你正準備在此使用絲帶裝飾公主剪接線時,請留意這些線條得是筆直的,才能讓絲帶垂直落下。曲線上的絲帶無法縫製得出色漂亮。

立裁上衣正面的公主剪接線時,記得盡可能保持前片筆直,好讓絲帶滾邊能維持垂直狀態,一如原作照片顯示那般。至於打造胸部線條時,前脇片的布料則會被捏塑成形或彎出弧度。

做記號與描實上身

著手處理袖子之前，得先描實上身的形狀，才能確保袖襱的線條能被平順地描繪出來。

Step 1

- 拆除胚布片上的所有絲針，並輕輕將布片壓平。

- 仔細觀察前片與前脇片：請留意，前中心線幾乎是道筆直的線條，而前脇片的形狀則相當彎曲。同樣的情況也發生在後片與後脇片上。

- 將弧形曲線修順，並檢查對合點記號。

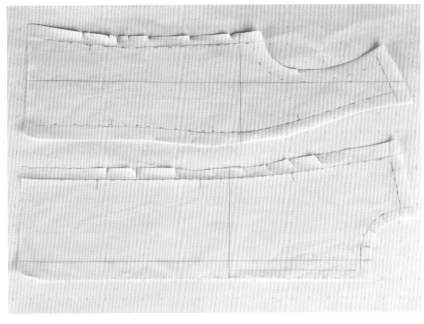

Step 2

- 沿著記號線將縫份往內折，並用蓋別法將前片別在前脇片上，再將後片別在後脇片上，重新組合胚樣。先固定公主剪接線，接下來才處理脇邊線與肩線。

Step 3

- 用標示帶標示袖襱。

- 調整衣身裁片，使它呈現彷彿被塞進裙頭般，接著用絲針固定腰圍線，以便檢查上身的輪廓與份量感。

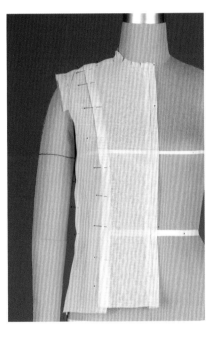
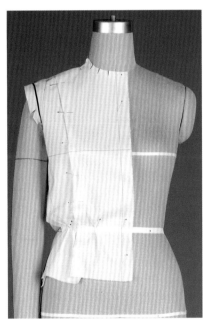

立裁袖子 25

在著手立裁袖子之前，請先溫習「袖子立裁順序」。

袖子立裁順序

這套立裁順序適用於許多不同款式的袖子。操作時會輪流處理袖子的不同部位：從袖山開始，接著處理手腕的袖口，然後往下操作袖襱下半部，再從手腕往上別針袖下線，最後處理腋下部位作為結束。

1. 為袖子確立正確的角度，袖片的直布紋記號線應略往前傾斜。
2. 將袖山別在肩點（S.P.）上。
3. 決定手腕位置，並定出袖寬。務必使橫布紋記號線前後相合。
4. 決定支點／標記點。
5. 處理從手腕到手肘的袖下線。
6. 修剪多餘布料，並將袖山上半部的縫份往內折入。
7. 繼續處理手肘以上的袖下線，將縫份往內折入，並決定上臂部位的袖寬。
8. 處理從標記點到前、後腋點的袖襱下半部曲線。
9. 完成袖下線，將前、後袖片在腋下點疊合。

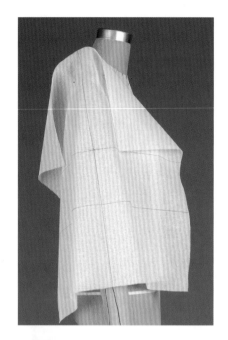

Step 4

- 溫習袖子立裁順序（第 133 頁）。

- 動手進行袖子立裁。首先，將袖片的直布紋記號線與填充手臂的外側標示線對齊。

- 允許袖片跟隨填充手臂上的藍色標示線角度略向前傾斜。

- 將直布紋記號線朝手肘提高，重新別上絲針，開始想像袖子成形後的飽滿程度。

手臂的自然懸垂

著手進行袖子立裁時，首先要確定填充手臂已牢牢地固定在人台肩膀上，手臂的末端必須正好與人台邊緣連成一氣。很重要的是，填充手臂的角度要略向前傾斜，就像真實手臂的自然懸垂一般。這意味著填充手臂上紅色的「直布紋記號線」要和人台的脅邊線在同一直線上。

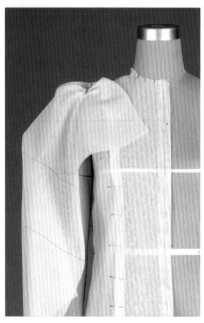

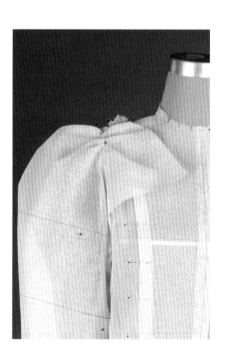

Step 5

- 在袖子上端、與肩膀相接的部位抓出碎褶，確定袖山的份量。

- 觀察頸部和肩線的比例。依照相同比例設定袖子。

Step 6

- 從手腕開始，決定袖子下端的份量。從照片看來，袖子的肘部比頂部略窄，別忘了讓袖下線微微帶點角度。

- 記住，橫布紋記號線在腋下必須要對齊。為這個部位固定絲針時，則要吻合下方的橫布紋記號線。

- 將袖片背對背疊合，以抓合固定法從手腕向上別針，直到手肘部位。

Step 7

- 將袖山的碎褶按原作照片的分布狀況固定好。

- 檢查肩線上方的布料高度，它跟你想要的高度一樣嗎？

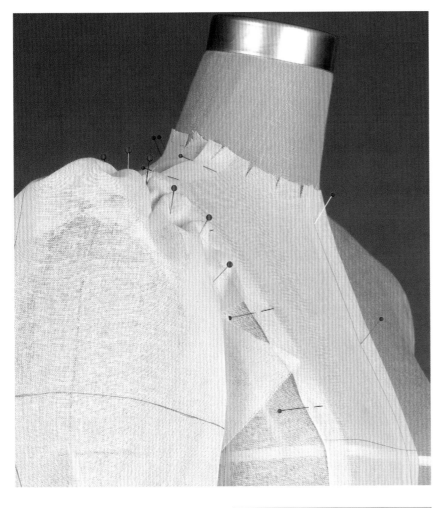

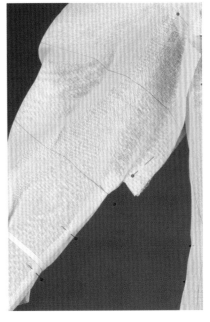

Step 8

- 確定標記點的位置。從脇邊觀看袖片，並決定環繞手臂的袖子份量。因為這件女衫的布料輕薄透明，使得這個步驟較容易處理。你會發現袖寬大約是手臂寬度的兩倍。

- 從各個角度檢視這只袖子，並不時加以調整，直到你確信它的比例均衡，具備了原作照片的樣貌。

- 牢牢固定袖襇，用絲針往下固定至大約一半袖襇深的位置。

- 在別針處剪牙口，並修去上方多餘的三角形布料。

- 以相同手法處理後片。

本布 vs 胚布

裁製袖子時，考慮布料特性是重要的事。老練的設計師知道實際的上衣布料與胚布所展現的反應有何不同。以這個案例而言，使用烏干紗（organza）縫製這件女衫，其袖山會比胚布樣衣的袖山略高，因為烏干紗是一種透薄且帶有硬度的布料。

不妨取一塊烏干紗抽碎褶充當袖山，並將它別在或拿到你的胚布袖子旁，以便研究兩者不同的輪廓，借此練習想像本布袖子的模樣。

Step 9

- 在袖下線別針處剪牙口。

- 將腕部到手肘的袖前片往內折入，疊合在袖後片上，用蓋別法固定袖下線，並確認橫布紋記號線相互對齊。

- 針別妥當後，取一段斜紋織帶或鬆緊帶綁在袖口上，接著開始調整碎褶。

- 比對原作照片。依照片所示，抬高填充手臂，觀察袖子的份量看起來是否與照片相同。

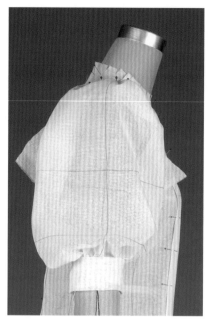
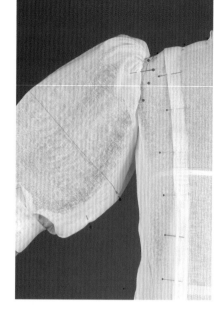
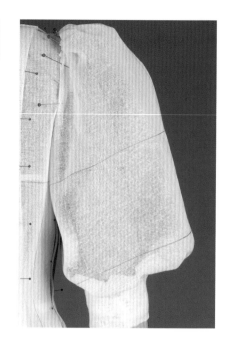

Step 10

- 從脇邊檢查立裁狀態；記得讓袖後片略長於袖前片，手肘才有活動空間。

- 修剪多餘胚布，僅保留約 1.5 公分（½ 英寸）的縫份。

- 當你感覺已達成原作照片的外觀後，在袖口別上一片長方形的袖口布。

Step 11

- 再次檢查袖山線條是否平衡，並沿著袖襱線將縫份折入且固定妥當，完成袖山的調整。

- 繼續反折前片、疊合在後片上，用蓋別法一路向上固定袖下線，並確定上臂部位的寬度。

- 將標記點以下的三角形布料折入內側，讓它們沿著袖襱線垂落。

- 將填充手臂抬高、放下，研究袖子「拉開」的形式，再沿著袖圈下半部別上絲針固定。原則上，袖襱完成線應該要能被垂覆的袖管蓋住。

Step 12

- 來回輪流處理往下固定袖下線，以及往上固定袖下線直到袖襱處。

- 最後的 7 公分（2～3 英寸）左右格外不易處理。其實，不妨等你完成整件衣服的立裁後，從人台取下它，再完成這部分的別針工作也不遲。

巧妙處理袖子立裁

在 **Step 12** 中，請注意袖子後方沿著袖襱塌陷的部分，這代表後袖襱曲線應該再挖深一點。下圖標示的虛線外，就是需要移除的部分。

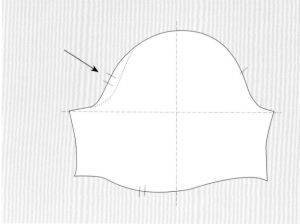
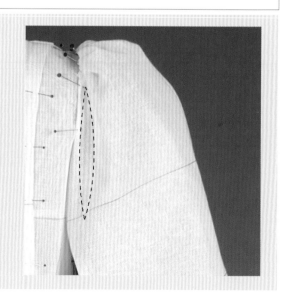

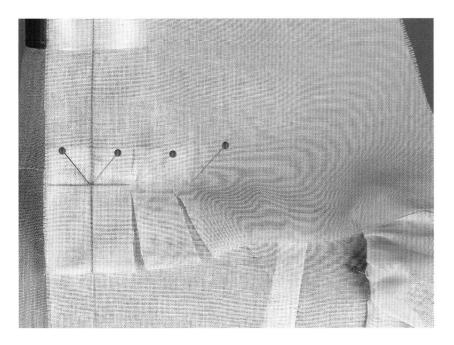

Step 13

- 用粉片在領圍線做上淡淡的記號,作為立裁領片的依據。

- 將領片胚布放在後領口中心,用 V 字固定針法固定後頸點,接著在約 2.5 公分（1 英寸）外的領圍線上扎另一針固定,角度切記要與後中心線垂直。

Step 14

- 拉著領片沿頸子朝前包覆,為使胚布配合頸部曲線,在必要處剪牙口並固定領圍線,直到肩線前方大約 2.5 公分（1 英寸）為止。

- 接著決定領腰（collar stands,又稱領座）的位置。保持領片後中心線完全對齊人台後中心線。在肩線前方 2.5 公分（1 英寸）處,讓領片胚布與人台頸部之間保有約一指寬的空間,並嘗試讓領片下緣在領圍線附近上下移動,找出最適切的位置。請注意,假如領片下緣幾乎成一筆直線條,如同帶型領（band collars）或中式領（mandarin collars）,就表示後領腰會非常高。

- 你必須將領片緣邊往上翻成直立狀態,讓它平順服貼在人台上。

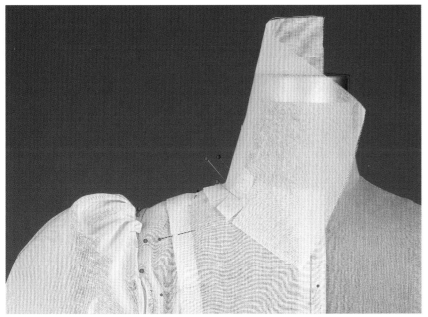

Step 15

- 接著將領片翻折放下,並檢查領片與人台頸部間是否保有相當空間,如此穿著才會感到舒適。

- 依據原作照片的款式設計線將領片外緣往下折。

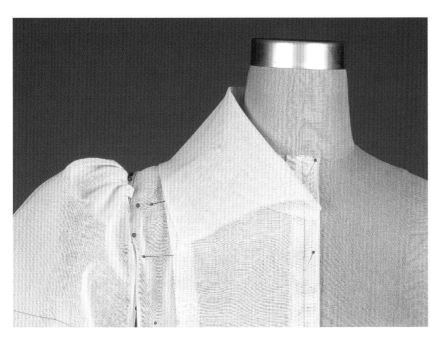

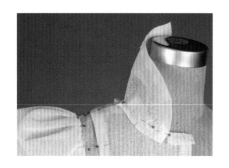 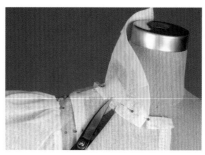 

Step 16

- 將領片往上翻成直立狀態,並確保它環繞頸子的每一處都平順服貼在人台上。

- 仔細觀看照片,請注意,與肩膀相接處的領片布料是塌陷的。這表示它需要把牙口剪得更深一點。

Step 17

- 修剪領片邊緣的牙口,每次都往內剪得更深一點,直到領片從後中心到前中心都能很平順地直立站好。

Step 18

- 現在領片應該能平順地沿著頸子服貼在人台上。

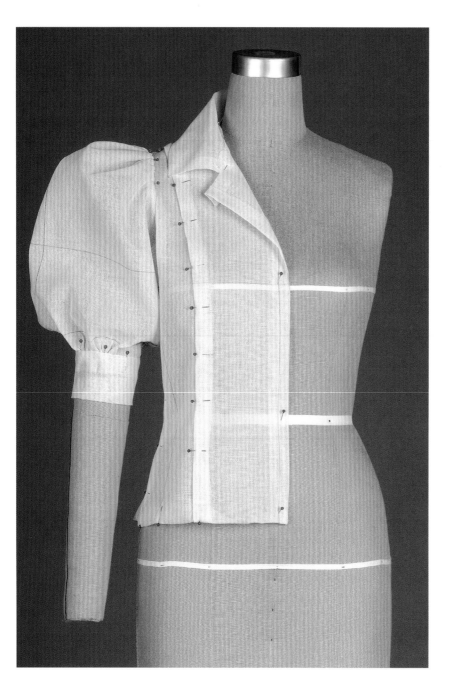

Step 19

- 決定「領止點」(break point),也就是穩住領片往外翻折狀態的第一顆釦子的位置。如此便完成了這件女衫的立裁工作。

做記號並描實
袖子和領子

Step 1

- 用鉛筆或粉片在所有縫線位置點出記號，並在必要處做上對合點記號。

- 處理國民領時，若能將領接線與領圍線標示在胚布的正反面上，對於縫製成品會大有助益。使用複寫紙和點線器沿著領圍線做記號，如此才能將線條同時正確記錄在反面。

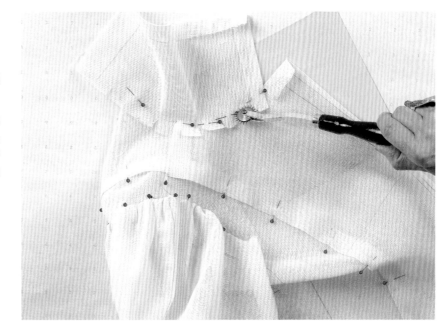

Step 2

- 描實領片，首先使用透明方格尺確保後中心的直布紋記號線與後中心的領圍線在頭 2.5 公分（1 英寸）左右是垂直的。

- 接著使用雲尺畫出領圍線朝著前身微微上揚的曲線。

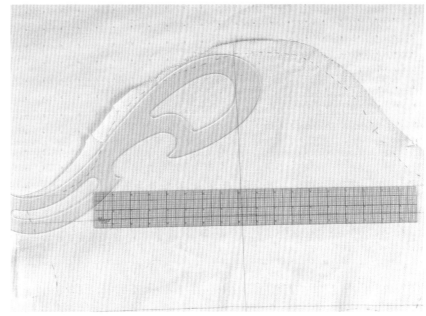

Step 3

- 將袖子的線條修順。後袖曲線應該比較平坦，也比較寬闊；前袖曲線則比較深。不妨比對這款袖子與經典袖型的曲線有何異同。

- 確保前、後腋點落在同一條橫布紋上。

- 在袖口這一端，後袖口較長，前袖口較短，因為後袖會行經肘部，必須保留較大的長度才足以覆蓋手肘。

- 用透明方格尺為各部位的邊緣加上縫份，以下是建議的縫份量。如果是為服裝尺碼較大號的人士縫製這件女衫，可多加點縫份無妨；但前提是你必須清楚掌握所有的縫份資訊，不妨在紙樣的邊緣剪個缺口作為標記。

- 脅邊線與肩線：2 公分（¾ 英寸）
- 前、後公主剪接線：1.5 公分（½ 英寸）
- 領口和袖片：1.5 公分（½ 英寸）
- 下襬：2.5 公分（1 英寸）

Step 4

- 由於袖子打了碎褶，要分析用絲針固定或用手疏縫的最後成果會有相當難度，因此必須為這件女衫準備一套完整的胚布。請參考第 130 頁的胚布用量準備圖，為所有裁片摺雙剪出一套完整的胚布片。

- 整理新的胚布片並燙熨定型。按圖表所示，在胚布片畫上直、橫布紋記號線。

- 將完成立裁的胚布片放在新胚布片上，對齊直、橫布紋記號線後，用絲針或紙鎮加以固定。

- 沿著已描實補正、也加了縫份的線條一起裁剪兩塊布片。

- 在交點記號處剪牙口，牙口深度不可大於 0.5 公分（¼ 英寸）。

- 為了展示成品，原作照片的絲帶滾邊會直接假縫在相同位置的完成線上，同時也會縫上鈕釦。

分析

- 首先，仔細觀察這件女衫的整體感覺。當然，胚布看起來會比較沉重，但這正是運用你的設計師之眼，具體想像若布料全換成帶有硬度的烏干紗，其外形會產生什麼變化的絕佳機會。

- 讓我們從這件作品的上部著手來比較各項元素。立裁成品的上、下領片略寬，而肩部則略窄。相較於比爾 · 布拉斯設計的上衣，立裁作品的公主剪接線絲帶滾邊彼此距離較近。

- 假如這件立裁作品按照第131頁的模特兒造型般展現，也就是豎直上領片，將鈕釦往下多開幾顆，並將袖子往上推高一些，那股剛柔並濟的瀟灑女人味將會更為明顯。

分析成套的裝扮

這件上衣和你在章節2.1「裙子」中練習立裁的比爾‧布拉斯裙裝（見第102頁）是成套的。

- 照片中的模特兒身高可能是 180 公分（6 英尺）左右，所以比較兩者的整體外觀時，你的第一印象會是胚樣看起來比較寬大。這點出了設計師在具體想像時必須面對的另一項挑戰：衣服穿在伸展台模特兒身上幾乎總是看起來比較出色，因為模特兒身形修長，寬肩細腰。身為設計師，你必須訓練自己的眼睛能具體想像當這件作品穿在尋常女子身上的模樣。

- 將上衣與裙子擺在一起，研究兩者的比例：它們是同步的。寬版腰帶似乎調和了領子與袖口布的寬度。柔軟、飽滿、渾圓的袖子與時髦、曲線玲瓏的裙子創造出女人味與力量的均衡對比。

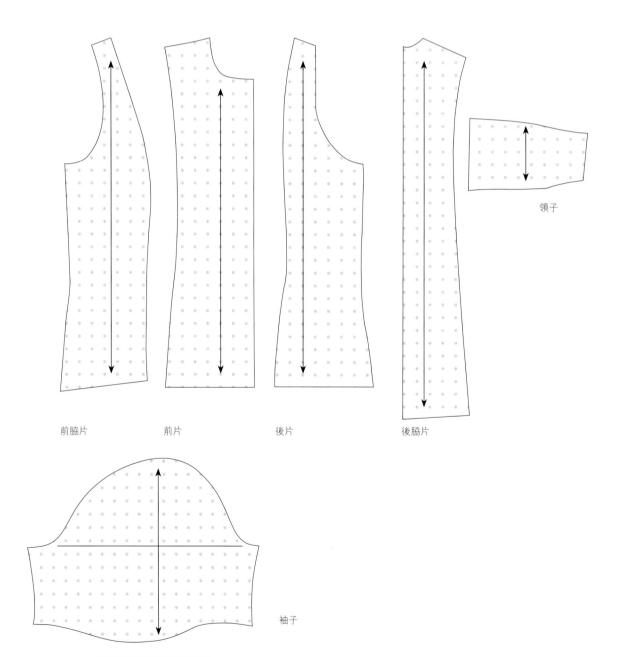

前脇片　　　前片　　　　後片　　　　後脇片

領子

袖子

袖口布

鐘形袖罩衫
Tunic with bell sleeve

　　這件現代設計作品讓人聯想到基本款罩衫，但卻增加了鐘形袖（bell sleeve）的元素。儘管古代的罩衫多是寬鬆的，這款現代版本卻是利用褶子讓衣身呈現合身狀態。鐘形袖從肩膀到手肘為修身剪裁，接著朝手腕逐漸展開，恰似吊鐘的形狀。

運用負形空間改善衣形

　　操作立裁時，要訓練你的眼睛去觀察衣形周遭的負形空間，而不是光盯著胚樣瞧。以這款鐘形袖罩衫為例，你可以輕易看見袖子與上衣脇邊之間的空間。時時參照這一點能幫助你為脇邊線找到正確的曲線，以及改進袖子形狀的細微之處：腋下部位較窄，而後朝腕部逐漸加寬。

胚布用量準備

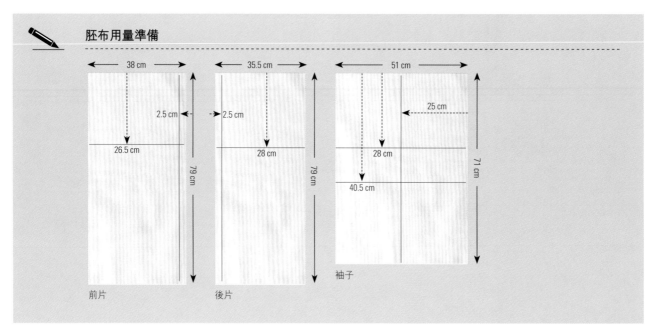

前片　　　　　　　後片　　　　　　　袖子

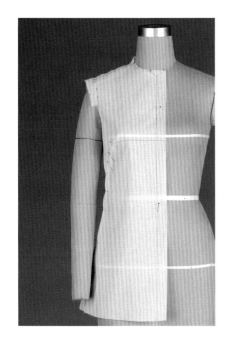

Step 1

- 我們將在經典袖襱款式的罩衫上操作鐘形袖。首先要製作上身，前片打一道脇邊褶，後片打一道垂直褶子。

- 用標示帶標示出經典的蛋形袖襱，袖襱底端下降到手臂根部下方 2.5 公分（1 英寸）左右的位置，接著做上記號。

袖山的合印記號

典型的袖子紙型會用合印記號標示袖子與肩線吻合之處。至於袖山上的雙線合印記號表示那是後袖，單線合印記號則是前袖。你必須牢記這套廣泛運用的標示系統。

Step 2

- 將袖片的直布紋記號線對齊填充手臂的外側標示線，接著在袖寬線處用絲針固定。

- 允許袖子順著填充手臂上的藍色標示線略向前傾斜。

- 稍微捏住肩膀上緣，定出袖山份量。這款袖子不抽碎褶，但是袖身得帶有些許鬆份。在前袖山與後袖山各抓出 1.5 公分（½ 英寸）的鬆份，並加以固定，對你也許會有所幫助。

Step 3

- 從手腕開始，決定袖口的份量。這款袖子的肘部比腕部窄，所以袖下線應帶有角度。

- 當你用絲針固定袖下線時，記得要讓橫布紋記號線在手臂內側互相對齊。

- 將袖片相對，以抓合法固定手腕到手肘的區域；在固定處剪牙口。

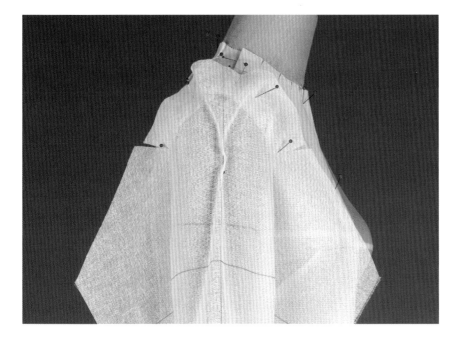

Step 4

- 定出標記點。從側邊觀看袖子，決定出袖寬。

- 如果你沒有在 **Step 2** 先抓出鬆份，現在請在手臂外側抓出兩處 1.5 公分（½ 英寸）左右的鬆份，用絲針加以固定。即使袖管非常修身，它仍舊需要一些鬆份。

- 從各個角度檢視這只袖子，不時調整它，直到你確信它是均衡的，且具備了與原作照片相同的外觀。

- 用絲針往下牢牢地固定至大約一半袖襱深的地方。

- 在別針處剪牙口，並修剪上方多餘的三角形布料。

- 以相同手法處理後片。

Step 5

■ 將腕部到手肘的袖下線改用蓋別法固定，留意橫布紋記號線是否對齊。

■ 將袖口往內翻折。

■ 調整鬆份，並沿著袖襱線將縫份往內折好、固定，完成袖山部位。

Step 6

■ 將袖子內側的多餘布料修成近似袖襱下半部的弧形。

Step 7

■ 將袖子內側的布料往內折入。留意它與袖襱線相交的位置（前、後腋窩點）落在哪裡。

■ 完成前袖襱下半部曲線的固定作業。

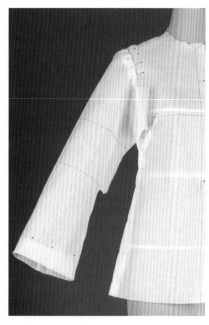

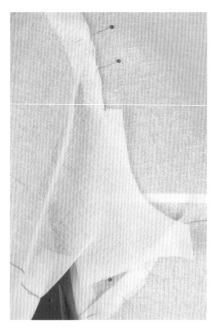

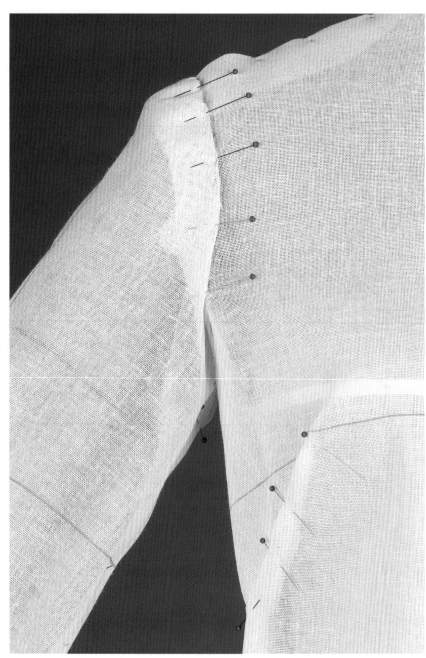

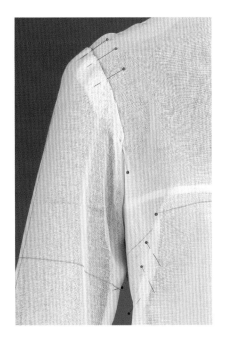

Step 8

- 觀察布片在腋下的垂披狀況。它出現太多擠壓皺折，這代表了腋下部位的袖片應該再多裁去一些。

- 沿著袖襱下半部加以固定，並且反覆抬高、放下填充手臂，仔細研究袖子拉開的形式。

- 找出既能自由抬高手臂，又不至於在放下手臂時，腋下出現大量皺折的平衡位置，讓袖子平順合身，沒有牽扯不順的狀態。

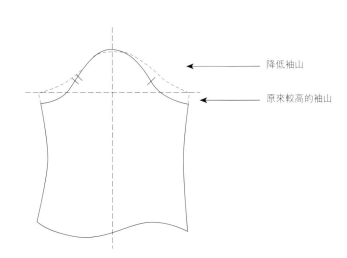

降低袖山

原來較高的袖山

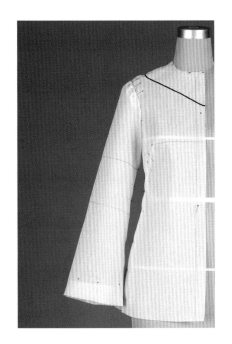

Step 9

- 來回輪流處理往下固定袖下線，以及往上固定袖下線直到袖襱處（腋下點）。

- 最後的 7 公分（2～3 英寸）左右將會難以順利完成。其實，不妨等到你完成立裁後，將這件女衫從人台取下，最後再回頭完成這部分的別針工作。

- 標示領圍線。

維持穩定的領圍線

請注意，除非會影響你對服裝輪廓的觀察與判斷，否則請讓領圍線停留在高處，先不要剪裁。這麼做能幫助你的立裁成品維持穩定。經過剪裁的領圍線其布紋走向通常是斜的，容易因而出現伸縮的狀況。處理類似這件上衣的低領款式服裝時，這一點格外重要。

中式領
Mandarin collar

西洋服裝中的中式領也許可以回溯至一九三○年代。當時流行中式旗袍（cheongsam），這是一種一件式的合身洋裝。時至今日，它在亞洲時尚圈仍占有一席之地。這種款式源自帝制中國的官家穿著。其領片會隨著領圍線環繞一周，至前中心結束。中式領能突顯臉型，領高通常為1.5～5公分（½～2英寸）。

計算上衣的鬆份

女衫比馬甲寬鬆許多，而且往往甚至比洋裝上身還要來得寬鬆。女衫的鬆份沒有標準，但穿著舒適合身的胸部周圍平均最小鬆份，總量大約是7.5公分（3英寸）。

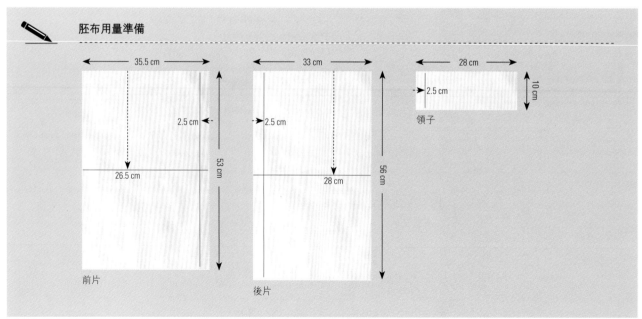

胚布用量準備

前片
35.5 cm
2.5 cm
26.5 cm
53 cm

後片
33 cm
2.5 cm
28 cm
56 cm

領子
28 cm
2.5 cm
10 cm

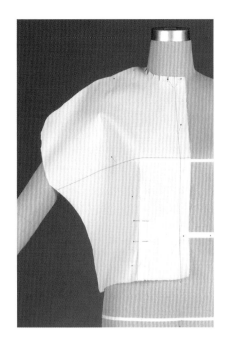

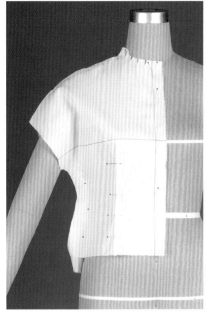

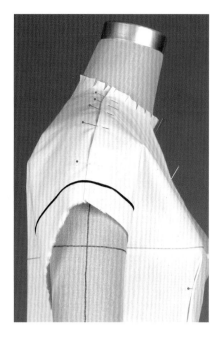

Step 1

- 取前片放在人台上，對齊直布紋記號線和人台前中心線，沿著胸圍線與肩線用絲針固定。修剪領圍線並剪牙口，直到胚布平順服貼在人台上。

- 將多餘的鬆份朝腰部推平，在接近公主線的位置抓一道深度大約 2.5 公分（1 英寸）的褶子。由於褶子會持續延伸到腰部以下，為了容納腹部，來到這裡時褶子應該變小。注意胚布的形狀如何在腰部往內凹，而後過了腹部又往外凸。

- 將肩膀多餘的胚布修剪至蓋肩袖（cap sleeve）線。

- 修剪脇邊的多餘胚布，記得為塑造腰部曲線預留些空間。

Step 2

- 取後片放在人台上，對齊直布紋記號線和人台後中心線，沿著胸圍線與肩線用絲針固定。

- 比照 **Step 1** 的手法，為褶子別上絲針。

- 用蓋別法固定肩線，允許胚布延伸到填充手臂上，以便創造出蓋肩袖。

- 固定脇邊線；先將胚布相對抓合固定，再改用蓋別法固定。胚布走到腰部附近會略往內收。

Step 3

- 從側面檢視蓋肩袖部位。胚布折疊位置的後側應該較大，位置也較低；前側則是位置較高但較小。

- 標示袖口。就一只蓋肩袖來說，前袖口會深挖，方便手臂自由活動；後袖口則會較為飽滿，覆蓋腋下部位。

- 將袖口緣邊往內折入。

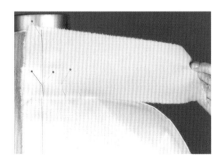

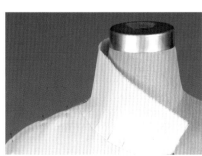

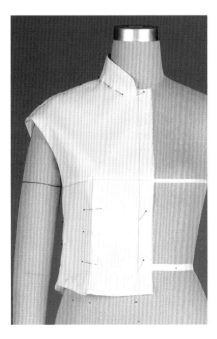

Step 4

- 將領片胚布放在後領口中心，用 V 字固定針法固定後頸點，接著在大約 2.5 公分（1 英寸）外的領圍線上扎另一針固定，切記角度要與後中心線成垂直。

Step 5

- 拉著領片沿頸子朝前包覆，為使胚布配合頸部曲線，在必要處剪牙口並固定領圍線，直到前中心線為止。在與肩線交會處，領片與人台頸部之間應保有大約一指寬的鬆份。

Step 6

- 將與領圍線相接的領片縫份往內折入，並用絲針加以固定，再將領片上緣也往內折入。

小飛俠領
Peter Pan collar

小飛俠領（Peter Pan collar）這個名字最早出現在一九○○年代中期，出自女演員茉德・亞當斯（Maude Adams）在戲劇《彼得潘》（*Peter Pan*）中所飾演的角色——小飛俠彼得潘。類似的領型則分別以小公子西迪（Little Lord Fauntleroy）[*]和巴斯特・布朗（Buster Brown）[*]的名字命名。這類平貼式、領角呈圓形的領型至今在童裝界仍十分流行，此外也會定期重返當代時尚舞台。

就這件路易威登（Louis Vuitton）二○一二年秋冬系列的上衣，可以看見經典的小飛俠領與堅韌的緊身皮革上身形成了鮮明的對比。

[*]譯注1：英國作家柏內特（F. H. Burnett, 1849 -1924）筆下純真善良的少年。

[*]譯注2：美國連環漫畫家奧特考特（Richard F. Outcault, 1863-1928）筆下的淘氣頑童。

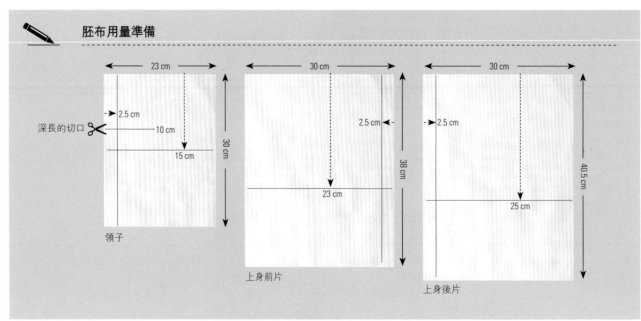

胚布用量準備

領子

上身前片

上身後片

深長的切口

2.5 cm
10 cm
15 cm
23 cm
30 cm

2.5 cm
23 cm
30 cm
38 cm

2.5 cm
25 cm
30 cm
40.5 cm

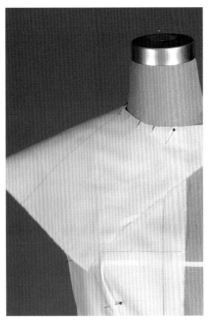

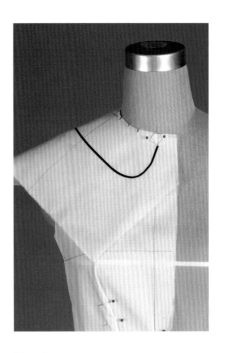

Step 1

- 準備一件有胸褶的經典款女衫衣身（參見第 44 頁），推平胸部鬆份，改在胸下圍部位打褶，保持領圍線在高處，修剪整齊並剪牙口。在人台後頸點下方 1.5 公分（½ 英寸）處、肩點外 1.5 公分（½ 英寸）處，以及前頸點下方 2 公分（¾ 英寸）處，淡淡地做上記號。

- 將領片胚布的後中心線對齊衣身領圍線的後中心，讓那道切口落在肩線上。

- 修剪領片的領圍線，讓它與衣身領圍線吻合，同時也要剪牙口。

Step 2

- 將領片環繞頸子至前側，持續修剪多餘胚布及剪牙口，直到領片能平順地服貼在衣身正面上。

Step 3

- 用標示帶標示領子形狀。

修正線條和比例

密切注意原作照片的前領曲線。想要找出正確的形狀，檢視負形空間會大有幫助。以此為例，左右領片曲線的前中心形成一個倒 V 字型。專注於那個形狀，而不是領片胚布的形狀，才能成功複製這款領型的外觀。

連接參考點也很有幫助。不妨從前領曲線到乳尖點畫一條假想線，接著在原作照片上也這樣做，然後比較兩條線的角度。

Step 4

- 將領片外緣和頸部完成線邊緣向內折入，以吻合衣身的頸部邊緣。

- 不妨加上鈕釦和袖襱線等加工細節，協助你檢查比例是否正確。

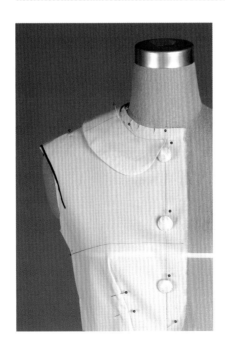

附裙腰片的
經典主教袖上衣

Blouse with
peplum and classic
bishop sleeve

這件圍裹式前綁帶上衣的優雅感性外觀，是由份量感十足的袖子、溫柔展開的裙腰片，以及斜裁喬其紗（silk crêpe georgette）領口、在腰間以蝴蝶結收尾的視覺焦點所共同創造而成。這件上衣的材質是喬其紗，一種輕盈、半透明的薄織物，具有優雅、搖曳、流動的垂墜特性。

腰間鬆開的活褶及朝腰部收攏傾斜的脇邊線成就了這件上衣的合身度。飽滿的「主教袖」（bish-op sleeve）重量是由薄肩墊負責支撐。裙腰片的處理運用的是和第100～101頁的圓裙相同的基本剪裁。

訓練有素的眼光來自於不斷練習

喬其紗的流動墜性使這件上衣顯得如此美麗，同時卻也讓它的立裁操作變得棘手。使用胚布立裁這件服裝會比較容易達到平衡的狀態。在著手進行立裁之前，請先花點時間研究喬其紗的「手感」（也就是它移動和垂墜的方式）。這麼一來，等你動手時才能具體想像它的模樣，對於它和胚布會有怎樣不同的表現，心裡也才有個底。

✏️ **胚布用量準備**

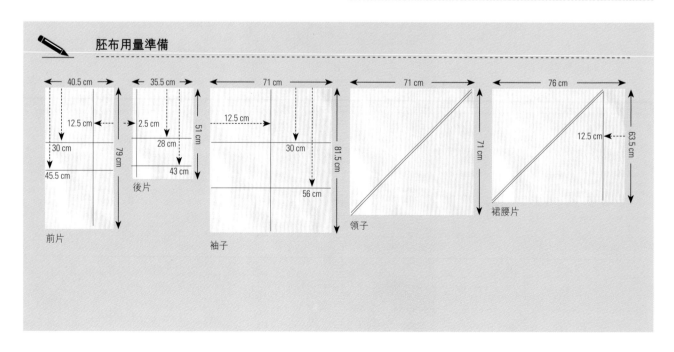

前片

後片

袖子

領子

裙腰片

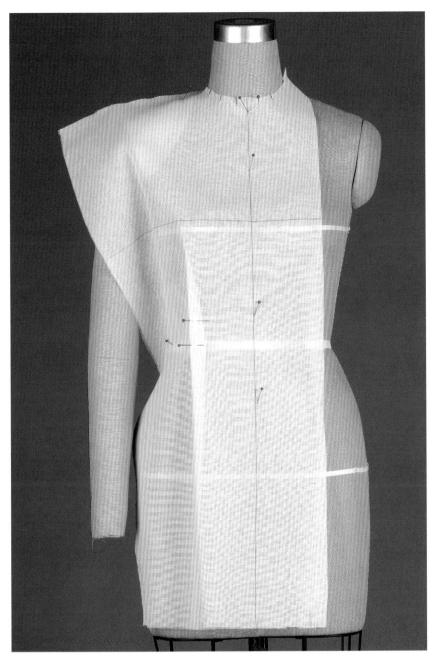

Step 1

- 將一小塊肩墊安在人台上，讓肩膀邊緣呈現方形。

- 取前片放在人台上，將直布紋記號線對齊人台前中心線並用絲針固定。

- 在肩線固定一針，修剪領口部位的胚布並剪牙口，直到平順服貼為止。

- 讓多餘的胸部鬆份垂披到腰身，在公主線附近別出一道活褶。保持活褶指向胸部，也就是身體特別豐滿的位置。

活褶的指向

前片與後片的活褶指向，對於決定衣服的合身程度及整體輪廓外觀而言相當重要。假如它們偏斜太遠，指向脇邊，就會增加衣身寬度，使穿衣者的身形看起來更為龐大。活褶應該指向需要更多空間的部位：在前身來說是胸部，就後背而言則是肩胛骨。

Step 2

- 重複上述步驟處理後片上身，允許鬆份落在腰間；活褶略微斜向肩胛骨。

Step 3

- 用蓋別法固定肩線與脇邊線。

- 在手臂根部下方大約 2.5 公分（1 英寸）處以標示帶標示出經典款袖襱形狀。

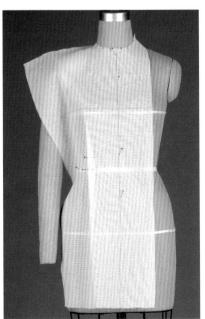
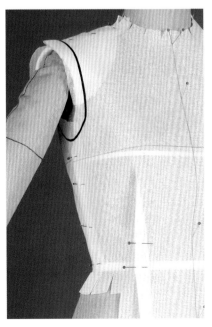

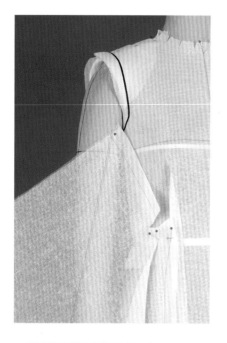
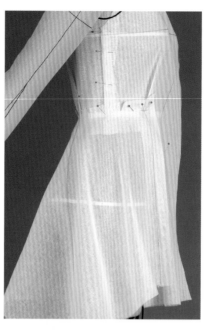

Step 4

■ 將裙腰片的直布紋記號線對齊前衣身公主線的直布紋，開始處理斜布紋裙腰片。預留 7.5～10 公分（3～4 英寸）高的空間，讓這塊斜紋布片能剪牙口並垂落而下（參見第 101～101 頁的圓裙作法）。

Step 5

■ 修剪多餘胚布並剪牙口，讓布片垂落，在下襬形成許多疊褶。拉著布片繞過脇邊，停在後中心線。那道正斜紋鉛筆記號線應恰好筆直地落在脇邊線附近。

Step 6

■ 粗裁下襬的多餘胚布使其大致齊平。不過，在上衣的其他部位尚未處理妥當前，先不急著拍板定案。

■ 標示領圍線。

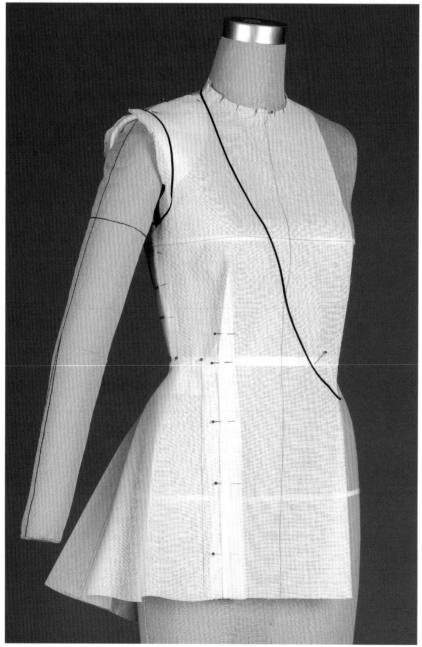

袖子立裁順序

開始著手進行袖子立裁時，記得依照第133頁的基本立裁順序操作：

1. 定出適當的角度
2. 袖山頂點別上絲針
3. 定出手腕位置
4. 定出標記點
5. 處理從腋下到手肘的袖下線
6. 修剪多餘布料，處理袖子內側曲線
7. 完成袖下線與腋下點相接的部分

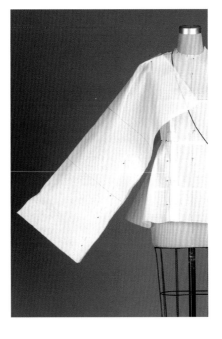

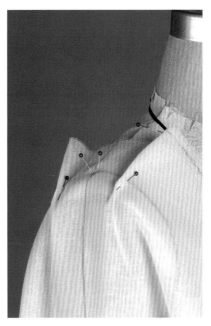

Step 7

- 將袖片的直布紋記號線對齊填充手臂的外側標示線，接著在袖寬線處用絲針加以固定。

- 讓袖片順著填充手臂上的藍色標示線略向前傾斜，如同手臂自然懸垂一般。

Step 8

- 將鬆份固定在肩膀上緣，定出袖山份量。前袖山與後袖山各有大約 1.5 公分（½ 英寸）的鬆份。

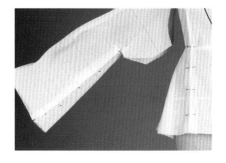

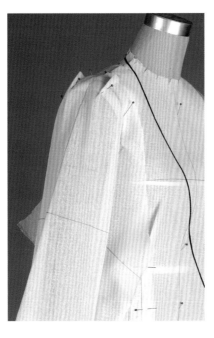

Step 9

- 從手腕開始，決定袖口的份量。這款袖子的肘部比腕部窄，所以袖下縫合線應帶有角度，保持腕部愈飽滿愈好。

- 用絲針固定袖下部位時，記得要讓橫布紋記號線在手臂內側互相對齊。

- 將袖片疊合抓別，固定手腕到手肘的袖下線；在固定處剪牙口。

Step 10

- 定出標記點。從側邊觀察袖子，決定出袖寬。

- 針別標記點。請留意，主教袖的上臂部位遠比鐘形袖的飽滿許多（參見第 142 ～ 145 頁）。實際的袖山鬆份仍舊是前袖山與後袖山各 1.5 公分（½ 英寸），不過標記點附近應該分配到多一點鬆份。

- 用絲針往下牢牢地固定，至大約一半袖襱深的位置。

- 在固定絲針的部位剪牙口，並修去上方多餘的三角形布料。

- 以相同手法處理後片。

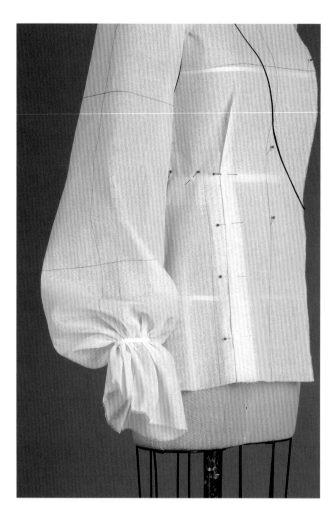

Step 11

- 將腕部到手肘的袖下線改用蓋別法固定，留意橫布紋記號線是否對齊。這是一道困難的手續，你也可以將布片靠在填充手臂上，一邊推平一邊固定，會比較容易處理。

- 取一段斜紋織帶或鬆緊帶綁在手腕上，並調整碎褶。

- 與照片相比對，確認袖口蓬鼓的份量是否恰當。

- 調整碎褶狀態時，請留意原作照片的後袖比前袖長。這能創造出更多鬆份，方便手肘活動。此外，前袖較短、後袖較長，能賦予袖型更優雅的經典外觀。

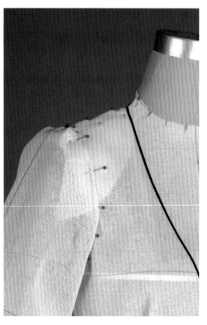

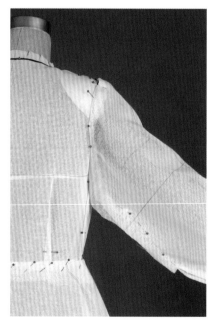

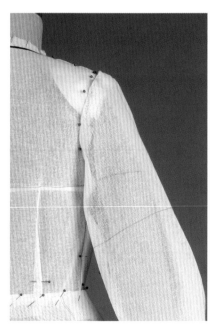

Step 12

- 調整鬆份，並將袖山的縫份沿袖襱線往內折入，完成袖山弧度的處理。

- 修去前、後標記點下方的多餘胚布，並將縫份往內折入。

Step 13

- 來回輪流將袖下線往上別針至袖襱處，別合前腋點和後腋點。

Step 14

- 固定袖襱下半部，反覆拉高、放下填充手臂，仔細研究袖子「拉開」的形式。原則上，如你在此所見，袖襱線應該要能被垂披的袖管蓋住。

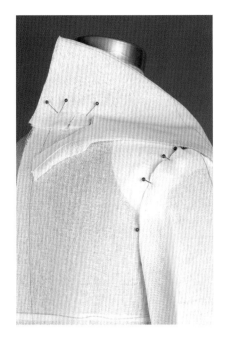

Step 15

- 操作領子立裁時，首先將領片依對角線折半。

- 從領片後中心開始，固定到一半即可。在前 2.5 公分（1 英寸）處要固定成直線，剪牙口，接著一邊讓領片翻過肩膀，一邊持續剪牙口。

- 讓領片沿著領圍款式設計線的標示帶往下垂披。

- 等領片份量達到你預想的狀態，就把它固定在領圍線上，並將多餘的布料往內折入。

垂披斜紋布料

由於這片胚布的布紋走向是斜的，垂披時不免會伸縮。且讓它自然地垂落，不要嘗試拉長它。留意斜布紋如何讓領片按照領口曲線前進，而不至於產生翻折或起皺。

Step 16

- 用一小塊斜紋碎布創造一條繫帶，始於左側脇邊。用那條繫帶打個蝴蝶結，尾端收在右側腰間。

- 這是整件作品的視覺焦點所在，務必仔細觀察你創造的比例，使它和上衣的其餘部分看起來協調一致。

- 將下襬往上翻折。

- 站遠一點來檢視你的立裁成果。看看寬鬆的袖管是否能順暢飄拂？裙腰片有無足夠的波浪感？蝴蝶結的尺寸應該和其他元素的份量相匹配。

2.3
Trousers
長褲

女權革新的象徵

現代的民族風褲裝重現了以下照片所顯示的傳統形式。梭織布片經過巧妙安排，既能顧及身體所需的最大活動量，又能使布料發揮最大的經濟效用。這些質樸的設計能歷久不衰，乃是因為其形式純粹、簡單卻富有功能。

早期褲裝經過數世紀的演變，並歷經許多務實的變化後，才成為今日被我們認定是合身褲裝的模樣。這些褲裝的基本剪裁和比方當代設計師品牌牛仔褲的版型細節與技巧，兩者之間的差別極為懸殊。

上：來自敘利亞與庫德斯坦的寬幅布長褲。請注意這件傳統服裝的幾何剪裁。

下：來自突厥斯坦的傳統婦女長褲與馬褲。請注意它的幾何剪裁。前中心的嵌入式襠布預留了自由活動的空間。

隨著貼合身形的前襠，或說是褲襠曲線的出現，用料大方的民族風剪裁褲款便逐漸演變為紳士的合身長褲。畫家弗朗索瓦‧愛德華‧皮柯（François-Édouard Picot）在這幅十九世紀肖像畫中所描繪的正是後者。

如今，褲裝已是女性衣櫃中不可或缺的一員。然而從歷史脈絡來看，它們的存在其實是相當新近的事。我們所知的現代褲裝直到十九世紀初期方才普及。在此之前，西方文化中衣冠楚楚的男性會穿著及膝長度的古尼可絲褲（knee breeches），搭配可包覆腿部其餘部位的長襪。

古尼可絲褲最初交棒給潘達倫褲（pantaloons）的時間大約是在一七九二年。後者是用淺色布或棉布製成，長度及踝，運用斜紋剪裁達成合身效果。褲裝是從水手的機能性服裝演變而來，最初是海邊活動時的衣著，後來慢慢取代潘達倫褲，成為一八二〇年代中期的日常便服。

在美國，全長長褲要等到一八一〇年左右才走入時尚圈。到了一八五〇年，利惠公司（Levi Strauss）生產出第一批牛仔布（denim）。這種結實耐磨的棉布是由藍色經紗與白色緯紗交織而成，也是當今牛仔褲（jeans）這種幾乎可說是國際通用「制服」的根源。

受到社會習俗與傳統文化束縛使然，女性穿著長褲這件事花費更長的時間才逐漸為眾人所接受。美國女子亞美莉亞·堅克思·布魯莫（Amelia Jenks Bloomer）是積極推動女性長褲的革新者之一。具叛逆性格的她不僅努力爭取婦女投票權，也為捍衛女權而四處奔走。她在一八五〇年代設計出燈籠褲（bloomers）這種寬鬆的褲子，可穿在及膝長度的裙子底下。她和她的跟隨者飽受調侃與騷擾，顯然這世界尚未準備好迎接女性穿長褲這件事。

儘管如此，長褲開始逐漸成為工作場合的正式穿著。有報導指出，一八四〇年代在英國礦場工作的女子身著長褲。此外，在美國西部牧場工作的女性對於長褲實用性的需求遠高過她們對於外表時髦漂亮的關切。

德裔美國演員瑪琳·黛德麗（Marlene Dietrich）於一九三二年穿著長褲走在慕尼黑街頭時，仍需要有人護衛陪同。然而等到凱薩琳·赫本（Katharine Hepburn）堅持在她演出的電影場景中著褲裝時，至此大勢已定，再也無法回頭了。在一九四〇年代，男人離家，投入二次世界大戰，女人則開始穿起長褲，接替男人原本在工廠與生產線的職務。此時無論是金錢或物資都短缺吃緊，留在後方的妻子便穿上丈夫的衣服，靠著自己的力量節省損耗。

到了一九五〇年代，從事園藝工作和前往海濱活動時，女性穿著長褲已是可被接受的事。到了一九六〇年代，無論什麼場合，社會大眾都能完全接受女性選擇以褲裝亮相。

在一九八〇年代，追逐設計師品牌牛仔褲的風潮使長褲的合身度成為一門精確的科學。因為消費者不斷追求最新款式與不同的合身度，只要版型曲線有了最小量的遞增變化，就能造成銷量的顯著起落。

褲子的類型

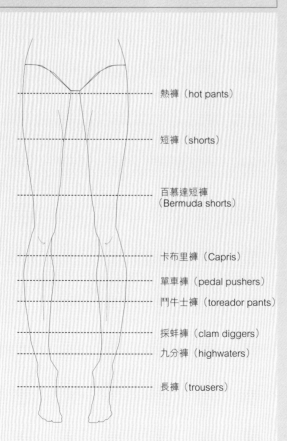

熱褲（hot pants）

短褲（shorts）

百慕達短褲
（Bermuda shorts）

卡布里褲（Capris）

單車褲（pedal pushers）

鬥牛士褲（toreador pants）

採蚌褲（clam diggers）

九分褲（highwaters）

長褲（trousers）

今日女性有無數的褲型
可以選擇。

立裁長褲與試穿補正

　　現代長褲是按傳統方式立裁，其直布紋沿著腿部垂直
而下，創造出最大強度與修長顯瘦的線條。褲襠部位的剪
裁方式會決定長褲的合身狀態。因此，立裁的目標是在臀
部、褲襠與股下線等部位創造出勻稱的曲線組合，使得長
褲無論多寬大或窄小，穿起來都能合身且平順服貼。

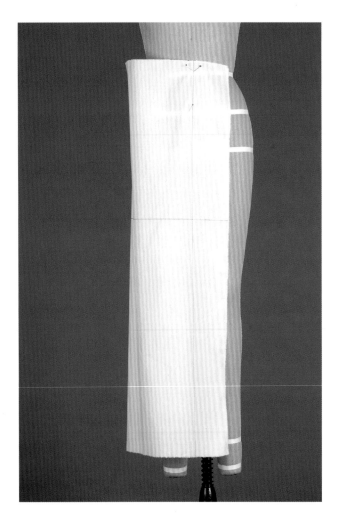

著手立裁長褲

觀察一塊簡單的方形布片圍裹在下半身和
腿部時，會創造出什麼樣的形狀。

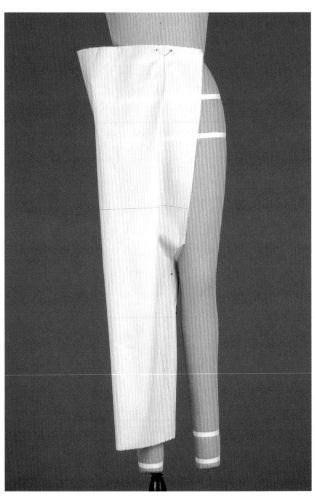

連接股下線

注意連接前、後股下線時，褲襠部位的布
會產生什麼樣的皺摺。前人的作法是追加
更多布片來處理這個問題，如同第 158 頁
的民族風褲裝。

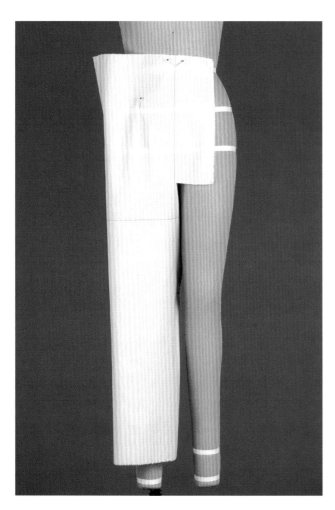

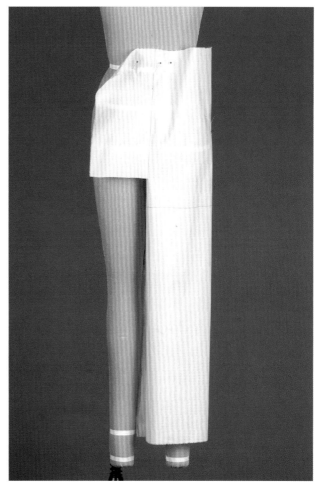

處理前襠

要釋放股下／褲襠部位的張力和起皺狀
態，不妨朝內水平剪開一道長約 10 ～
12.5 公分（4 ～ 5 英寸）的切口，讓布片
環繞圍裹腿部時，能平順服貼。

處理後襠

處理後片時得預留更多空間，才能容納後
方臀部的厚度。

注意觀察照片中前、後片的差異；後襠線
的長度遠比前襠線來得長。

曲線組合

如同章節2.2指出袖寬與袖山間複雜的連動變化，組裝褲管
前、後片也是錯綜複雜的曲線組合。

要創造一條舒適好穿的長褲，有無限多種組合。這些曲線的
安排方式會影響臀部、褲襠與股下部位的合身狀態。

總體而論，長褲愈寬鬆，褲襠線的「彎鉤」曲線（襠彎）就
會延伸得愈長。對細窄貼身的長褲來說，襠彎深度較淺，而
後襠線通常又遠比前襠線長，因此，這類褲子的後襠彎會與
前襠彎相會在傳統褲襠點位置的前方。

哈倫褲
Harem pants

俄羅斯畫家暨劇場服裝設計師里昂・巴克斯特（Leon Bakst），在一九一〇年創造設計出哈倫褲（harem pants），讓舞蹈家瓦司拉夫・尼金斯基（Vaslav Nijinsky）在俄羅斯芭蕾舞團製作的《天方夜譚》（Scheherazade）作品中穿著表演。在許多古老文化中都能看見這種剪裁樸素的傳統褲型。時尚大師聖羅蘭在一九八〇年代讓它重新流行起來，此後，它便不時現身在各個設計師的系列作品中。它同時也是現代肚皮舞服裝的主角。

繪製其服裝平面圖時，請嘗試捕捉褲管寬鬆卻帶有筆直外觀的特點。它的褲腰打了許多碎褶。

這種長褲沒有脇邊線。若將紙型展開，就會發現它只是將一塊簡單的方形布片剪出褲襠的形狀而已。直布紋會沿著脇邊貫穿而下，橫布紋則是與脇邊成垂直。

選用的布料會決定成品份量

這類長褲的最終外觀與輪廓會依使用的布料不同而有所變化。如果選用雪紡紗，其輕薄、流動的特質會讓布片沿著褲管的脇邊筆直垂落。假如選用較厚的絲綢或棉布，褲管的份量感則會比較飽滿。

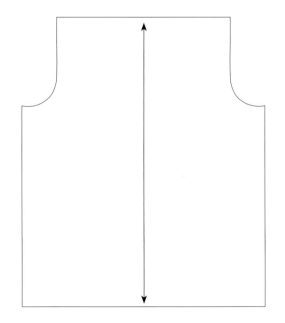

褲襠深

為了判斷該在哪裡畫出橫布紋記號線，也就是大約褲襠深（亦稱作「股上長」）的位置，可以請穿衣者抬頭挺胸地坐在椅子上，丈量其腰線到椅面的垂直距離。

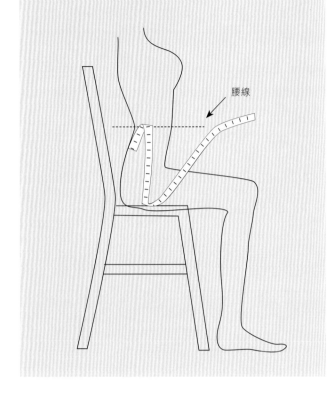

腰線

估算布料用量

準備胚布時，得推估所需的用布量。

用一只布尺環繞臀部，嘗試判斷你希望這件褲子有多寬鬆。站在鏡子前，與鏡子保持一段距離，能更容易看清什麼樣的長、寬比例才行得通。想像尼金斯基或你喜愛的舞者站在舞台上，並設法找出當他們伸展雙腿躍起或跳舞時，會希望有多少布料圍繞在他們身上。

✏️ **胚布用量準備**

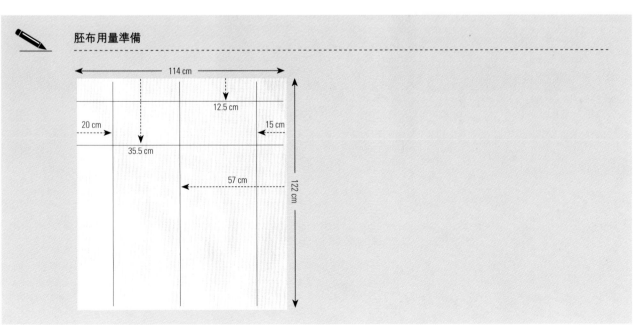

114 cm

12.5 cm

20 cm

15 cm

35.5 cm

57 cm

122 cm

Step 1

- 由於選用的是全幅寬布料,首先要將前、後股下線固定在一起。

- 把布片放在桌上,將前片邊緣折入大約1.5公分(½英寸)的縫份,用蓋別法固定在後片上,差不多固定到褲管的一半即可。可拿一把方格尺放在接縫處,靠齊它折燙縫份,會比較容易操作。

Step 2

- 將胚布的直布紋記號線對齊人台脇邊線,並將胚布的前中心線和後中心線依序分別對齊人台前中心線和後中心線。

- 取一段鬆緊帶或斜紋織帶,環繞腰部一圈綁妥。接著調整胚布頂端,讓腹圍的橫布紋記號線能與地面成水平。

胚布 vs 本布

在此,你得運用具體想像的技能。胚布的反應和柔軟的絲綢或佳績布(jersey)有所不同。想像一下,當你改用手感更軟、質地更輕薄的布料時,垂披成品的份量會產生什麼變化。

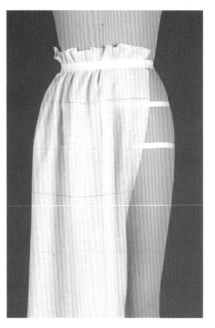

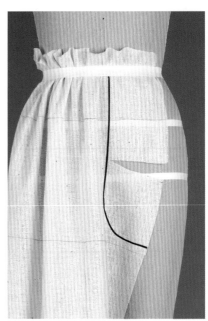

Step 3

- 整理鬆緊帶下方的腰部碎褶時,記得保持前中心與後中心的直布紋記號線仍筆直垂落,與地面成垂直。

Step 4 ◎ 27

- 在臀圍線附近剪一道切口,深度直達前中心線,接著用標示帶順著人台曲線標示前襠線。

- 修掉多餘的胚布;在前襠線朝褲襠彎入的位置剪牙口。

- 剪出前襠線的弧度。

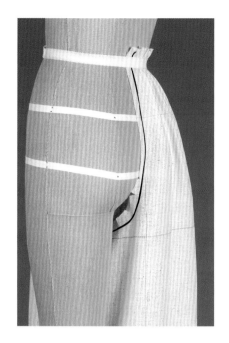

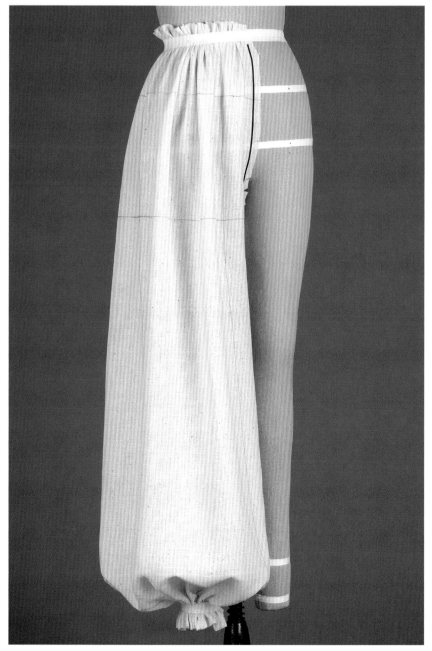

Step 5

■ 重複 Step 4，以相同手法處理後片，但
要注意臀部具有厚度，後襠必須剪出比
前片更深更彎的弧度才行。

■ 修剪後襠線，一次只修一點點，直到後
襠線能平順地跟著人台褲襠線為止。

■ 固定股下線到膝蓋上方的位置。

Step 6

■ 用鬆緊帶或斜紋織帶在腳踝綁一圈，並
調整碎褶，直到與原作照片的外觀相同
為止。

Step 7

■ 仔細觀察立裁完成的長褲，拿它與原作
照片對照。留意胚布垂落的模樣。如果
你細看布紋走向，就能輕易分辨它是否
失去了平衡。透過想像這件褲子選用像
是雪紡紗或雙縐綢等柔軟的絲綢為素材
時會是什麼模樣，藉此鍛鍊你具體想像
的能力。

袴
Hakama

日本武士的傳統褲裝稱為「袴」（hakama）。它原本是一種厚重的外衣，可在騎馬穿越雜木林時保護雙腿，其功能和西部牛仔穿的皮護腿套褲（chaps）類似。如今，穿著袴的人多是練習弓道與其他武術的男女老幼。

基本上，袴是由四塊方形布片（前後各兩片）所組成，褲身上又深又長的定形褶連接到一條纏繞式腰帶，且側邊的開口位置非常低。

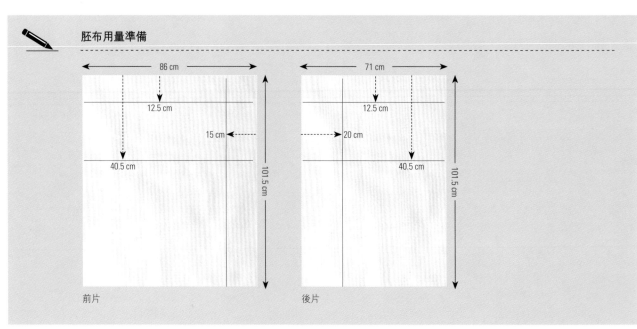

✏ **胚布用量準備**

| 前片 |
| 86 cm |
| 12.5 cm |
| 15 cm |
| 40.5 cm |
| 101.5 cm |

| 後片 |
| 71 cm |
| 12.5 cm |
| 20 cm |
| 40.5 cm |
| 101.5 cm |

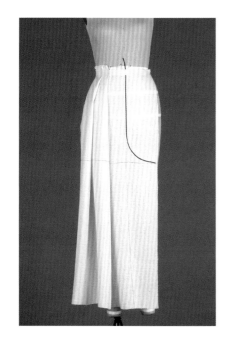

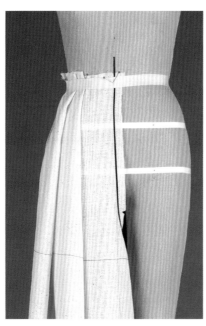

Step 1

- 取前片，將胚布的直布紋記號線對齊人台前中心線，保持橫布紋記號線與地面成水平。

- 在腰身繫上一段鬆緊帶或斜紋織帶，將待會要打褶的部位先固定住。

- 用絲針固定脇邊線，以便撐起褲型。

- 標示前襠線。照片中的褲襠線位置相當低，距離真實的褲襠線可能有 15 ～ 20.5 公分（6 ～ 8 英寸）遠。

Step 2

- 沿著標示帶將前襠的多餘胚布修掉，並將胚布轉進股下部位，在必要時剪牙口，以確保布料能平順服貼。

Step 3

- 取後片，將胚布的直布紋記號線對齊人台後中心線，保持橫布紋記號線與地面成水平。

- 在腰身再繫上一段鬆緊帶或斜紋織帶，將後片胚布置於鬆緊帶或斜紋織帶之下，將打褶的部位先固定住。

- 用絲針固定脇邊線，以便撐起褲型。

- 標示後襠線，記得要和前襠線收在相同高度上。

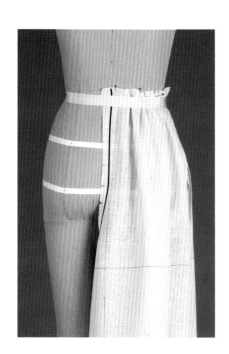

Step 4

- 沿著標示帶將後襠的多餘胚布修掉，並將胚布轉進股下部位，在必要時剪牙口，以確保布料能平順服貼。

- 用絲針固定股下線，保持完成線成垂直且橫布紋記號線成水平。

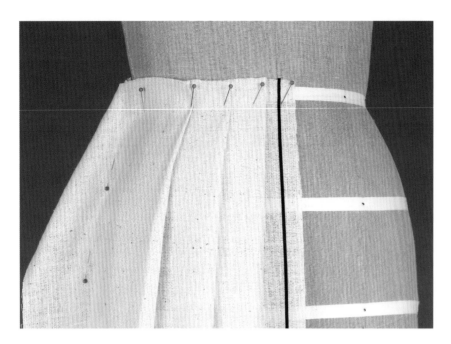

Step 5

- 研究原作照片，抓出能滿足這件褲裝的線條與定形褶。

- 前衣身的定形褶完全不帶角度地筆直落下，因此，胚布上緣應是非常筆直的。

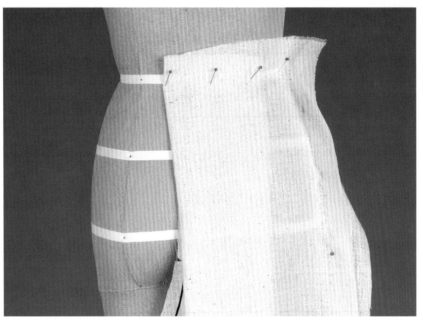

Step 6

- 後衣身的那道定形褶則是朝向後中心線大角度傾斜。留意後腰定形褶必須如何在腰圍線上方結束，才能達成與原作相同的外觀。

- 當你抓出這道褶子並定出腰圍線時，務必檢查股下線的狀態。它應該筆直地懸垂在兩腿內側中央。如果它斜向後方，表示後腰被拉提得太高；假如它靠向前方，則表示後腰的位置太低了。試著將後片上下移動，觀察股下線會產生什麼變化。

股下線的平衡

處理褲裝時，股下線的平衡是非常重要的關鍵，否則無論褲子如何調整，穿起來都不會合身。重要的是，你得培養出分辨何時才達到平衡的眼光。仔細研究褲裝，觀察股下線朝前方或後方移動時，會如何影響褲裝懸垂的模樣。

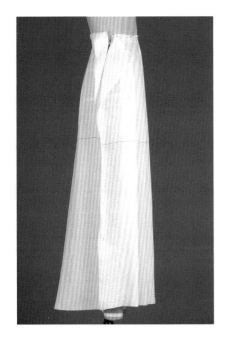

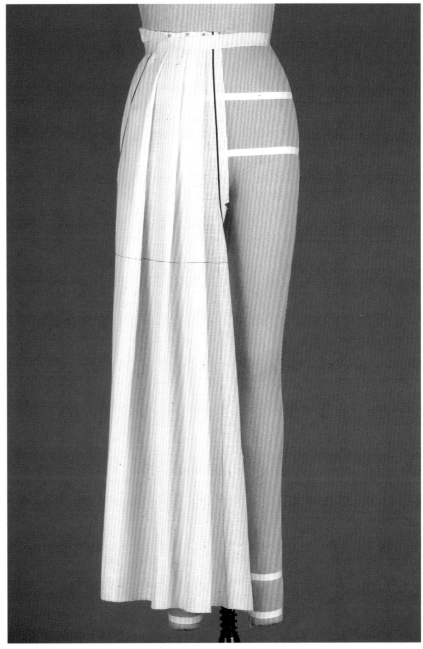

Step 7

- 固定脇邊，使胚布脇邊線能沿著人台脇邊線直挺挺地懸垂。在這件傳統形式的褲裝上，脇邊線將會是完全筆直的。

- 注意傾斜的後片定形褶與筆直的前片定形褶聯手在脇邊創造出來的有趣輪廓。後片定形褶的角度會將布片往後推出去。

Step 8

- 改用蓋別法固定脇邊線。

- 標示側邊開口。

- 傳統上，袴的側邊開口會開到大腿中段。對現代版的袴而言，這會是設置一個有深度的側口袋的絕佳位置。

- 取一段斜紋織帶環繞腰部一圈，並用絲針固定，以便協助標示確切的腰圍線。

- 由於這款褲裝很寬大，而且那些帶有角度的定形褶對於褲管的懸垂方式很重要，因此，這是站在鏡子前一段距離外觀立裁成果的大好時機。不妨先將前腰頭往上拉，接著再把後腰頭也往上提，嘗試找出褲子的平衡狀態。看看其中一邊往下掉、而另一邊往上提的時候會發生什麼狀況。

前活褶寬腿褲
Wide-leg trousers with front tucks

經過瑪琳‧黛德麗著「便褲」（slacks）在她早期電影作品中亮相，為時尚圈帶來震撼後，這種款式的褲裝就廣受好萊塢名星的青睞，尤其是凱薩琳‧赫本，少有人見過螢幕下的她身穿洋裝。

繪製這款長褲時，要留意細節比例會如何影響整體外觀。這款經典褲裝會有某種形式的口袋、一條拉鍊，褲口通常還會反折。

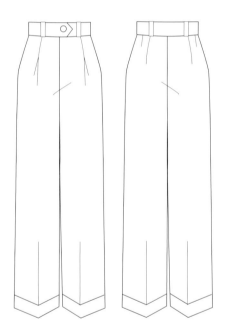

前片　　後片

✏ **胚布用量準備 A：從零開始進行立裁**

選擇從零開始立裁這件褲子，請參照「胚布用量準備 A」備布，並依照第 174 ～ 175 頁的步驟說明操作。

「褲裝簡易打版」是類似的處理方法。你可以按照第 171 頁列出的量身尺寸去計算出你想要的合身度與鬆份，並將結果淡淡地標示在胚布上。這麼一來，等你動手操作立裁時，胚布上就會有參考點，能協助保持立裁的褲裝確實合身。

如果你想嘗試打版，請參照「胚布用量準備 B」（第 172 頁）備布，並依照「褲裝簡易打版」的步驟說明，先在胚布上建立起樣版平面圖。

長褲簡易打版

憑著精確的量身數據，有多種方法可以為褲子打版，不一定非得靠立裁不可。話雖如此，立裁的好處是你可以在操作過程中親眼看見自己創造的輪廓，同時還能保有進一步改進細微處的彈性。

簡易打版的目的是協助你立裁褲子。若能在手邊備妥量身尺寸和方便依循的一款基本褲型，動手立裁時會很管用。不過，這麼做並不是想把它當成試衣紙型，而是為褲子份量定出通用參數的一種省時手段。

你可以先在紙上完成這個平面製版作業，再轉印到胚布上，也可以直接畫在胚布上。

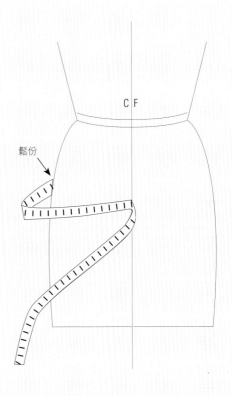

量身尺寸

腰圍	66 公分（26 英寸）	這是你希望褲子上緣該在的位置。
臀圍	101.5 公分（40 英寸）	這可能是整個褲子紙型當中最寬的部位。 定出鬆份。裁製緊身褲子時，請按人台的確切臀圍進行操作。裁製標準、略為寬鬆合身的現代褲子時，整圈臀圍的鬆份請抓 10 公分（4 英寸）。乍聽之下會覺得這比人台的 91.5 公分（36 英寸）臀圍大上許多，但其實左右兩側才各 5 公分（2 英寸），若再細分為前後片，則只剩下各 2.5 公分（1 英寸）；對無彈性布料而言，鬆份差不多剛好而已（參見上圖）。
褲襠深	23 公分（9 英寸）	運用第 163 頁的方法，或者丈量褲裝人台從腰圍到褲襠的尺寸，以便定出褲襠深。
褲長	96.5 公分（38 英寸）	透過估算腿部外側長度定出大概的褲長。這個尺寸丈量的是褲裝人台從腰圍到腳踝的脇邊長度。

前襠與後襠

這兩道曲線是褲裝合身與否的關鍵，有無限多種組合方式。你得在人台上處理褲子，才能進一步確定這道弧線應是什麼模樣。

仔細研究不同褲型的前襠與後襠（或說是褲襠弧度）會是個很棒的練習。請特別留意這些曲線的形狀會如何影響褲子的合身度。

褲口尺寸打版

根據經驗，增減褲口尺寸時，最好從褲管的內、外側縫合線等量增減。

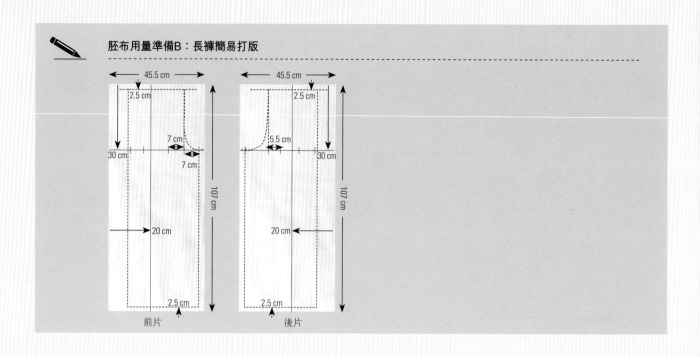

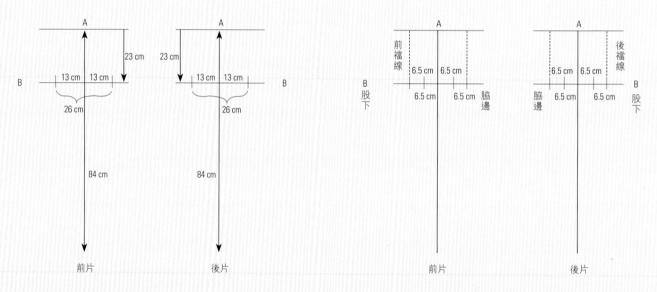

Step 1

- 取前片，按照縫製對象的褲長畫一條垂直線，標示為「A」，此為布料的直布紋記號線。在線 A 的頂端畫一條與 A 垂直的線，代表腰圍。以相同手法處理後片。

- 從腰圍向下取褲襠深的長度，畫一條水平線，並標示為「B」，此為布料的橫布紋記號線。

- 將臀圍尺寸除以二：52 公分（20 英寸）就是你打版的半件褲子尺寸。接著再將它除以二，分別代表前片與後片的尺寸：各 26 公分（10 英寸）。現在，將這個尺寸平均分配於直布紋記號線的兩側，也就是以線 A 為中心點，分別在左右兩側各取 13 公分（5 英寸），與線 B 交於兩點。

Step 2

- 接下來將這兩點間的距離分為四等份，得出每段長 6.5 公分（2½ 英寸）。請沿著線 B 標示出這幾個點。

- 從左右的外側兩點向上畫出兩條垂直線，直達腰圍線。在前片左側的直線為前中心線，後片右側的直線則為後中心線。

- 接著分別在前、後片標示出股下（褲管內側）與脇邊線（褲管外側）。

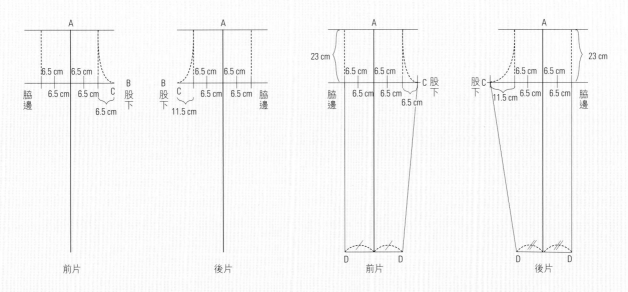

前片　　　　後片　　　　　　前片　　　　　　後片

Step 3

- 要畫出前襠時，請在前片股下外多加一份增量——在此，增量為 6.5 公分（2½ 英寸），並將它標示為「C」。

- 畫出後襠時，請在後片股下外多加兩份增量，再減去 1.5 公分（½ 英寸），同樣將它標示為「C」。

- 保持褲襠底部——也就是前襠的前 2.5 公分（1 英寸）左右，以及後襠的前 5 公分（2 英寸）左右——完全筆直，並且朝上與線接合在一起。

Step 4

- 決定褲口尺寸。最好先取個比你實際預測大一些的尺寸，等立裁操作過程中再做最後決斷。目前只要先畫出每一側逐漸內縮各 2.5 公分（1 英寸）的線條即可，等到胚布放上人台後再進一步調整。在線 A 底部分別朝左右向外丈量褲口的一半長，標示出兩個「D」點。分別連接 D 點與股下的 C 點，以及 D 點與脇邊垂直線的底部。

- 畫好股下線與脇邊線後，還剩腰圍尚未確定，這取決於你想讓腰部和臀部有多合身。你會需要打些褶子，讓腰身合身好看。這部分暫時保留不動，等上了人台再處理。

前活褶寬口褲的量身尺寸

直布紋記號線 A	108 公分（42 英寸）	這是正面打褶的寬鬆褲款，非得有那麼多的鬆份不可。
橫布紋記號線 B 這個位置的褲襠深	28 公分（11 英寸）	這種高腰褲款附有腰帶，是典型的一九四〇年代復古風。因此，這個尺寸是從褲襠丈量到腰部，再外加 2.5 公分（1 英寸）。
C 點		決定這些點的位置時，考慮到正面打褶帶來的豐滿度，前片可分配到 56 公分（22 英寸），後片則是 52 公分（20 英寸）。 因此，C 點會落在： 前片：讓 28 公分（11 英寸）長的橫布紋記號線置中，等分為四份，每份長 7 公分（2¾ 英寸）。前襠長還要另外多加一份增量 7 公分（2¾ 英寸）。 後片：讓 26 公分（10 英寸）長的橫布紋記號線置中，等分為四份，每份長 6.5 公分（2½ 英寸）。後襠長還要另外多加兩份增量並減去 1.5 公分（½ 英寸），也就是外加 11.5 公分（4½ 英寸）。

運用既有紙型創造新款式

成衣業往往會運用基本的原型去創造新的紙型。舉例來說，一家專門生產褲裝的公司會有許多不同的原型，代表不同類型的合身度。當設計師創作出一種新的款式，就會從這些原型當中擇一作為參照基準。這麼一來，設計師會知道那個褲裝的臀圍、股下與前後襠是經過驗證的，他們可以運用那些資訊，在發展新款式時節省下一些時間。

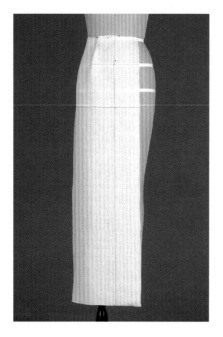

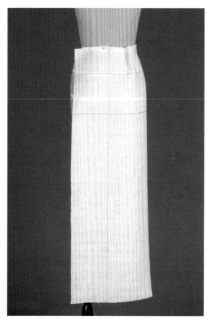

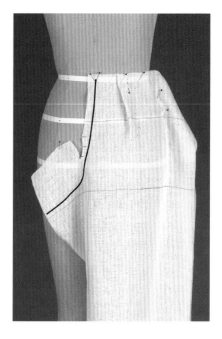

Step 1

- 取前片，將胚布的直布紋記號線對齊人台前中心線，保持橫布紋記號線與地面成水平。
- 粗估褶點，並固定褶子。
- 用絲針固定脅邊線，以便撐起褲型。

Step 2

- 重複 **Step 1**，以相同手法處理後片，並確保橫布紋記號線在同一水平上。
- 為後襠塑形時，留意後片的布料要比前片增加多少才足夠。

Step 3

- 運用「長褲簡易打版」協助找出正確的褲襠深，以推估褲子的臀圍尺寸。以這件褲子來說，由於前片有打褶，所以前片會比後片略大一些。
- 標示前襠線，從腰圍線下方約 10 公分（4 英寸）處開始剪牙口，深度大約剪到直布紋記號線前。順著人台曲線修去多餘胚布並剪牙口，一路往下處理到股下。
- 移除標示帶。
- 重複 **Step 3**，以相同手法處理後片。
- 後片的褲襠深度應該和前片的結束在同一位置（股下的橫布紋記號線應該能相互對齊）。
- 如果你覺得不假打版之助、直接立裁比較順手，也可以逐行修剪胚布並剪牙口，直到褲襠線平順貼合在人台褲襠線上，這樣就算完成褲襠線的立裁。處理經典剪裁時，要牢記後襠的深度會是前襠深的兩倍略少一點。

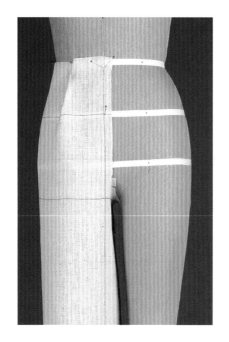

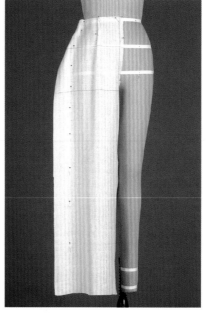

Step 4

- 用蓋別法固定股下線。如果你使用的是雙腳人台，要將布片往內折入後固定恐怕有難度，不妨暫且將前片疊在後片上固定即可。假如你使用的是單腳人台，請直接在人台上將前、後片固定妥當。

Step 5

- 將前、後片脅邊背對背固定在一起，接著對照原作照片，檢查輪廓。然後檢查胚布脅邊是否沿著人台脅邊筆直落下。
- 察看褲子的飽滿度。這件褲子的剪裁非常挺直、稜角分明，褲口的反折剛好落在鞋面上。
- 為了協助決定褲口的反折尺寸，不妨從

你的褲子當中選出幾件仔細研究，讓自己熟悉相較於 45.5 公分（18 英寸）寬的褲口，61 公分（24 英寸）寬的褲口看起來會是什麼模樣。目前這一件的褲口大約是 50～60 公分（20～24 英寸）寬。

- 用絲針固定脅邊，調整股下線，直到它達到平衡為止。

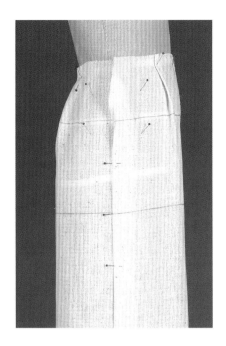
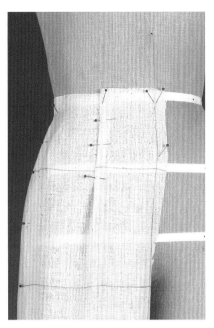

Step 6

- 當你感覺已達成原作照片的外觀後，將脅邊線改為蓋別法固定。

Step 7

- 修正完褲管的寬度後，找出單腳的前中心線，並檢查前活褶的傾斜角度。若有必要，請加以修正；它應該略微向外傾斜，與褲子前中心的摺痕互相協調。

- 在此，活褶得從腰部向下縫 7.5 ～ 10 公分（3 ～ 4 英寸），所以請用絲針向下固定到止縫點。

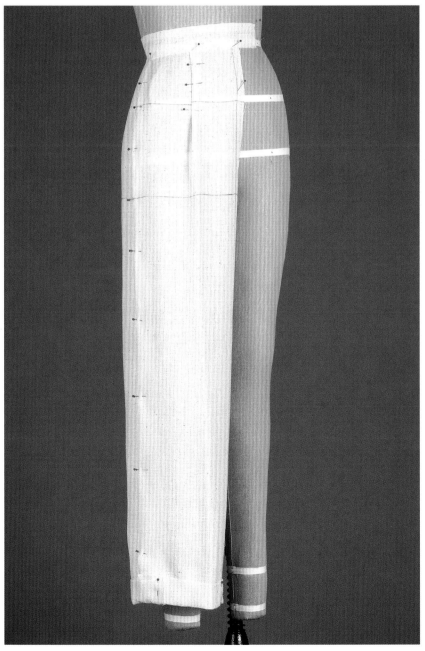

Step 8

- 決定腰帶寬度，並緊貼著腰部環繞一圈，方便標示腰圍線。這是一九四○年代的褲裝，因此是高腰褲款。

- 將褲口向上反折後固定。

公主娜娜的農夫褲

這件公主娜娜（Nanette Lepore）二〇一一年的春夏系列作品，是
褲腳帶點喇叭狀的農夫褲（cropped trousers）。

照片中的褲子布料看起來是天絲棉（Tencel）或絲
綢、柔軟的斜紋棉布，因為它帶有一種和緩的流動感。
腰部的鬆份被隱藏在蓋式口袋線底下的數個小褶子給分
攤掉了。褲腰處大略合身即可，因為它會落在腹圍線，
也就是腰圍線下7.5公分（2～3英寸）左右的位置。

這套服裝的態度是輕鬆的度假服裝——輕便隨興、
愉快有趣、別致時髦。這件褲裝應該具備現代流行的合
身臀圍及相當苗條的大腿剪裁，褲腳則微微張開，帶點
喇叭狀。

操作這種款式的立裁必須選用絲麻混紡布。這種布
料的垂墜表現會比標準胚布更為柔軟，因而能呈現出更
加貼近原作照片褲裝的外觀。此外，這種布料的織目較
粗，較容易看清布紋走向，這個特點在立裁褲裝時很有
幫助。

如果你使用「長褲簡易打版」（第171～173頁），
前襠深大約會比後襠深短2.5～5公分（1～2英寸），跟
牛仔褲的剪裁類似。計算臀圍尺寸時，應以非常貼合人
台的狀態來思考。就這件練習課題而言，我們只會用一
道褶子來消化腰部的鬆份。

> **修身款式**
>
> 常見於牛仔褲或修身褲裝，加長後襠且縮短前襠，以便讓大
> 腿後側部位更貼合身形。

胚布用量準備

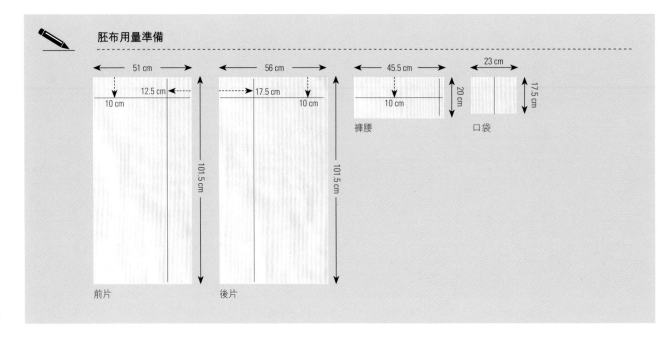

前片　51 cm　12.5 cm　10 cm　101.5 cm

後片　56 cm　17.5 cm　10 cm　101.5 cm

褲腰　45.5 cm　10 cm　20 cm

口袋　23 cm　17.5 cm

Step 1

- 取前片，緊貼臀圍線固定在人台上，保持直布紋記號線成垂直。

- 抓出一道前腰褶，盡可能讓褶子愈小愈好，只要足夠消除腰部一點點的多餘鬆份即可。

- 標示前襠線。

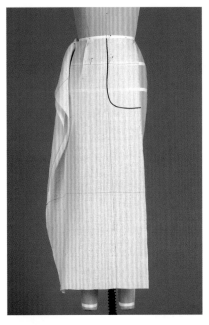
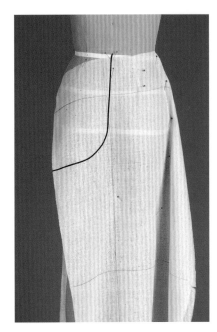

Step 2

- 將後片放上人台，保持臀部下方的直布紋記號線成垂直。接著，任由上臀部胚布的後中心直布紋記號線倒向人台後中心線的左側，推平布料，讓布料貼合腹圍。這道後中心直布紋記號線的傾斜能促成後臀部位更加合身。此外，由於後中心線突然轉成略帶斜紋走向的狀態，這也會帶來某種程度的伸縮彈性，讓裁片能貼合身體。

- 在腰圍抓出一道後腰褶，讓後片上緣能貼合人台。

- 用絲針固定大腿部位的布料。

Step 3

- 在前、後片剪出褲襠線；請注意，當你沿著褲襠線剪牙口，牙口的深度會超過原本的標示線。由於褲裝的這個部位相當合身且需要緊靠著人台進行立裁，這麼做是可被接受的。當你將周遭布料往股下移動整理時，請保持大腿後側呈細長狀。

- 將股下部位固定在人台上。同樣的，因為這是合身褲裝，股下往往會略微偏向前方。此時將它朝前方拉大約 2.5 公分（1 英寸），應該就能讓布料與大腿後側緊密貼合。

- 確保膝線的橫布紋能在股下相接。如果你使用的是單腳人台，很容易就能做到；假如你選用的是雙腳人台，就會比較困難。所以只要將布料盡可能平順地固定在人台股下即可。

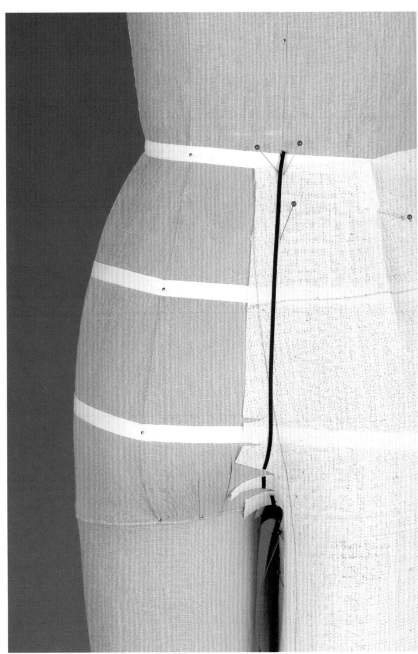

讓大腿後側合身

若想塑造大腿部位的形狀，可以將一些布料拉進股下線。。

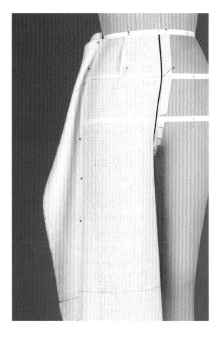

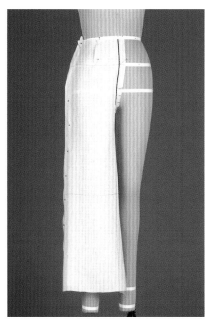

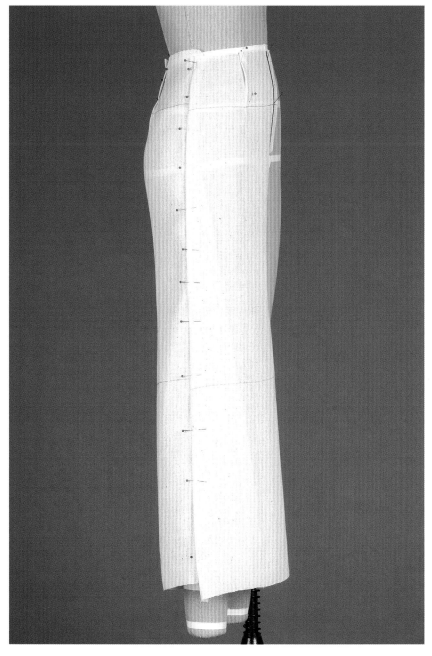

Step 4

■ 參照原作照片，將前、後片的脇邊相對抓別針固定妥當。當別針作業進行到膝蓋附近時，記得讓褲管開始略微展開。

Step 5

■ 修去臀部的多餘胚布，並繼續往下固定到褲口。

■ 同時也固定股下線，設法讓左右兩側的喇叭狀協調均衡，並保持布紋線在前、後褲管正中央筆直落下。

Step 6

■ 改用蓋別法固定脇邊線，接著檢查輪廓。

■ 如果你使用的是單腳人台，不妨也改用蓋別法固定股下線。但若你選用的是雙腳人台，只要將前片覆蓋在後片上別妥即可。

喇叭褲管

處理喇叭褲管時，股下（褲管內側）與脇邊（褲管外側）的張開份量應盡量均等。

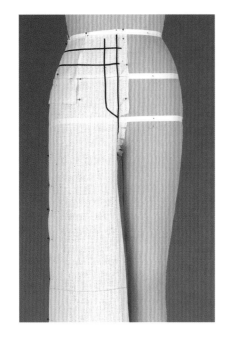

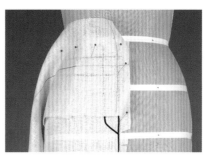

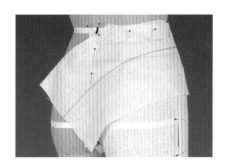

Step 7

- 接下來處理褲腰。首先,用標示帶標示褲腰的頂端與下緣位置。
- 將口袋的布片邊緣往內折入,創造出一塊長方形,完成口袋袋蓋的立裁。
- 標示拉鍊門襟裝飾線(J字縫)的位置。
- 檢查這三項細節的比例是否恰當。

Step 8

- 將從前中心線開始立裁褲腰。請將橫布紋記號線置中放在上、下標示線之間,並且讓直布紋記號線平行於前中心線。

Step 9

- 緊緊地拉著褲腰布片沿著褲腰纏裹,直到後中心線為止。允許布紋向下垂落,使褲腰的後中心線略帶斜紋走向。這會讓褲腰片緊貼著腹圍。

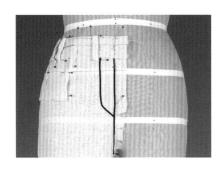

Step 10

- 修去褲腰上、下的多餘胚布,沿著標示線將縫份往內折入。你可以移除標示帶,以便更易於看清實際的線條。
- 運用零頭碎布製作褲耳,並決定褲耳的比例與安放位置。
- 安排這些細節時,請留意就算只是多或少 0.5 公分(¼ 英寸),都會讓這件褲裝的外觀產生極大的變化。4 公分(1½ 英寸)寬的褲腰和 3 公分(1¼ 英寸)寬的褲腰會使整體外觀截然不同。

Step 11

- 將褲口向上反折固定。

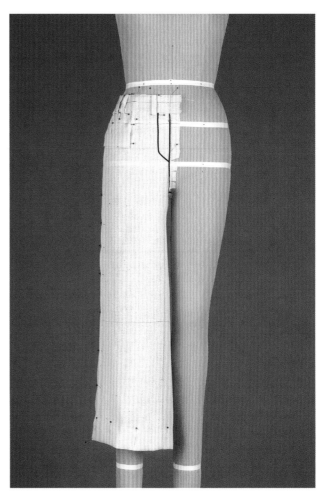

做記號與描實

修正記號線

用紅筆標示修正過的記號線。倘若有更進一步的修正，則使用藍筆。這麼一來就很容易記得鉛筆線是原本的標示記號線，而兩種色筆則是後續的修正線。

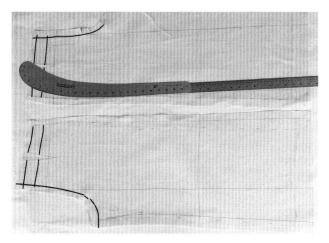

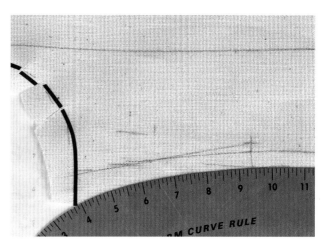

Step 1

- 描實褲子時，非常重要的是，股下線和脇邊線這兩種長縫合線的線條必須非常平順。細長的金屬製大彎尺是最適合的工具。此處可將它和金屬製長直尺併用，畫出從臀部到下襬的長線條。

- 仔細觀察兩條脇邊線的曲線輪廓。前片似乎比後片寬上一截。雖說褲子後片比前片略小不無可能，但這裡應該是立裁操作有些失衡所致。因此，將前片褲管的喇叭狀展開減掉一些，轉而將它增添在後片褲管上，讓兩者平均分配，會是明智的處置。

Step 2

- 股下線通常會從褲襠線變平坦的那個點開始，以凹曲線朝膝部斜向移動。

- 在此你可以看見鉛筆記號線相當零亂飄忽。先畫一條紅色直線指向正確方向，接著再用藍線進一步修正，讓紅線變得和緩。

- 從後褲腰下緣的標示帶著手描實這件褲子的腰圍線，並將那些小前褶與袋蓋位置對齊。

- 你的褲子有達到與原作照片相同的外觀嗎?整體來說,它喚起什麼樣的態度?褲子的上半部看起來既合身又漂亮嗎?褲管的喇叭狀展開程度足以讓這件褲子看起來既俏皮又時髦嗎?

- 仔細觀察褲子的臀部。股下是不是正拉扯前襠或後襠,而產生「微笑」般的牽吊縐紋呢?如果你的前襠線或後襠線太短,就會發生這種狀況。要解決這個問題,你得在褲襠線開始變平坦的位置追加長度,這代表也必須在股下頂端將褲管放寬一些。

- 假如後襠剪得太深,後襠線的凹度可能會不夠。從後片頂端下方 10 公分(4 英寸)左右開始,多切掉一點點,接著觀察整體的變化。只要從後襠線多挖掉 0.5 公分(¼ 英寸),就會改變褲子的合身度。

- 如果褲子上半部的中間無論從正面或背面看來有下垂的狀況,可先試著從前褲腰往上提,接著再試試後褲腰,觀察這麼做會使褲子的傾斜度和外觀產生什麼改變。

- 其實,我們無從確定褲管究竟夠不夠飽滿。原作褲子所使用的布料比我們選用的絲麻混紡布具備更輕盈的垂墜性。不過,這裡有部分的飽滿度表現在後背,那是我們看不見的,而且原作照片的褲子帶有某種流動感。

- 假如你想要追加或減少褲管寬度,除非有平衡方面的問題,否則千萬記得要平均一致地施行在股下線和脅邊線上。

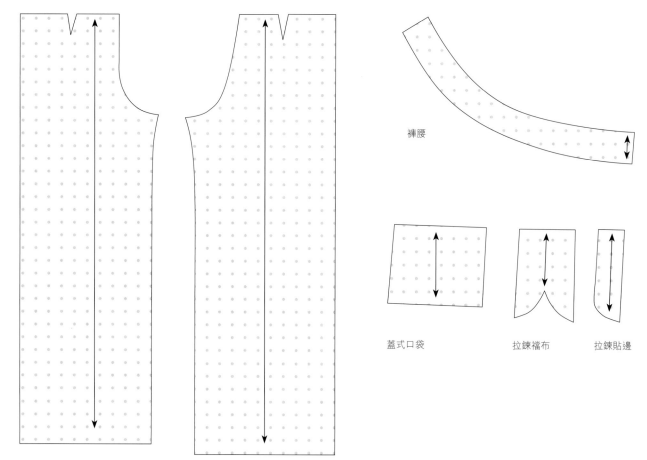

褲腰

蓋式口袋　　　拉鍊襠布　　　拉鍊貼邊

　前片　　　　　　　　　　後片

2.4
Knits
針織服裝

紡織界的閃耀新星

針織之美，在於其伸縮能力。針織物的交織紗線組成完全不同於梭織物的結構。針織物固有的伸展性能創造出平順貼身的服裝，若任它自由垂落，則成為帶有獨特流動性的衣物。

史上最早的針織物出自埃及人之手，雖說他們的針織風格其實比較接近魚網的織法，而不是我們今日所熟知的針織物。這種以珠串裝飾的魚網結構女裝穿起來像是亞麻製的類緊身連衣裙，會創造出凹凸有致的輪廓。

運用兩根棒針編織、製造布料的技術最早可能出現於公元一○○○年前後。在這之前，類似結構織品的製造，使用的是單針。相關的證據散見於中世紀繪畫與倖存的十六、七世紀服裝，包括短外套、無邊帽和手套。

針織的機械化始於威廉・李牧師（Reverend William Lee）在一五八九年發明了手搖織襪機。後繼機型的改良全都是以這台機器為基礎，直到十九世紀中期的工業革命方休。彼時，紡織業的角色舉足輕重。

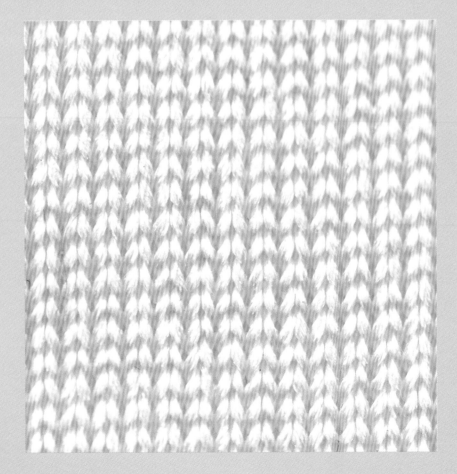

針織布是由一根紗線構成環環相扣的針圈所創造出來的布料，其結構賦予它可往任何方向伸縮的特性。

次頁
左：照片中的可可・香奈兒正要上車。這位解放、活躍的現代女性楷模身上穿的正是成套的針織服裝。針織裙提供了行動自由，象徵女性向前邁進。

右：彩繪裝飾的針織服裝（如這件彈力連身緊身衣），就像是表演者的第二層皮膚，提供太陽劇團（Cirque du Soleil）的雜技演員和空中飛人充分的行動自由。

第一位讓針織服裝真正普及、成為女性日常衣著的設計師，是革命性時尚偶像可可·香奈兒。香奈兒在職業生涯早期就時常向其生活周遭的男人借來服裝，用它們展開設計工作。據說她實驗的第一批服裝當中，有一件是某個年輕馬夫隨手脫下的馬球衫（polo shirt）。她將它裁開，改製成適合自己穿的尺寸。

二次大戰後布料短缺極為嚴重，香奈兒獨具的匠心對她的事業大有幫助。她精心製作針織服裝，讓原本多用於內衣褲的針織物化身為摩登舒適的上衣、裙裝和短外套，這些服裝往往帶有鮮豔的條紋和印花。

在二十世紀下半葉，紗線和針織技術的進步，讓我們從那些老舊的馬球衫推進到可運用在襪子褲襪、泳衣泳帽、塑身瘦身衣物上的最先進布料，它們甚至具有吸濕排汗和調節體溫等令人驚豔的特性。

羅紋領針織棉上衣
Cotton knit top with ribbed neckline

運用針織布料（cotton knit）創造合身服裝時多會採用平面打版，而非立體剪裁。這是因為針織布料伸展時很難將它固定在人台上。如果服裝是緊身的，而且想利用針織物的伸縮特性，例如製作泳衣，最好還是採用平面打版。假如想讓針織布料柔順地服貼在身體上，或者做出許多褶襉，就適合採用立體剪裁。

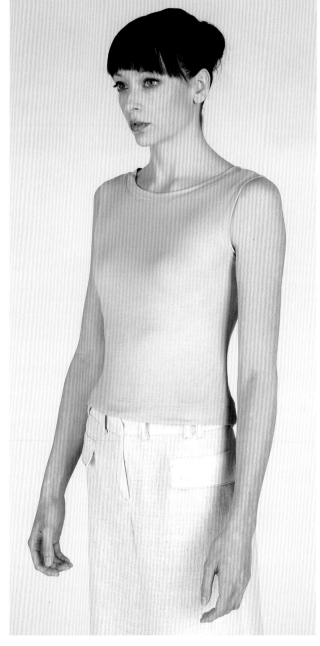

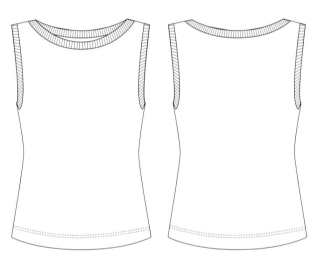

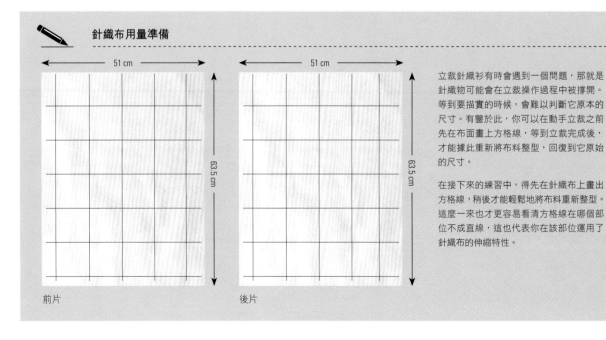

針織布用量準備

前片 51 cm

63.5 cm

後片 51 cm

63.5 cm

立裁針織衫有時會遇到一個問題，那就是針織物可能會在立裁操作過程中被撐開。等到要描實的時候，會難以判斷它原本的尺寸。有鑑於此，你可以在動手立裁之前先在布面畫上方格線，等到立裁完成後，才能據此重新將布料整型，回復到它原始的尺寸。

在接下來的練習中，得先在針織布上畫出方格線，稍後才能輕鬆地將布料重新整型。這麼一來也才更易看清方格線在哪個部位不成直線，這也代表你在該部位運用了針織布的伸縮特性。

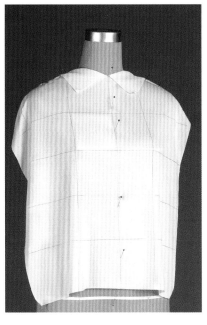

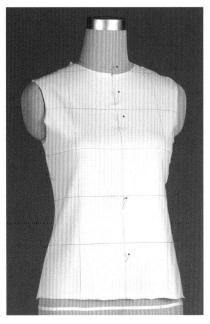

Step 1

- 將針織布的前中心線對齊人台前中心線。沿著前中心線一路向下固定，同時肩部也要加以固定。盡可能保持方格線在垂直與水平走向皆達到平衡狀態。

Step 2

- 在前頸點向外剪開前中心線，讓布片能平順地服貼於人台。

- 在胸部兩側平均地施力拉扯，以便確定要利用多少的伸縮性。目標是拉到針織布緊得不再需要原本用來分散胸部鬆份的褶子為止。

- 用絲針固定胸部及脇邊，直到前片呈現你希望的外觀。它應該平順地服貼於人台，只有極少的起皺。

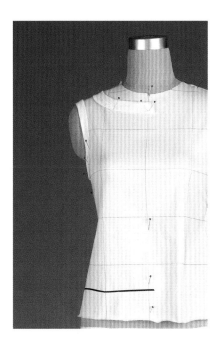

Step 3

- 重複前述步驟處理後片。

- 處理羅紋領片時，首先要定出領片寬度，並且順著羅紋的方向對折一片羅紋布。如果手邊沒有羅紋布片，可以用一小塊橫紋針織布代替。

- 從前中心線開始，將羅紋布片圍繞頸部拉往領口後方，讓布片隨著你拉動前進而微微伸展。請留心觀察，到了肩膀位置，羅紋布片的切口邊緣需要伸展到什麼程度，才能讓折雙這一邊平順地服貼於人台。

Step 4

- 按照處理領片的方法操作袖襱周圍的羅紋布片。

- 標示衣身下襱長度。

立裁針織服裝

處理針織服裝時，最好能立裁完整的前片與後片，而不要只操作服裝的半邊。這麼做有助於你在操作立裁時，能保持針織布料的穩定性。

無肩帶平口
針織上衣
Strapless Knit top

這款經典的無肩帶服裝可以用任何布料呈現，但是針織物的表現會格外出色。因為針織布會在整個上身伸展開來，產生符合身體曲線的美麗碎褶，接著只要在少許幾處將它們假縫在裡布上，讓它們保持在正確位置上即可。

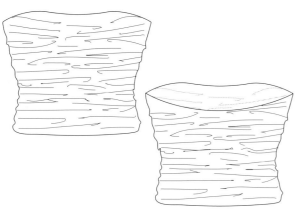

利用針織布的伸縮性

這是個充分利用針織物伸縮特性的服裝款式。當你牢牢地將針織布料拉過人台時，請觀察碎褶會如何自然地散落在適當的位置上。

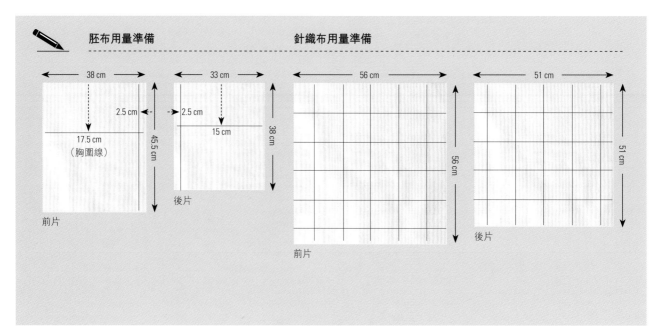

胚布用量準備

38 cm

2.5 cm

17.5 cm
（胸圍線）

45.5 cm

前片

33 cm

2.5 cm

15 cm

38 cm

後片

針織布用量準備

56 cm

56 cm

前片

51 cm

51 cm

後片

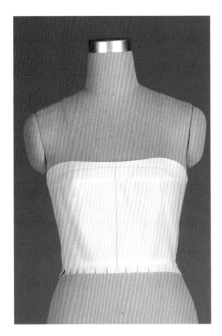

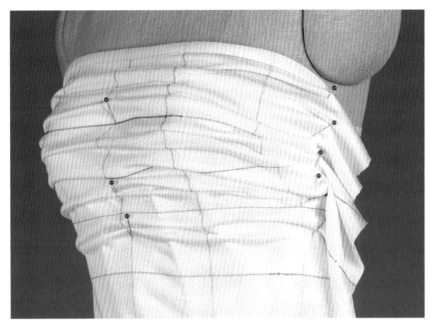

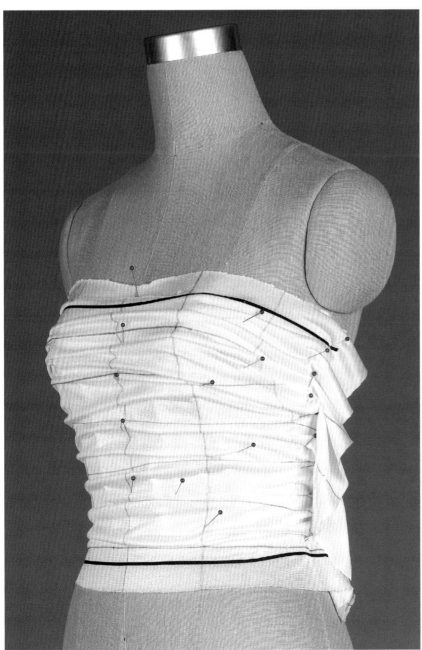

Step 1

- 取一件平織胚布女裝上身套在人台上，作為抽碎褶的基底。不妨運用第 46 ～ 47 頁介紹的方法來立裁這件女裝上身。

Step 2

- 將針織布的前中心線固定在人台前中心線上，並將針織布左側也固定在人台脅邊線上。

- 在脅邊抓出碎褶，同時將針織布片平均地拉過胸部。

Step 3

- 標示衣身頂端輪廓線與下襬。

- 將碎褶固定於適當位置上。

公主娜娜的繞頸剪裁無袖露背針織上衣

這件繞頸剪裁無袖露背針織上衣（halter-neck knit top）是公主娜娜二〇一一年的春夏系列作品，展現出一種時髦花俏、古靈精怪的態度。

　　雖然支撐這件上衣的部位並不是環繞頸部的多條布帶，但是它們確實能讓上衣頂端保持平整，因為這件輕薄的針織上衣並沒有任何下層結構支持它。所謂的繞頸式領圍，是由圈住頸子的環狀針織物建構而成。

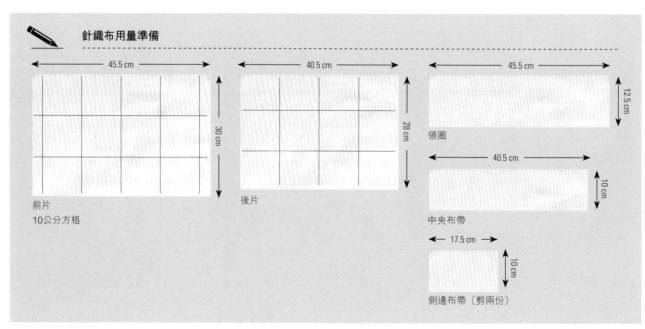

針織布用量準備

前片
10公分方格

後片

領圈

中央布帶

側邊布帶（剪兩份）

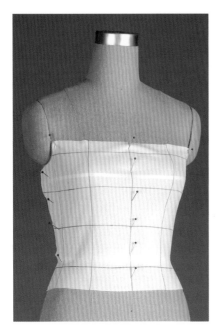

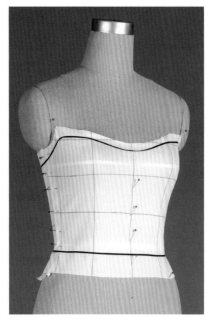

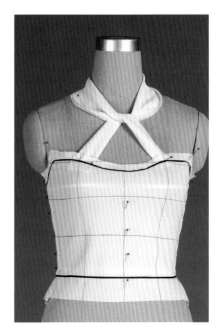

Step 1

- 取前片，將前中心線固定在人台前中心線上。

- 平均地將針織布往兩側推平。

- 輕輕拉動跨越胸部的布片，判定需要利用多少伸縮性，才能完全免除打褶或縫合，確定後固定脇邊線。

- 以相同手法處理後片。

Step 2

- 改用蓋別法固定脇邊線。

- 標示領圍線。小心維持胸圍在脇邊的高度，到了後背才讓它傾斜下滑。後背的頂端上緣至少要能蓋住胸罩背帶。審視原作照片，決定前片的頂端上緣位置。中央應比兩側略低一點。

Step 3

- 決定繞頸式領圍的垂披方式和中央布帶位置。

Step 4

- 決定側邊布帶位置。

- 重新調整領圍的垂披方式，讓它看起來接近原作照片——不會過分緊繃，也不至於太鬆垮。

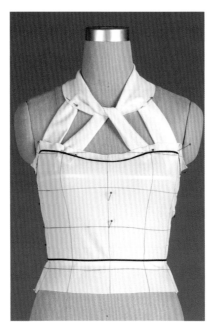

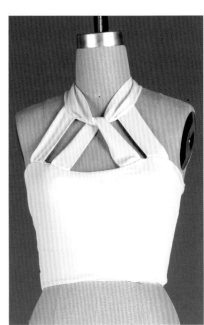

做記號與描實

Step 1

- 從人台取下針織上衣前，使用鉛筆或粉片做記號。處理針織物時，有時會覺得鉛筆或粉片做的記號不夠清晰。如果你這麼想，不妨試試簽字筆或中性筆，但要小心別讓墨水滲漏，弄髒了人台。

- 處理針織物時，得比處理梭織物時更頻繁地做對合點記號才行。

- 移除標示帶。

- 在方格紙上重新整型，讓針織物回到初始的尺寸。

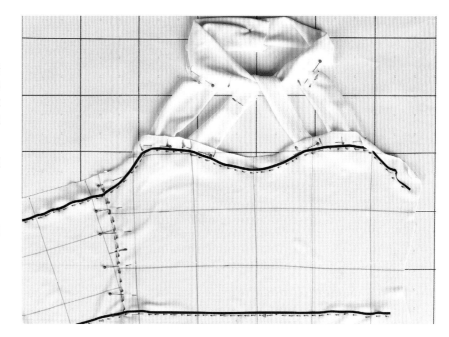

Step 2

- 依照標示記號描實曲線，並參考原作照片加以修正。

- 畫出縫份。處理針織物時，通常會留 1 公分（⅜ 英寸）縫份進行拷克。

- 用畫 V 字取代剪牙口作為對合記號。

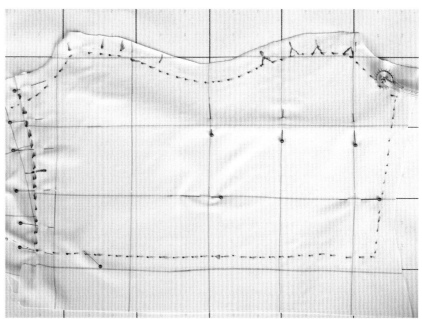

分析

- 將你立裁的針織上衣合身度與原作照片兩相比較。它是否平順地服貼在正面上半身呢？如果太緊，就會在胸下圍或腰部出現皺紋；如果太鬆，則會略微下垂。

- 你得具備一定的經驗才能恰如其分地運用針織物的伸縮性。不妨製作一件略大和一件稍小的上衣，仔細觀察兩者在合身度的表現差異，必能對此有所啟發。

- 想像這件上衣穿在你的繆思女神身上。領口是否低得足以表現出耐人尋味的嬌媚風情？這些頸帶是否以一種有趣的方式間隔交錯呢？

- 察看那些頸帶時，請留意負形空間。與其觀看頸帶本身，不如注意它們之間的空間，進而與原作照片頸帶的負形空間相比較。此舉有助於你判斷是否加以正確妥善地安排它們。

分析成套的裝扮

這件上衣和章節2.3「長褲」中練習立裁的農夫褲（見第176頁）是成套的。

- 處理成套服裝時，最大的挑戰是協調整體外觀和不同部位的服裝尺寸。假如上衣太過合身、太小件，或是褲子的尺碼過大，整個比例看起來就會不對勁。當你立裁好兩件要一起穿搭的衣服後，很重要的是，檢視時要將它們同時穿在人台上，以便確認它們看起來是屬於彼此的。在此，立裁成果的尺碼接近原作照片的尺寸。

- 細節十分重要。繞頸布帶必須和褲裝的細節（如腰帶與口袋袋蓋）相呼應。它們不需要是相同大小，但如果它們的份量屬於同一等級，就能相互貫連。要注意那些特別突出的細節，那可能代表它們在成套裝扮中比例失當。

- 在此，諸如壓線縫等細節也很重要。記住，無論選擇細緻或大膽的飾縫，都得符合服裝的調性。

- 寬版腰帶的褲耳創造出一種虛線效果，呼應了領口的頸帶布條。雖然兩者的間隔大小是不一樣的，但它們卻將這兩件服裝連繫在一起，吸引目光平順地掃視一整套裝扮。

- 其實，從原作照片有點難以分辨褲襠深的終點（也就是模特兒的大腿根部）在哪裡，而且這件褲子的腿部比例似乎也比較長一點。這可能是因為模特兒非常高挑的身材比例，讓褲子的腿部看起來更加修長。此外，儘管在人台上服裝是靜止的，而且褲腳的波浪狀有部分隱藏在你看不見的地方，但是行進中的褲子確實會帶動褲口的波浪狀前行。想像褲子的動態模樣，以便判斷你是否做出了正確的波浪份量。

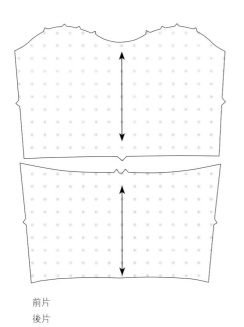

前片
後片

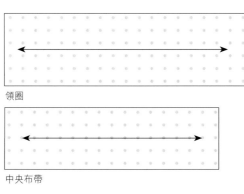

領圈

中央布帶

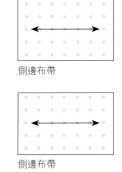

側邊布帶

側邊布帶

蝙蝠袖上衣
Top with batwing sleeves

　　這件針織女衫只在袖子抬舉、放下之處利用了針織物的伸縮特性。它使用的本布是嫘縈（rayon），這種布料具有優異的垂墜度，呈現裙腰片的份量感時效果絕佳。「蝙蝠袖」（batwing sleeve）一詞指的是袖子和上身連成一氣的袖型。

　　處理這件服裝時，不需要在裙腰片上畫格線，因為你不會在那個部位利用針織物的伸縮性。

垂披針織布的特色

這款服裝充分展現出垂披針織物之美。針織物通常具有良好的垂墜特性，能展現均勻的飄拂。研究不同重量與纖維種類的各種針織物，掌握它們所創造的不同外觀，會是個很好的練習。

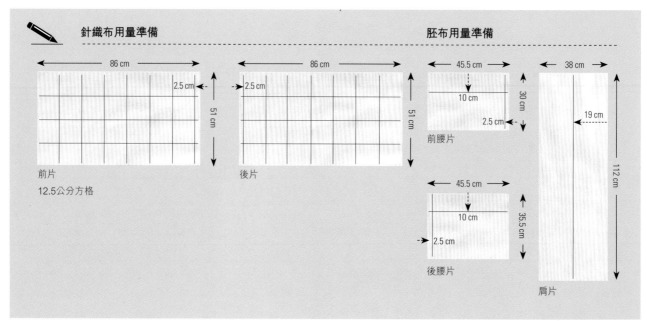

針織布用量準備　　　　　　　　　　　　　　　　　　　　　　　**胚布用量準備**

86 cm　　2.5 cm　51 cm
前片
12.5公分方格

86 cm　　2.5 cm　51 cm
後片

45.5 cm　10 cm　2.5 cm　30 cm
前腰片

45.5 cm　10 cm　2.5 cm　35.5 cm
後腰片

38 cm　19 cm　112 cm
肩片

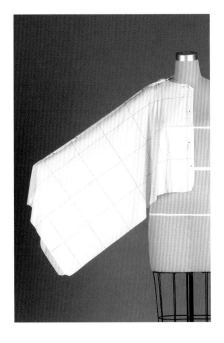

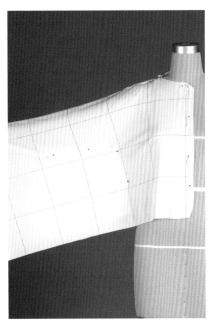

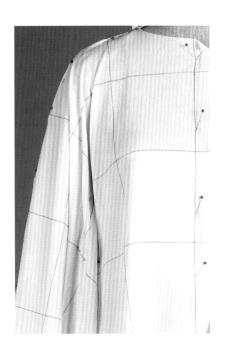

Step 1

- 取前片,沿著前中心線一路向下固定,必要時修剪領口並剪牙口。

- 在胸圍線與肩線的交接點以絲針固定。

- 取一段斜紋織帶綁在手腕上。把填充手臂調整到你認為最適當的高度。

Step 2

- 決定蝙蝠袖的深度。測試這個手臂抬舉的高度是否需要加以修正,方法是:在手臂抬高時垂披布片,接著放下手臂,檢查腋下的布料份量。用絲針固定脇邊線與袖下線。

Step 3

- 在手臂抬舉到這麼高的狀態下所垂披而成的袖子,腋下會積累相當的布料。

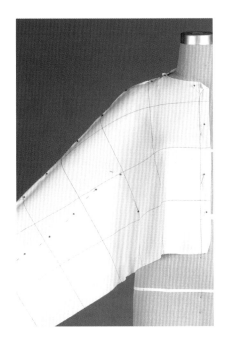

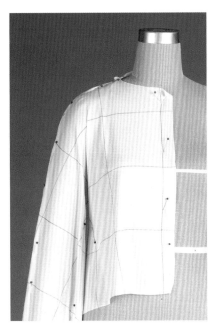

Step 4

- 嘗試在手臂抬舉角度較低時,測試垂披有無問題需要修正。

- 如果把手臂抬舉角度定得如此低,袖子就無法往上抬,穿起來一定不舒適。

Step 5

- 努力找到能帶來舒適穿著感受的某個折衷高度。

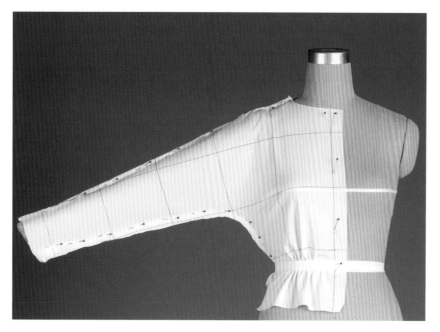

Step 6

- 將填充手臂調整到合適高度，並將前、後片抓別，用抓合法固定肩膀部位。修剪多餘布片，留下大約 2.5 公分（1 英寸）的縫份。

- 用抓合法固定袖下曲線。修去多餘布料，留下約 2.5 公分（1 英寸）的縫份。

- 取一段寬版鬆緊帶繫在腰間，檢查衣服輪廓是否平衡。

Step 7

- 將寬版鬆緊帶固定在腰圍線上。

- 將前腰片放在人台上。從前中心線開始，讓胚布頂端上緣大約 7 公分（2～3 英寸）寬的布片停在腰圍線上方。比照之前處理圓裙的手法（見第 101 頁）修剪布料及剪牙口，以便創造波浪狀下襬。在此，當你設法創造更飽滿的外觀時，也要記得聚攏布料、抓出碎褶。

- 以相同手法處理後腰片。

- 連接前、後裙腰片的脇邊線。

定出袖子角度

蝙蝠袖的角度決定了這件女衫腋下部位的垂披樣貌。你有無限多種形狀可以選擇，而且沒有絕對的對錯可言。一切取決於你想要的外觀和你所需要的手臂抬舉角度。

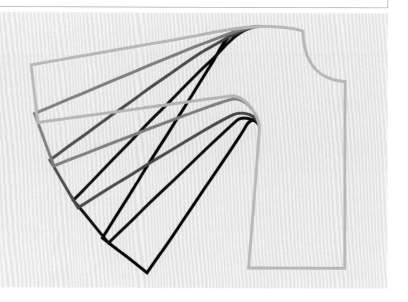

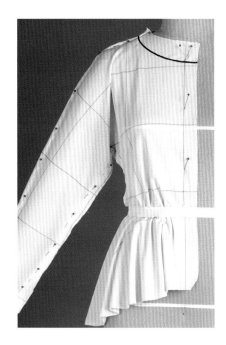

Step 8

- 按照原作照片的線條（由前朝後向下傾斜）修剪裙腰片下襬。

- 將裙腰片的腰部邊緣往內折入，並調整寬版鬆緊帶的位置，將它移到裙腰片的外側。

Step 9

- 垂披肩片：將肩片塞進鬆緊帶下方，並且檢視它在腰際創造的形狀。它應該略略蓋住鬆緊帶，但是垂落腰圍底下的份量不能過多。

- 一邊從稍遠處看著鏡中影像，一邊練習垂披這塊布片，直到你完成滿意的外觀為止。

運用鏡子協助進行立裁

別忘了鏡子是你的祕密武器！設計師往往會近距離審視自己的作品，可是眾人通常不這麼欣賞服裝的——多是在更遠的距離來觀看。就算是和朋友談天，彼此間的距離通常也會有1.5～2公尺（5～6英尺）遠。為立裁作品進行最後調整時，應該要將這個觀點列入考慮。所以記得在身邊放一面鏡子，不時抬頭瞧一眼，用對你最有幫助的視角來檢視整體作品。

3

進階立裁

透過以下進階版立裁練習，你識別服裝形狀與形式細微之處的眼光會變得更加敏銳。你的注意力要放在對立裁作品保持全方位的認識上，這一點對於分辨某個輪廓何時開始展現新意極為重要。

你將學習如何詳細規畫一件服裝的能量流向，並運用布紋配置撐起它想表達的情緒。

你將會練習施展服裝設計師的具體想像技能。在立裁巨大的外形輪廓（例如禮服）或處理支撐物（諸如肩墊、塑身衣和襯裙）時，具體想像技能是維持靈感精髓的關鍵。

透過運用更加複雜的縫合與塑形，你會持續鍛鍊雙手雕琢造型的技能，學習到了解「強調」和「焦點」的力量，以及些微的差異如何讓一件服裝的氛圍與基調產生變化。

你一旦有能力注意這些抽象事物，代表著創造屬於你的招牌造型這個終極目標開始浮現。此時，溝通的標的不再只是一件服裝，而是一種觀念。

3.1

Coats and Jackets
大衣&外套

服飾的經典姿態

簡單的方形梭織布片所隱含的均衡垂披特性，很容易
顯現在諸如長袍（cloaks）、斗篷（capes）和披風
（mantles）等外衣上。

能展現這種基本形式優雅之處的一項經典範例，就是皇室袍服。縱觀歷史，國王與王后的服裝往往會被畫家描繪成後方披著壯觀長度的布料。愈是富有的家族，能負擔的布料用量也愈多，布料表面的裝飾也會益發複雜精美。

由於這些袍服必須足夠寬大，能覆蓋其他服裝，所以包括

毛料、亞麻及晚近出現的厚天鵝絨等較厚重的布料，往往會在簡單地塑形、披覆在肩膀上，或在肩部縫合時，展現出最棒的姿態。

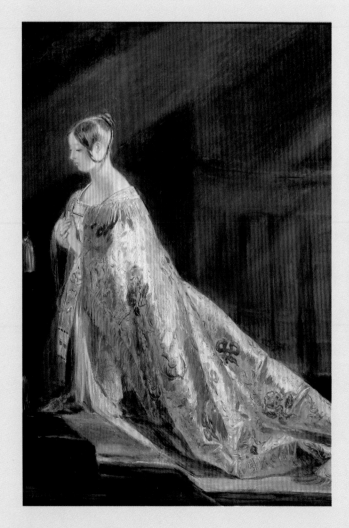

左：在這幅由英國畫家查爾斯·羅伯特·雷斯利（Charles Robert Leslie）所繪製的十九世紀肖像畫中，維多利亞女王穿著一件金色的長披風。

上：這是敘利亞貝都因人所穿的羊毛回教長裇（aba）。這件簡單的外衣採用梭織布片，縫合肩膀部位而成。

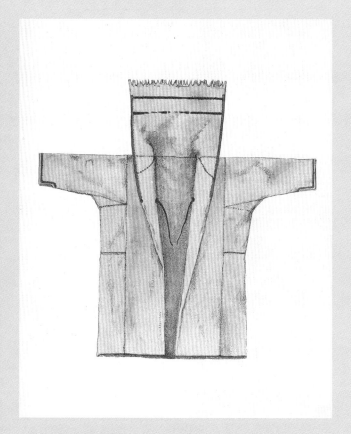

早在文藝復興時期之前，被認為是大衣與外套原型的服裝就開始逐漸發展變化。第一件有袖接縫外套是古波斯人打造出來的。由於長久以來，披風與斗篷一直是婦女罩覆寬大服裝很實用的選擇，因此直到十九世紀中葉，大衣與外套才成為女性時髦的日常服裝。

今日的許多大衣與外套其實是現代改良版，其剪裁的結構樣式歷經了長時間的持久發展。原版的風衣（trench coat）、水兵厚呢外套（peacoat）、短夾克（Spencer jacket）和燕尾服（tailcoat）不過是這些經典大衣款式的部分例子。

創作一件具有古老血統的大衣時，要留意可能會形成的印象與關聯。舉例來說，一件女用外套若具備合身的上身與袖子，袖山還抽了碎褶，可能會給人一種維多利亞時期的印象，進而賦予這件衣服那個時代的姿勢、態度或觀感。

另外一個例子是永恆的經典服裝──風衣。儘管有數不清的版本問世，但許多風衣總是具備了某些優良標誌。高高聳立的領腰固然能擋雨，但同時也賦予風衣一種神祕的時髦感。擋風片、深口袋和肩章無不使人想起亨佛萊·鮑嘉（Humphrey Bogart）和他那鎮定自若的酷勁。

領子和肩膀往往是外套與大衣的表現重點。從端莊的蕾絲到毛皮領，再到十七世紀的巨大輪狀皺領（ruffs），領子都能勾勒出臉型。自從工人穿的佛若克大衣（frock coat）在一七三〇年代被借用、轉化為時髦的裝束以後，就算領片比例會隨著時尚潮流而不斷變化，這種由上、下領片接縫構成的翻領（notched collar）從此成為一種永不過時的樣式。

了解肩膀

以肩膀為服裝設計之重點，可回溯至古希臘人的衣著。他們穿的佩普洛斯長衫與奇通衣都是在肩膀扣合。在軍中，肩膀向來是標示軍職等級的地方——肩章會佩戴於此，綬帶與勳獎章也垂繫於此。而大衣和披風往往會將裝飾品放在肩膀上。

由於強健有力的肩膀總是能予人威嚴穩重，甚至是大權在握的感受，不同種類的襯墊因而日漸獲得採用，以便賦予肩部更多的力量和份量感。在美國八〇年代熱門電視影集《朝代》（Dynasty）的推波助瀾下，附有碩大肩墊、人稱「強勢套裝」（power suits）的女性套裝因而廣為流行。

無論如何，考慮肩型的曲線是很重要的事，因為這是前、後片取得平衡的地方。倘若肩線失去平衡，衣服的前片或後片就會突出，迫使布料的垂披朝向前中心或後中心偏移。

既然許多服裝是由肩膀撐起整件衣服，了解肩膀的結構就變得很重要。肩膀兩側外緣的形狀渾圓，而肩線是從頸子朝兩側斜下。在簡單的服裝結構畫中，這道肩縫合線往往會被畫成直線。

研究不同肩型處理法的服裝外形輪廓，留意合身的肩線會為服裝帶來什麼樣的效果。

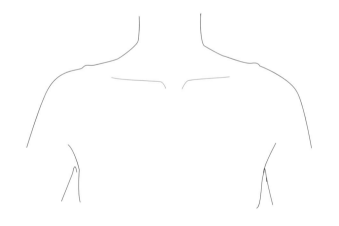

就許多種類的服裝來說，彎曲的肩膀弧度不僅能保持服裝的整體平衡，還能撐起服裝的重量。

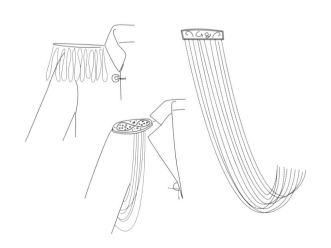

肩膀的裝飾能帶來一股威嚴感。

和服袖

傳統日本和服（kimono）是完全無結構的軟肩設計實例。其構型純粹是幾何的，組成衣身的梭織布片仍舊保持原有的均衡純淨。

和服袖本身的構造會使布料毫無支撐地沿著自然肩型垂落，因而在腋下部位造成許多折疊與垂褶。

由於前、後身片的完美平衡，使這件和服看起來典雅大方又輕鬆自在。

肩墊

這款服裝的肩線是非常結構性的剪裁，恰好與前述和服成對比。在訂製肩墊的協助下，布料緊貼著肩膀塑造成形，並且消除了腋下部位的所有多餘布料。這裡看不見柔軟的折疊，其線條是整齊俐落的。這件衣服的正面平順地服貼穿衣者的身形。

此處的碩大肩墊在一九四〇年代相當普遍，它顯然是這件衣服的視覺焦點。其肩線的高度與斜度為洛琳‧白考兒（Lauren Bacall）打造出一種強勢、性感的印象。她是那個時代最摩登的女人，兼具了美麗與力量。

香奈兒風外套
Chanel-style jacket

知名的時尚革新者可可·香奈兒，讓合身的女性訂製外套變得普及。她將當時的時髦外套化為一件永不過時的經典之作，後來還成了她的招牌造型。

原始的香奈兒外套是短版、無領，外形四四方方的。三片式結構是這件合身外套的其中一項主要特點。

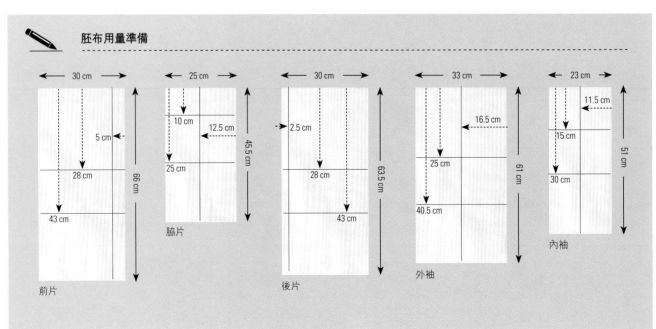

✏️ **胚布用量準備**

30 cm	5 cm ←
28 cm	
43 cm	66 cm

前片

25 cm	10 cm / 12.5 cm
25 cm	45.5 cm

脇片

30 cm	2.5 cm
28 cm	63.5 cm
43 cm	

後片

33 cm	16.5 cm
25 cm	61 cm
40.5 cm	

外袖

23 cm	11.5 cm ←
15 cm	51 cm
30 cm	

內袖

自一九八六年開始，香奈兒的服裝設計由卡爾・拉格斐（Karl　Lagerfeld）掌舵。由他操刀的許多外套仍舊反映出經典的香奈兒風格——方正的形狀、短版衣身，還有三片式結構。反映出這種風格的其他元素還包括了蓋式口袋、滾邊和加工手感，以及那串標誌性的珍珠項鍊。

由於外套的預設穿法是覆蓋在其他衣物上，因此必須留有足夠的鬆份，穿起來才會舒適，這代表著操作外套立裁時不能貼著人台作業。因此，雕塑整體形狀和保持對輪廓線條的敏感度都會變得更具挑戰性，也更加重要。

經典的三片式外套包括一片脇片，它淘汰了脇邊縫合線，坐落在前、後公主線之間。兩片袖（two-piece sleeves）略朝前傾，以符合手臂的自然懸垂姿態；在手臂內側較為合身，在手肘部位則保留較多空間，以方便活動。

要使前片、脇片與後片達到平衡，有賴你從各個不同角度、全方位掌握整體的形狀，這件作品也才能從每個角度看起來都很賞心悅目。

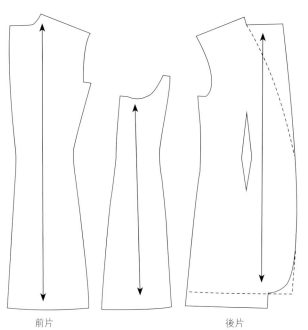

前片　　　　　　　　　　後片

肩墊

準備立裁人台時，首先得決定要使用哪種肩墊。在創造肩線高度時，不一定需要肩墊，但肩墊能幫忙支撐形狀。高級外套運用的毛料通常針目較鬆；因為會有那麼多的外套重量從肩膀往下垂落，而肩墊能幫忙撐住布料，在你嘗試操作立裁時，讓布料保持特定形狀，不至於伸展走形。

不貼著人台進行立裁

注意不要垂披得太貼身。你得要讓布料與人台保持點距離來進行垂披，才能讓外套不至於太過合身。對於立裁新手而言，順著人台曲線操作是難以抗拒的誘惑，但現在該是打破習慣的時候了。設法讓自己適應不依靠人台，直接在立體空間中進行別針作業，為胚布塑形。

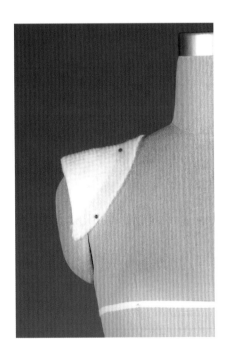

Step 1

- 剛開始立裁時，先不要安裝填充手臂。沒有手臂阻擋視線，能更容易看清三塊布片間的平衡狀態。

- 將肩墊放上人台，用絲針牢牢固定前下角、後下角與肩線中央三個點。確保絲針切實扎入人台內，以免垂披胚布時產生干擾。

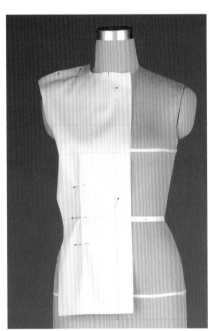

Step 2

- 取前片，將胚布的直布紋記號線對齊人台前中心線。修剪領圍線，剪牙口，直到胚布平順地服貼於人台上。

- 微微固定胸部與肩膀的胚布，在袖襱部位保留些許鬆份，留意絲針千萬不要別得太緊。

- 抓出你想要的份量後，固定脇邊。由於這第一塊布片會跨過公主線朝脇邊延伸，你得在公主線位置上打個褶，才能抓出腰部曲線。

- 抓出一道淺淺的垂直褶子，標準大約是腰部褶深 1.5 公分（½ 英寸）。

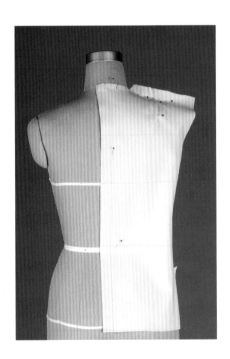

Step 3

- 取後片，將胚布的直布紋記號線對齊人台後中心線。

- 沿著後肩線落針固定，在肩膀與袖襱部位保留些許鬆份，保持橫布紋記號線成水平。

- 在肩胛骨上方的肩線抓出一道很短的褶子，並沿著肩縫合線多抓出一些額外的鬆份。肩膀部位若能妥善垂披，使橫布紋記號線盡可能成水平且肩縫合線能有些許鬆份，後片就會有較好的垂墜表現。

- 視布料對這個塑形的反應而定，說不定鬆份和肩褶稍後會被取消。因為許多不同重量的羊毛可以利用蒸氣熨燙塑型，在肩胛骨部位創造出空間來。

袖襱鬆份

當你在身片留出所需的鬆份後，自然就會導致袖襱部位出現些許鬆份。不要將脇片的頂端別得太貼太緊，記得在前片與後片多留大約2.5公分（1英寸）。

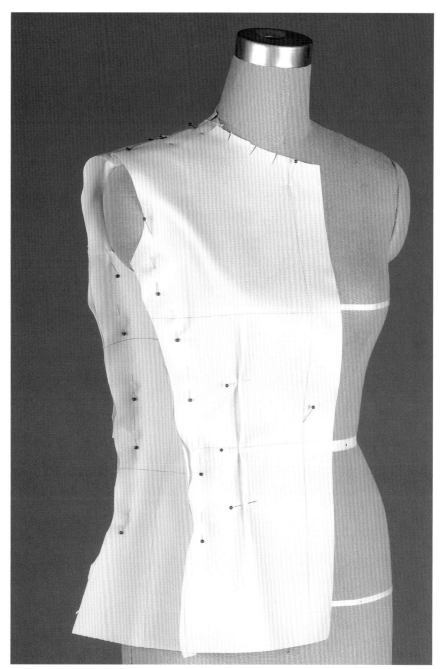

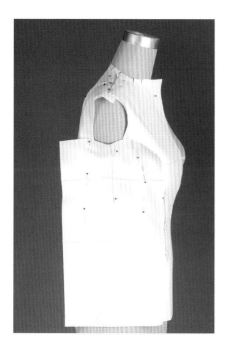

Step 4

- 取脇片，將直布紋記號線對齊人台脇邊線。

- 首先，將脇片疊在前片與後片的上方，試著感受你希望留有多少鬆份。

- 決定好鬆份後，用絲針一路向下固定。

Step 5

- 保持橫布紋記號線成水平，用抓合法將前片與脇片、後片與脇片，兩兩抓別，將三塊裁片接合在一起。

- 修去多餘胚布，只留下大約 2.5 公分（1英寸）的縫份。

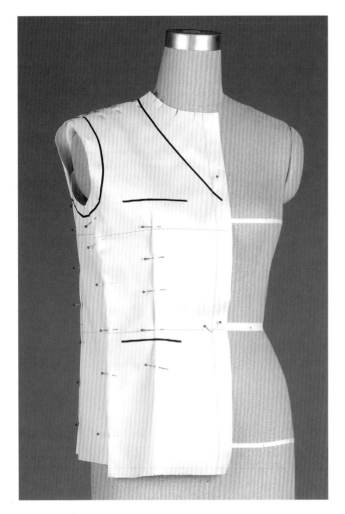

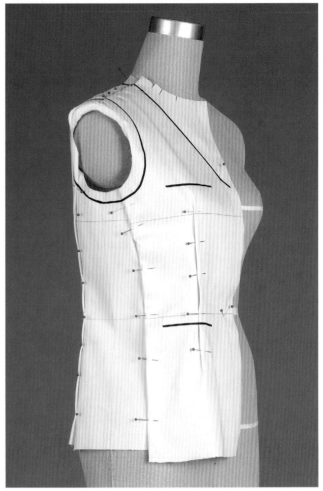

Step 6

■ 將縫份往內折，把前片疊在脅片上、後片也疊在脅片上，改用蓋別固定法針別縫合線。

■ 用標示帶標示袖襱與領口位置。

■ 定出口袋位置，以便協助你判斷整體的比例是否恰當。

■ 研究前片、脅片、後片間的平衡狀態。這三塊衣片是否看起來都是平順的？這件外套的輪廓線看起來是什麼模樣？和原作照片的外套神似嗎？從每個角度看起來都很不錯嗎？

Step 7

■ 仔細觀察後脅線，你會發現它比前脅線來得更加筆直，能賦予衣身更豐富的輪廓表情。

■ 嘗試取下後腰部位的絲針，將腰部的牙口剪得更深一些，接著重新別得更緊、更貼身一點。

■ 留意這項修正會如何改變外套的外觀。此刻，後脅線在肩胛骨處會略略外凸，在腰部則是稍微內凹；因為肩胛骨部位需要較多空間。

從各角度檢視成果

透過各個角度檢視這件外套，一如你會打量它穿在某人身上時那般。一件剪裁得宜的外套必須是每個角度都有型有款，而不是只有正面和背面好看。

兩片袖
The two-piece sleeve

經典款訂製外套的另一項基本架構元素是兩片袖。想像人台上有一只基本的襯衫袖,而你想要讓它的形狀更符合手臂的人體工學。方法之一是,從前身的腋下部位到手腕抓出一道褶子,別針固定,在手臂向內彎的手肘內側部位得深一點。接著將手肘以上的後袖部位略朝內別針固定,手肘處加寬,因為這裡需要空間方便活動,手肘以下至手腕處則再次略朝內別針固定。基本上,透過這些褶子所產生的接縫線,正是構成兩片袖的剪接線。

這兩條剪接線的架構是依循手臂自然懸垂的姿態,創造出更舒適袖型的一種實用手法。理想上,要盡可能讓這兩條剪接線落在手臂內側,藏在布料折疊處,不被人看見。

傳統上,這些剪接線不會在袖襱處相吻合。在繪製設計圖時,你會很想那樣畫,因為吻合剪接線看起來很合理。然而在實務上,四條剪接線匯聚於袖襱的某一點會創造出過多的鬆垮效果。 ◎ 29

正面

背面

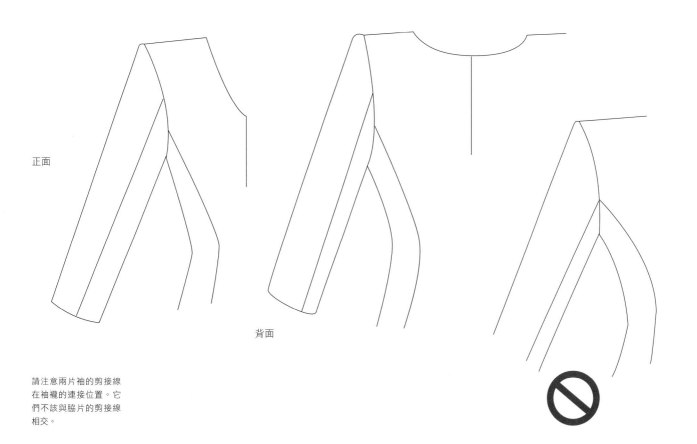

請注意兩片袖的剪接線在袖襱的連接位置。它們不該與脇片的剪接線相交。

兩片袖
簡易打版

運用精確的量身尺寸,有多種方法可以為袖子打版,不一定非得靠立裁不可。話雖如此,立裁的好處是操作過程中可以親眼看見自己創造的袖型,同時還具備了可以進一步改進細微處的彈性。

介紹以下這個作法的目的是協助你立裁袖子。開始立裁時,若能在手邊備妥量身尺寸和方便依循的一款基本袖型

會很有幫助。不過,這麼做並不是想把它當成試衣紙型,而只是為袖子份量設定通用參數的一種省時手段。

你可以先在紙上完成這個平面製版,再轉印到胚布上,也可以直接畫在胚布上。

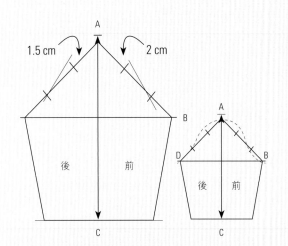

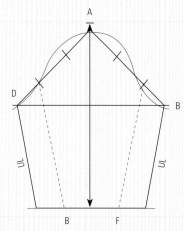

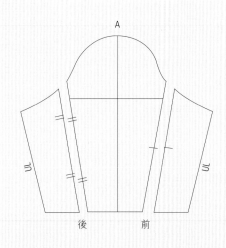

Step 1

■ 從「袖子簡易打版」(見第 124 ~ 125 頁)的 **Step 5** 開始。

Step 2

■ 將袖口線等分為四份,並將新的等分點分別標示為 F(前袖)和 B(後袖)。

■ 從線段 AD 與線段 AB 的下三分之一點,分別用虛線與袖口線上的 B 點、F 點相連接。

■ 在虛線上做記號,以免混淆前袖與後袖。通常前袖會畫一短橫,後袖則畫二短橫(袖山部分以虛線短橫表示)。

■ 將袖下線標示為 UL。

Step 3

■ 沿著虛線從 F 點和 B 點將袖子紙型剪開。

■ 在剪開的部位分別做上短橫記號,使裁開的紙片能相互對應。

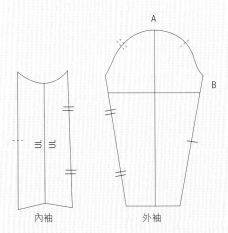
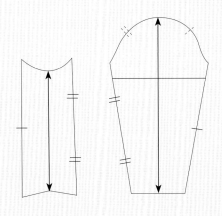
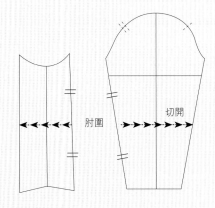

內袖　　　　　外袖

Step 4

- 沿著 UL 線將兩塊較小片紙型對齊，黏貼在一起。

- 現在，你擁有兩片袖的兩片基本紙型：較小的袖片通常稱為「內袖」，較大的袖片則稱為「外袖」。

- 在後袖襱曲線上用二短槓做記號，前袖襱則畫上一短槓。

Step 5

- 將黏合的 UL 線標示為直布紋記號線，另將外袖的中央直線也標示為直布紋記號線。

Step 6

- 接下來要調整手肘部位的形狀，讓紙型能仿效手臂自然懸垂的姿態。

- 在內袖與外袖的袖寬線下方約 17.5 公分（7 英寸）處，各畫出一條肘線。

- 切展內袖與外袖的肘線，展開幅度約 1.5 公分（½ 英寸）寬（請參照 **Step 7** 圖示）。

Step 7

- 接著，調整上臂部位的形狀。

- 在外袖的上臂部位多增加 1.5～2 公分（½～¾ 英寸），內袖的上臂部位則加少一點。

- 將線條融合成曲線，並修順肘部線條。

- 我們通常會希望兩片袖的前剪接線從正面看起來不要太明顯，因此必須在外袖的前緣下方略增加 2.5～4 公分（1～1½ 英寸）的寬度，同時也要將內袖的相對位置挖掉同等份量。

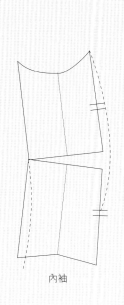
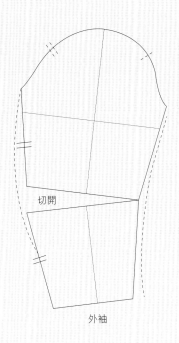

內袖　　　　　外袖

四種袖型與紙型

留意如何調整兩片袖的紙型，就能創造出不同的袖型。

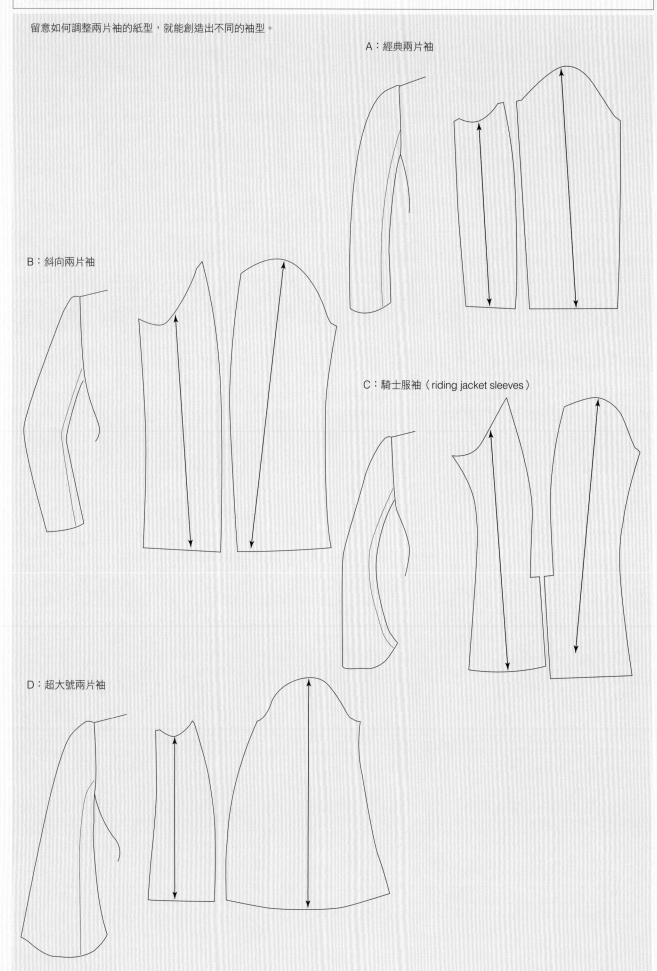

A：經典兩片袖

B：斜向兩片袖

C：騎士服袖（riding jacket sleeves）

D：超大號兩片袖

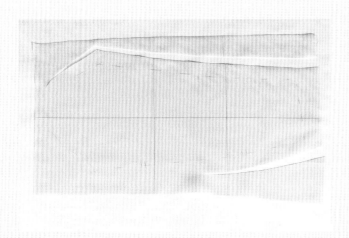

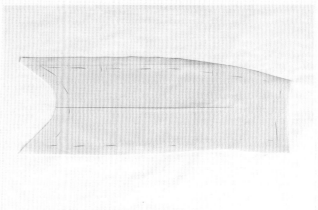

Step 8

■ 取兩片袖打版所得的紙型，用粉片在備
好的胚布片上描出外袖。

■ 沿著外袖線條加上約 2.5 公分（1 英寸）
的縫份後，裁剪胚布片。

Step 9

■ 重複 Step 8 的步驟，以相同手法處理
內袖裁片。

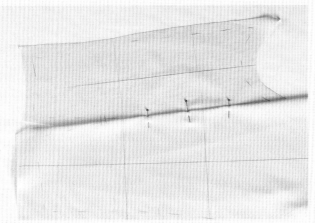

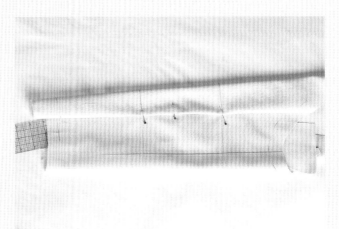

Step 10

■ 將外袖的縫份往內折，疊合在內袖的完
成線上，用絲針固定完成線。

Step 11

■ 如圖所示，用透明方格尺協助固定第二
道完成線。

Step 8

- 如果此時還未接上填充手臂，請將肩墊與胚樣別在一起。小心地連同肩墊從人台取下外套的衣身裁片。

- 裝上填充手臂。

- 將衣身裁片和肩墊放回人台同一位置上，分別沿著前中心線和後中心線重新別針固定。

- 沿著袖襱用粉片做記號，然後拆掉袖襱的標示帶，如此一來會比較容易處理袖片的別針作業。

- 將兩片袖放上肩膀，從袖山開始固定，讓袖管順著手臂自然懸垂的方向略略斜向前方。

Step 9

- 留意袖山部位微微鼓起的模樣，這代表袖山部位應有相當份量的鬆份。前袖與後袖的鬆份應當不超過各約 2 公分（¾ 英寸）。由於這件外套的本布是毛料，這個份量的鬆份可利用蒸氣燙熨塑型，讓它符合袖襱曲線。

- 接著檢查兩道袖管完成線的位置。它們應當略微被袖管遮住，而不至於一眼就看見。

- 在此，內袖前半部的角度看來跑到太前面了。若有必要，可運用標示帶重新標示記號線位置。

- 重新調整袖管垂披角度及標記點高度，以便袖管完成線能被隱藏住或以不顯眼的方式懸垂。若有必要，請重新別針。

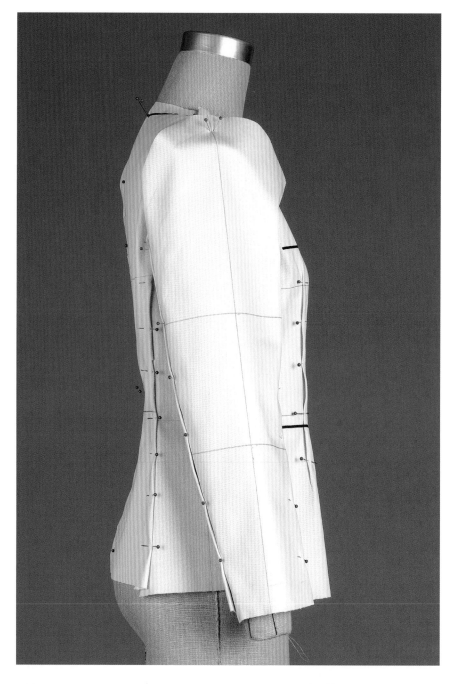

Step 10

- 調整袖山的鬆份，並將它平均分配。決定標記點的位置。

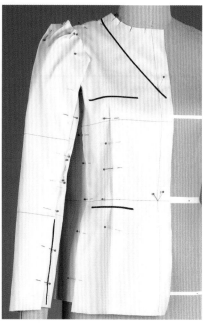

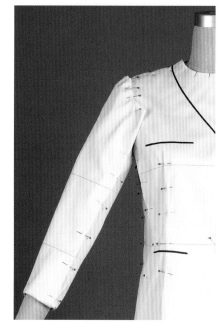

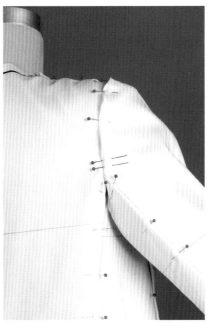

Step 11

- 將袖襱下半部的多餘布料移入袖襱內側。

- 將它別成一道平順的曲線。在過程中試著提高與降低袖襱位置,以便找出既符合美觀、又能兼顧活動方便性的正確平衡點。

Step 12

- 從 **Step 9** 開始,以相同手法處理後袖。但請記得袖管應該循著手臂自然垂落的姿態,微微朝前傾斜。因此,後袖的鬆份應該要多留一些,而前袖鬆份則得少一點,尤其是在袖襱的下半部。

Step 13

- 用標示帶標示袋蓋、鈕釦與袖衩等加工細節的位置,外套的立裁便完成。

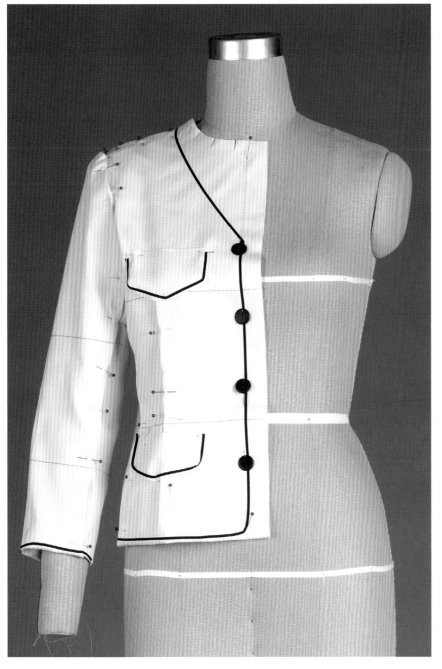

在美觀與活動方便性之間取捨

在袖管抬舉這件事情上,你得找出令人滿意的折衷點。如果袖管能舉得很高,代表活動很方便自由,但是手臂下方就會有過多布料。如果袖管抬舉幅度很低,而且所有鬆份都被消除了,則表示抬舉手臂時會讓整件外套都跟著往上縮。

杜嘉班納塔士多禮服

蕾哈娜（Rihanna）身上穿的這件杜嘉班納（Dolce & Gabbana）塔士多禮服，展現出陽剛與陰柔的完美平衡。其衣身的合身外形、立式口袋（welt pockets）和劍領（peaked lapels）是經典男裝的絕佳範例，而渾圓、維多利亞式的羊腿袖（leg-of-mutton sleeves）既柔軟又輕盈，充滿女人味。

在準備服裝平面圖時，請嘗試再現衣身稜角分明的外觀與袖子對比鮮明的柔軟曲線。不妨找一只盡可能近似這個款式的袖子，可幫助你對袖子的份量概念具體化。研究這裡的參考圖示將有助於你決定實際的袖子應該再放大或縮小多少。按照你評估可能的最大尺寸袖子來計算用布量，以免在立裁過程中發生布料不足的窘境。

立裁這件衣服時，應選用較厚重的布料，例如斜紋棉布，或者乾脆在普通胚布燙上布襯。布料的重量將有助於定義衣身形狀與袖管份量。

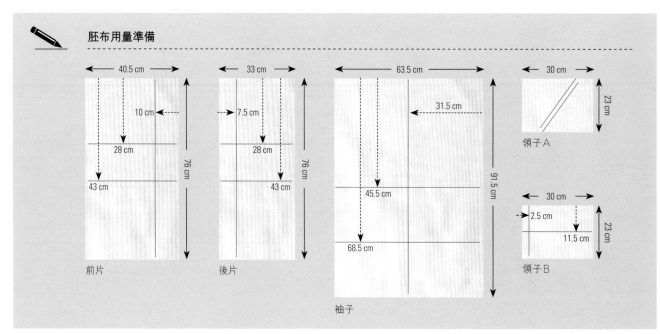

胚布用量準備

前片

後片

袖子

領子 A

領子 B

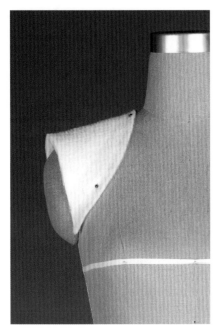

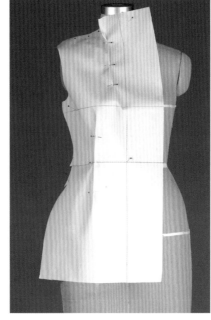

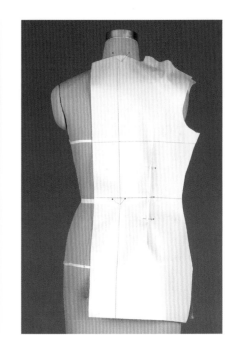

Step 1

- 研究這件外套的輪廓,並決定該使用哪一種肩墊。

- 將肩墊放在人台肩膀上,讓肩墊邊緣突出肩點大約 2 公分(¾ 英寸)。

- 將它和第 212～213 頁的香奈兒風外套相比較。請注意,香奈兒那件的線條比較柔和,這件的外觀比較方正。

Step 2

- 用絲針固定前中心線。修剪頸子旁的多餘胚布,並剪牙口,但只要處理胚布片碰到頸子的部位。任由前中心的胚布片高高聳立,這是要做成劍領的部位。

- 從距離側頸點大約 2.5 公分(1 英寸)的位置抓出一道領圍褶,並讓它和領折線平行。這將有助於保持橫布紋成水平,並將部分的頸部鬆份轉移到胸部,同時也能幫助下領片略為彎曲,轉折得更為平順。

- 修剪肩部與袖襱部位的多餘胚布。

- 在腰身抓出一道前垂直褶子。檢查輪廓:若是這道褶子的深度必須非常深,才能創造出合身腰線,請改用兩道褶子。第二道褶子應落在第一道褶子與脅邊線中間,而且長度要比第一道短。

- 用絲針固定脅邊。

Step 3

- 取後片,對齊橫越肩胛骨的橫布紋記號線並別針固定。

- 要讓外套呈現修長苗條的模樣,必須留意保持後片呈細長且稜角分明的外觀。

- 在後腰抓出一道垂直褶子,用絲針加以固定。

- 調整後中心線,讓腰部往內收,肩胛骨處向外凸出。

- 將肩線往前包,修剪領圍線的多餘胚布並剪牙口,然後用絲針固定。

- 後肩部位應留有鬆份(縫製時會對此部位縮燙)。若採用緞面布料,保留大約 0.5 公分(¼ 英寸)的鬆份;若是織目較粗的羊毛布料,則預留至多 1.5 公分(⅝ 英寸)的鬆份。

- 為保留這些鬆份,若有必要,往內抓出一小道肩褶或後領圍褶。

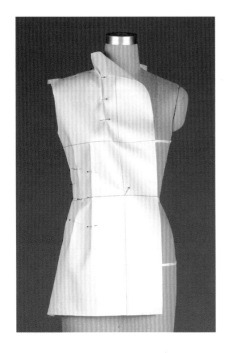

Step 4

- 在脅邊腰部剪牙口,深至縫合線前,並將前片往內折,疊合在後片上固定。

- 檢查形狀:脅邊的輪廓對於呈現此一款式的風貌至關重要。它必須修長苗條,腰部微微內縮,因此形狀不會過分誇張,也不會是鮮明的沙漏型。

- 別忘了從遠處檢查垂披成果在鏡中的模樣。仔細察看原作照片的外套脅邊,它具備了非常時髦的外觀。端詳你的脅邊與照片那件外套的脅邊有無差異。若有必要,請加以調整。如果在腰部增加另一道褶子能讓你的垂披成果更接近原作照片的模樣,請直接這麼做。

- 別忘了從各種視角觀看這件外套,並將所有褶子與脅邊線間的布料平均分配。

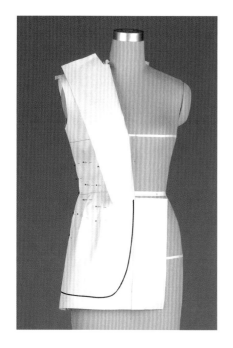
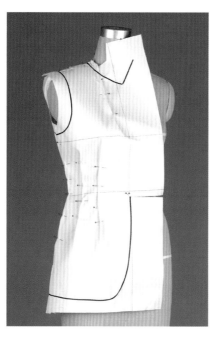

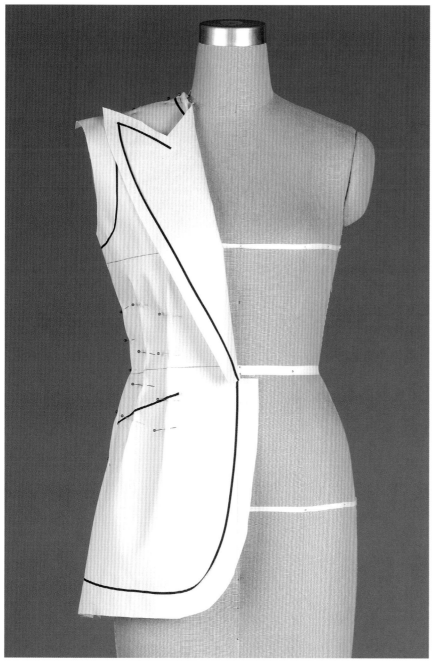

Step 5

- 決定領折線，還有上、下領片的轉折點，也就是外套前衣身翻折變成下領片的翻領止點。仔細審視原作照片。

- 用 V 字固定針法固定扣合物將定在腰線上的那個點。在此刻敲定這個轉折點非常重要，此後若再移動它的位置，將會影響領子的立裁。

- 用標示帶標示外套下襬線，以便決定整體比例。

- 在與轉折點同高處橫向剪一刀，深至轉折點，接著將前衣身翻折成下領片。

Step 6

- 用標示帶標示袖襱。

- 用標示帶標示領圍線。從後中心線開始，沿著頸子繞至前方，成一相當筆直的線條，接著轉折朝向斜上方，做出上、下領片的尖角。

Step 7

- 在轉折點翻折出下領片，並用標示帶標示款式設計線。

- 胚布正反兩側都必須看得見領圍線，所以內側也要標示。讓領圍線和下領片的線條平順地連成一氣，並創造出你想要的角度。

- 如果你需要調整胚布另一側的標示帶來吻合它，現在就動手。

- 修剪多餘胚布，用標示帶標示立式口袋線。這項細節能幫助你看清是否達成正確比例。

- 研究衣身的輪廓。拿它和原作照片相比較，並在鏡中察看它的模樣。

立裁翻領（劍領款式）

劍領的垂披與本書之前介紹過的領子垂披方向正好相反。不是從後中心開始垂披，而是從前身開始，將裁片朝頸子後方圍繞。很重要的是，領片繞著頸子朝後方走的時候，其流動應該和下領片的領折線一致。首先連接上、下領片，接著處理領台高度與領寬。

劍領的布紋走向則任憑設計師自由裁量。最常見的做法是讓領片的直布紋吻合後中心線走向。假設使用的是印花布，千萬記得要在後中心線對花。將領片的直布紋垂直放置在後中心也能讓領片後中心具備最強而有力的線條，進而使領片環繞領口的線條更加俐落。如果想要追求較柔和的外觀，可改用斜向布紋垂披領片。

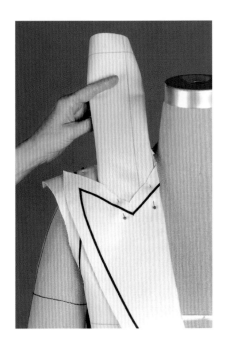

Step 8

- 從正面開始垂披領片，將裁片順著直布紋折疊，並將其中一端置於下領片下方。保持裁片折疊的邊緣和領折線落在同一條線上，再將領片固定在下領片的上端。

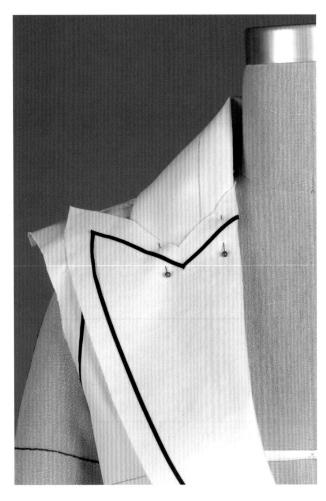

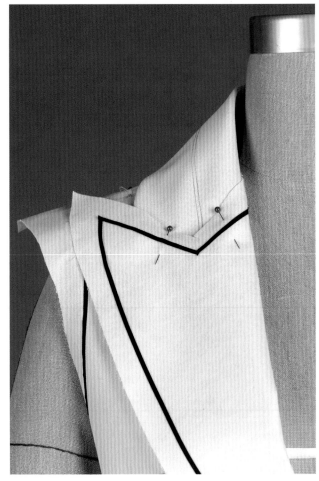

Step 9

- 接下來，將領片沿著頸子往後繞轉。

- 觀察這個轉折的特性：它看起來很堅挺且帶有相當高的領台。

Step 10

- 測試斜布紋領片，看看它的表現是否會更好：順著斜布紋折疊裁片，並且讓裁片折疊邊緣與下領片翻折邊緣連成一線。讓領片跨過肩膀，繞向頸子後方。

- 注意觀看這個轉折與直布紋領片在 **Step 8～9** 中所創造的轉折有何細微差異。斜布紋領片的領口轉折非常平順，而直布紋領片在轉向頸子後方時，領口線條會出現摺痕，形成較硬挺的轉折，就像是在布料上出現一道刮摺痕般。

- 由斜布紋裁片垂披而成的線條看起來總是比較柔和。既然如此，直布紋領片在 **Step 9** 所創造的較強悍外貌會更適合這件陽剛、稜角分明的外套。

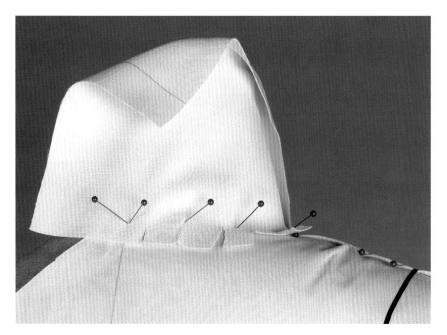

- 等你對領片的外觀和比例感到滿意時，小心地將領片往上翻，開始固定後領圍線。一邊朝著肩膀別針固定時，可一邊沿著領圍線剪牙口。

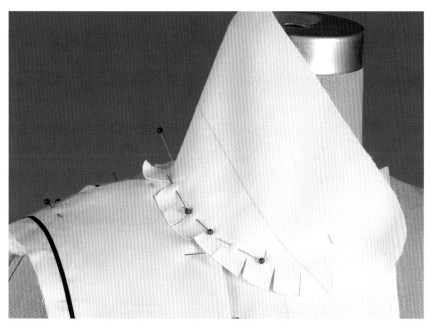

Step 12

- 持續固定領圍線，直到領片前端為止。時時檢查你標示在下領片內面的款式設計線。

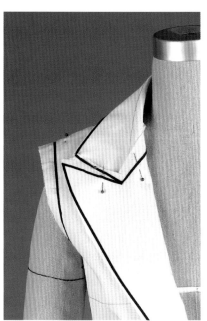

Step 13

- 將領片往下翻，並檢查它是否平順，領口線條不可出現任何摺痕。

- 沿著領片外緣標示款式設計線，拿它與原作照片相對照，為這款劍領找到最佳的平衡狀態。

立裁袖子

我們將運用「袖子簡易打版」（見第124～125頁）處理這只袖子。這只袖子看起來非常巨大且笨重，不容易進行立裁。倘若先用一片袖的方式處理它，再打兩道褶子，形成兩條完成線，如此處理起來會比較容易。

或者，你也可以依循「兩片袖簡易打版」（見第216～219頁）的指示操作，馬上創造出兩道完成線。

當然也可以從零開始立裁這只袖子。雖然它體形巨大，不容易處理，但是立裁這只袖子這件事本身並不困難。

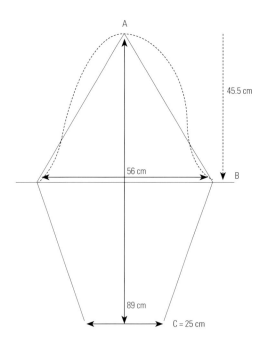

A

45.5 cm

56 cm

B

89 cm

C = 25 cm

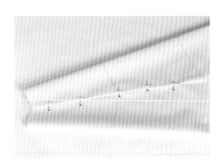

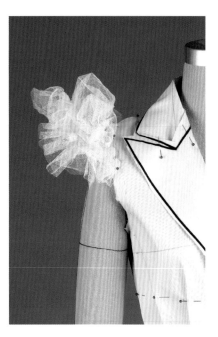

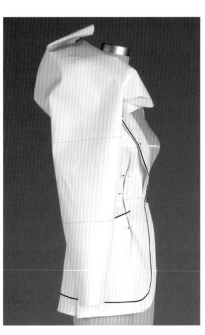

Step 14

- 用粉片在衣身標示袖襱位置，並移除標示帶，如此才方便進行袖子的別針作業。

- 將填充手臂裝上人台。

- 將打版所得的袖子裁片平放在桌上，並將前袖縫份內折疊合在後袖完成線上，從袖口開始，用蓋別法固定袖下線，直到手肘部位為止。可將透明方格尺塞入袖管中，以免不小心將絲針別到另一側袖管上（見第219頁 Step 11）。

Step 15

- 袖山部位需要有支撐物撐起布料。用硬裡襯或額外布料抽碎褶做成一朵蓬鬆的褶皺布花，將它別在手臂頂端或袖襱的縫份上。

- 至於最後成品是否應包含這朵褶皺布花，取決於選用布料的主要類型及袖山蓬鼓的份量多寡。看起來這件外套的袖山確實可能需要某種支撐物。

Step 16

- 套上袖管，讓直布紋記號線略微前傾。從肩點開始，分別往前、往後針別袖襱幾公分。

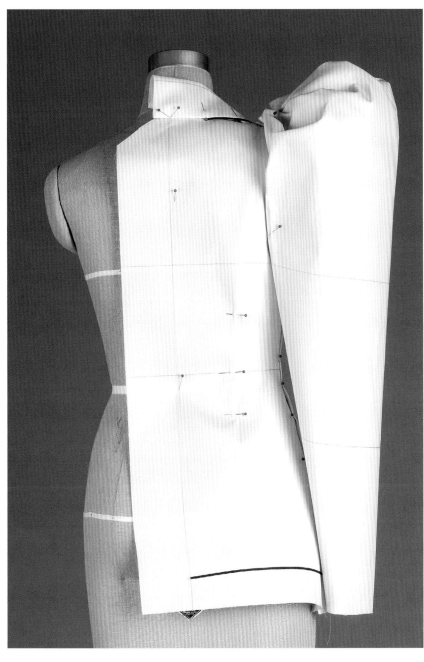

Step 17

- 比對原作照片，檢視袖山高與袖山部位周邊後，在前、後袖襱分別定出標記點。用絲針牢牢固定在正確位置上。

- 這兩個標記點能幫助你決定袖管抬舉的份量。將填充手臂反覆抬高、放下，直到找出你喜歡的樣貌。

- 確定袖山高，並完成袖襱的針別。袖管頂端會用碎褶收攏，做出飽滿蓬鼓的感覺。你必須每隔 1.5 公分（½ 英寸）左右扎一針固定，才能讓密集打褶的布料落在正確位置上。

Step 18

- 在兩片袖的前袖管完成線位置，抓出一道褶子。抓出從手腕到手肘的布料，塑造袖子形狀，並在手臂正面做出一道前傾的折彎以及更纖細好看的外觀。

- 別忘了處理兩片袖裁片時，讓完成線朝袖管內側垂落，才不會從正面一眼就被看見。

- 若有必要，可在褶子上剪牙口。

Step 19

- 用相同手法，在兩片袖的後袖管完成線位置抓出一道褶子。這次要塑出的線條將會落入後袖內側。

- 你需要在手腕後方開一道袖衩。決定袖衩長度並加以標示。

- 在此須清楚標示出褶子，以便從遠處檢查完成線的位置是否恰當。

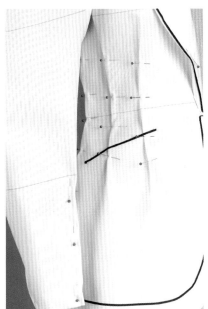

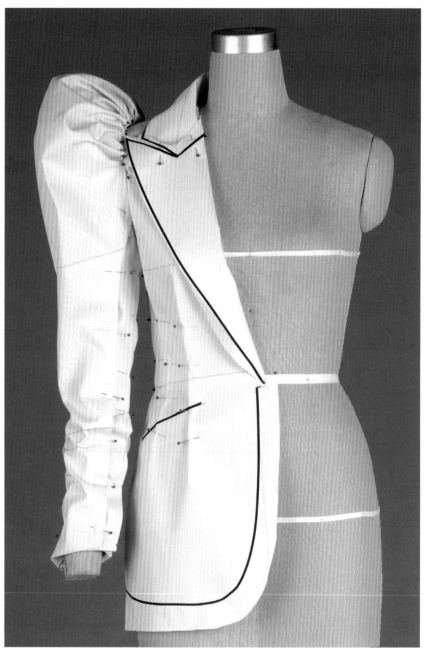

為褶子塑形

巧妙地為褶子塑形，讓它更精準地符合身形，能大大提升這件外套的美感。仔細處理褶子——在胸下部位多收進一點點布料，並且讓腹圍部位的布料吃得淺一些。這個塑形過程也能幫助褶尖平順地融入衣身裁片而不起皺。

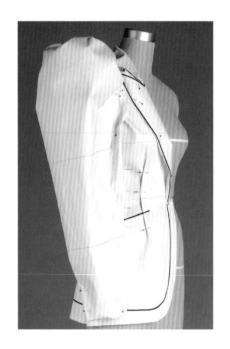

Step 20

- 從各個角度檢視垂披成果，並掌握它在不同角度展現的模樣。

- 檢查所有褶子並改善它們的形狀。可以將它們塑造成在胸下部位往內收，同時在腹圍處略往外放的模樣。

- 檢查兩片袖的完成線位置，確保它們能順著袖管線條且落在內側部位。

Step 21

- 決定最後的潤飾：要用什麼作為正面的扣合物？它可以是一組大型的鉤眼釦，也可以是用一段繩帶相繫的兩顆釦子。

- 你是否想納入胸部立式口袋和側口袋等經典塔士多禮服的特徵？在原作照片中，外套的下領片外緣有一道滾邊。這會是個檢視比例並決定滾邊寬度的好時機。

做記號與描實

Step 1

- 沿著所有縫合線做記號。袖山部位要格外小心地頻繁做上對合點記號。

- 清楚標示下領片在腰部的翻領止點。它的位置對於保持領子垂披的完整性極為重要。

- 為求精準，用針線疏縫標示上、下領片的領折線。

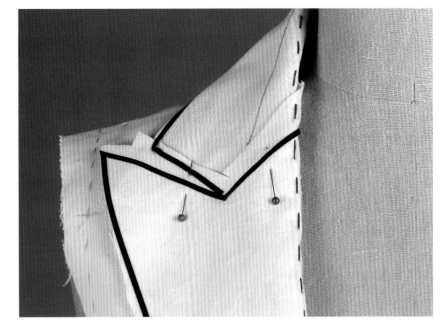

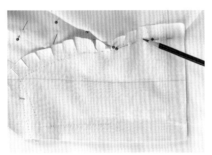

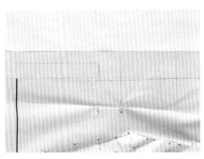

Step 2

- 從人台取下胚樣垂披成品，利用複寫紙在布料的正反面，標示上、下領片的所有線條。

Step 3

- 用鉛筆標示領圍線。

- 在你捏塑、調整過的褶子上運用大量的對合點記號進行標示。

Step 4

- 標示後中心縫合線。請留意，它並不是一條直線。

- 畫出袖衩的形狀。

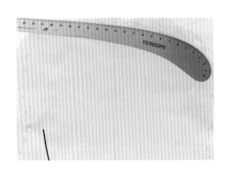

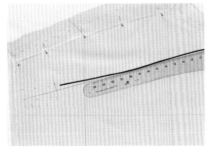

Step 5

- 運用曲線尺的圓頭描實袖山形狀。

- 請牢記袖子的經典形狀：後袖山曲線比較寬闊和緩，前袖山的頂端較高，以容納肩線正下方的骨頭，但隨即急劇下彎，削除袖管正面的多餘布料。

Step 6

- 將兩片袖的完成線線條修順。

Step 7

- 先在兩片袖完成線上做對合點記號，再剪開完成線，創造出兩塊袖子裁片。

分析

- 比較你的立裁成果與照片中蕾哈娜所穿的外套。想像你的外套使用不同布料，比方蠶絲緞（silk satin），接著想像蕾哈娜穿上它。它能傳達出正確的態度嗎？其線條輪廓具備了硬挺俐落與稜角分明的苗條外觀嗎？你的腰線形狀會不會太像沙漏？袖子既柔軟又典雅嗎？

- 分析作品時，若能有系統地從頂端往下逐步檢討，會很有幫助。評估過整體外觀後，仔細研究領子線條，接著是下領片線條。然後察看袖子與其完成線。檢視腰部與臀部的合身程度，再察看外套長度，看看所有細節是否都達到平衡。

- 請記得，比例非常重要。假如你不喜歡外套的模樣卻找不出原因，不妨嘗試調整口袋大小或下領片寬度，直到一切感覺更加和諧為止。

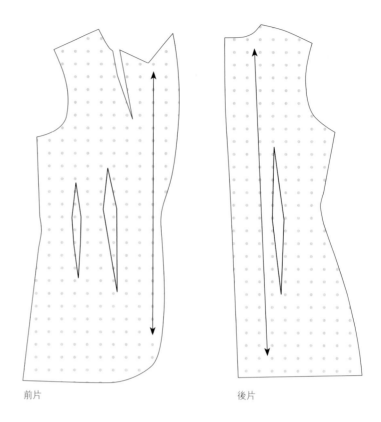

前片　　　　　　　後片

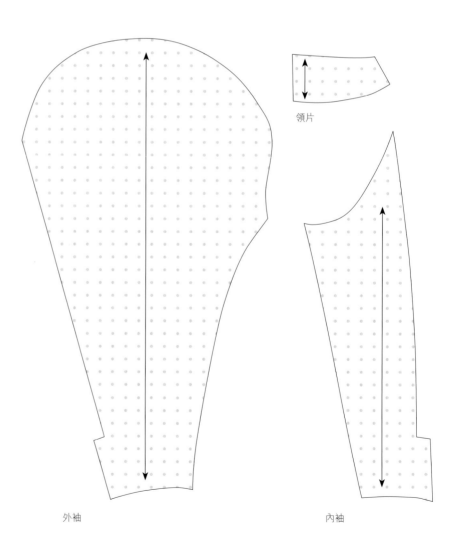

外袖　　　　　　　內袖

領片

拉克蘭外套
Raglan jacket

　　拉克蘭袖（raglan sleeve，又名斜肩袖、連身袖）是某位裁縫師為在滑鐵盧之役失去了一條手臂的第一代拉克蘭男爵（first Baron Raglan）所精心設計、袖孔較寬大的款式。這種袖子從腋下往上斜向延伸至鎖骨，通常會在肩線上打一道褶子。

　　在此，我們要立裁的這件外套效法的是一九四〇年代的同款外套，當年拉克蘭袖的柔和肩線在女裝界大受歡迎。

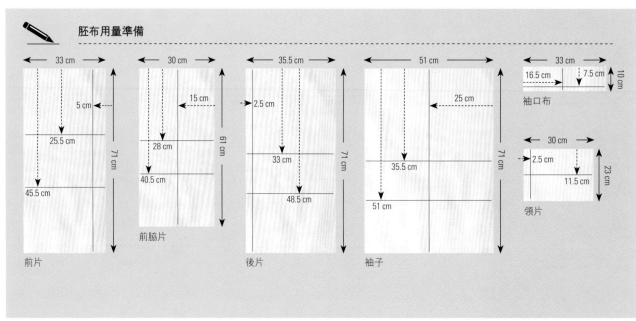

胚布用量準備

前片　前脇片　後片　袖子　袖口布　領片

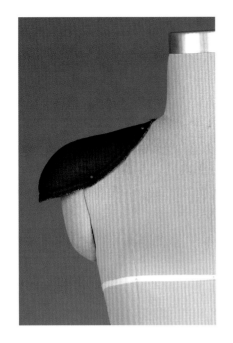

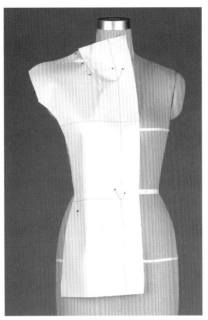

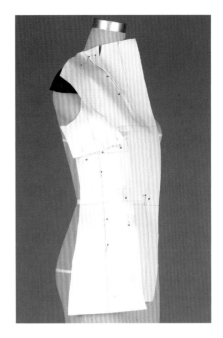

Step 1

- 為人台裝上肩墊。典型的拉克蘭肩墊末端帶有柔美的曲線，長度則會延伸到肩點之外。假如你手邊沒有拉克蘭肩墊，不妨將幾塊棉墊或不織布假縫在一般肩墊上代替。

Step 2

- 取前片，對齊胚布直布紋記號線與人台前中心線，並保持橫布紋記號線成水平。推平肩膀部位和領口的胚布，修剪多餘布料並剪牙口，深度只要是足夠讓肩膀部位的胚布平順服貼即可。

- 不要剪去前中心線頂端的胚布，稍後垂披領子會使用到它。

- 沿著布料在領口處自然折疊的位置打一道褶子。

Step 3

- 將前脇片放上人台，打一道脇邊褶。

- 控制脇邊褶不要過大：在這裡只要是分散鬆份，讓整個前身變得合身，而不是過分專注在胸部的合身上。

- 別忘了你正在立裁一件需要鬆份的外套。嘗試使用較少的針數固定，並且讓胚布在你處理外套形狀時能從人台自由垂落。

- 唯一一處需要牢牢固定的部位是肩膀與頸子交會處，大約距離人台頸圍線外2.5公分（1英寸）的位置。這是大衣與外套整體平衡與否的關鍵點，千萬別讓它鬆脫或不清不楚。一定要明確界定它的所在位置，並且牢牢固定它。

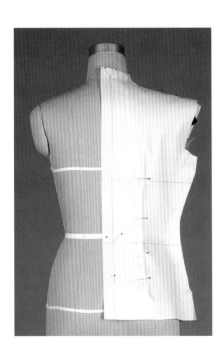

Step 4

- 取後片，對齊胚布直布紋記號線與人台後中心線。

- 在脇邊部位上少許絲針，以定出衣身寬度。

- 修去領口與肩膀多餘的胚布並剪牙口，讓胚布能平順服貼，但亦不至於過分緊密包覆人台。

- 在後片的中央抓出一道垂直褶子。

- 將後片與前脇片相對抓別，用抓合法將後脇邊線與前脇邊線固定在一起。檢查鬆份的份量。要能看得出身形曲線，但不必過度合身。

Step 5

■ 沿著公主剪接線將前片縫份往內折，疊合在前脇片的完成線上。以相同手法處理前、後片的脇邊線與肩線固定。

■ 雖然拉克蘭袖的垂披會覆蓋整個肩膀，但暫時把肩線固定在正確位置上以維持垂披的穩定性。

■ 檢視輪廓，拿它和原作照片相比較：它是否具備相同的合身度？其線條是否帶有同等柔和的外形？

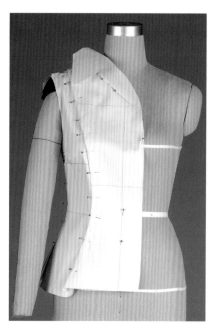 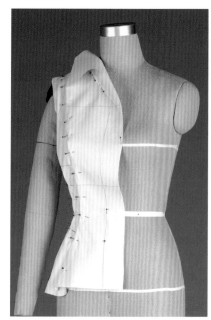

Step 6

■ 原作照片的腰線看起來比胚樣的腰線更往內縮。試著在前脇片抓出一道褶子，位置就落在公主剪接線與脇邊線之間；這有助於讓腰線變得更合身。但也不要調整得太過頭，別忘了這件外套需要有些鬆份。

■ 觀察加了褶子之後，胸部形狀與腰線的細微變化。

Step 7

■ 標示領折線。它會斜向第一顆鈕釦所在的翻領止點。

■ 由於領折線落在斜布紋上，很容易延伸移位，一定要標示得很牢靠才行。在縫製實務上，這段標示帶通常會包含一點點的鬆份，以便讓外套的前身能和緩地包覆胸部。

■ 標示下襬輪廓線。

■ 標示袖襱，為垂披拉克蘭袖做準備。你未必要嚴守這條標示線，非把它當作完成線不可，但它能給你目標，讓你知道該何去何從。

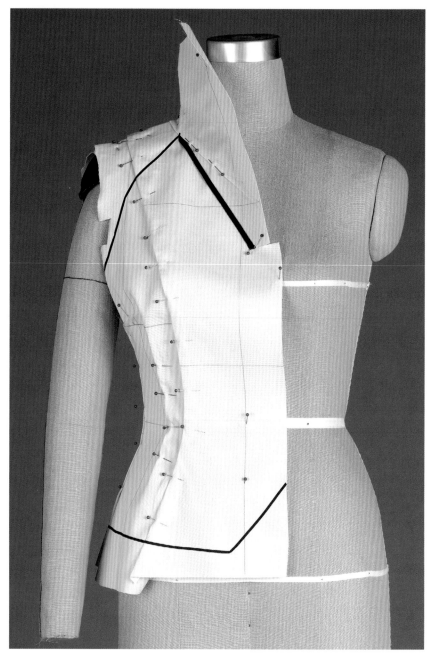

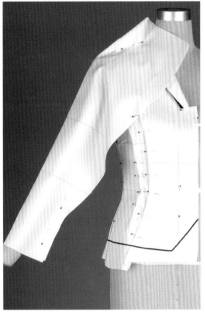

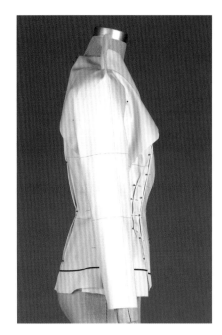

Step 8

- 從定出袖片的袖山與肩部位置開始著手。

- 利用肩部曲線所產生的多餘布料打一道褶子。

Step 9

- 復習「袖子立裁順序」（見第 133 頁）。接下來，決定手腕周長。將袖口附近的胚布相對抓別，用抓合法固定從袖口起往上約 7 公分（2～3 英寸）的長度。

- 保留約 2.5 公分（1 英寸）的縫份，修剪從腕部到肘部的多餘胚布，並剪牙口。

Step 10

- 決定袖子在上臂部位的份量，定出標記點，用絲針牢牢地固定。

- 將填充手臂反覆抬高、放下，直到你找出袖管的最適抬舉點。

- 修剪拉克蘭袖完成線標示帶下方的多餘三角形布料。

Step 11

- 繼續固定拉克蘭袖完成線。

- 修剪肩部褶子的多餘胚布。

- 將袖管裁片相對抓別，固定袖下線，直到袖襱為止，完成袖子的塑形。

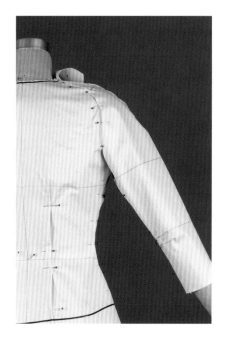

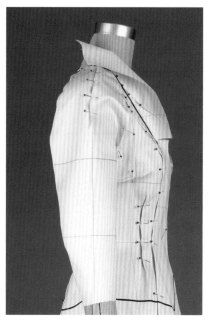

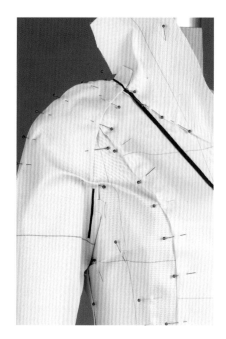

Step 12

- 將拉克蘭袖的縫份往內折，疊合到袖襱線上。

- 將袖下線的縫份往內折後別針固定，盡可能固定到愈靠近腋下愈好，完成袖下線的別針作業。

- 留意原作照片的袖子形狀：它在手肘處斜向前方。只要在手肘處抓別一至兩道褶子，就能讓袖子呈現這般曲線。

Step 13

- 從側面檢視整體垂披狀態，確保袖管的懸垂略略前傾，以及後袖的垂披比前袖略大且位置略低。

- 在此，前袖的垂披狀態並不理想。前拉克蘭線出現了凹陷下垂，必須加以修正改善。

Step 14

- 為了摸索如何改正下垂毛病，不妨嘗試朝不同方向抓別出各種褶子，以便確定該從何時下手修正問題。仔細觀察當你在各種不同的位置改小褶子或調整角度，會為袖子帶來什麼樣的變化。

- 落在拉克蘭線上的一道水平褶子能將袖子挪向前身，讓袖子垂落時不致產生皺折和下垂，因此，這裡就是應該修正的位置。

補正外套

補正外套是一項複雜的技巧，需要進行多次試驗。如果事情看起來不太對勁，請相信自己的眼光。回頭檢視原作照片，循著照片中服裝的線條逐一察看它和你的垂披成果哪裡不同。耐心地重新別針與調整垂披狀態是學習過程中的關鍵。

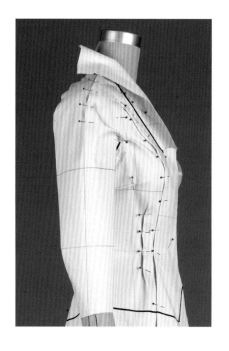

Step 15

- 研究修正後的袖子角度。

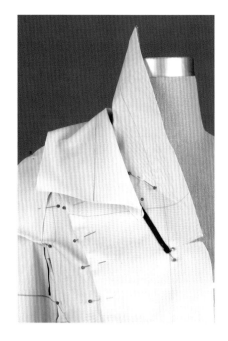

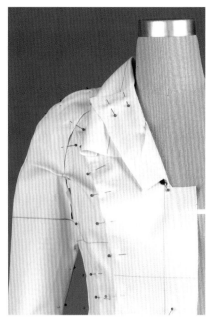

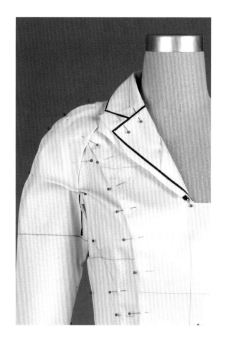

Step 16

- 取領片，固定在後中心線。在領口剪牙口，一邊將領片往前跨過肩膀，調整領台高度與領片角度。

- 將領片拉到前身，讓領片的領折線對齊外套前衣身的領折線。

Step 17

- 將下領片往下翻，蓋在垂披的領片上。修剪領口部位的多餘胚布，使其能平順貼合在領片上。

- 上、下領片的領折線應融成一體。等到領折線變得平順服貼，用絲針將上、下領片固定在一起。

Step 18

- 標示下領片外緣的款式設計線，這條線往下沿伸最後會轉進內側，成為領圍線。

- 接著，標示領片從後中心線至上、下領片相連位置的款式設計線。

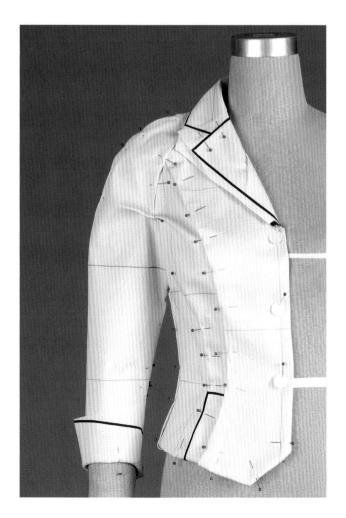

Step 19

- 將袖口布環繞在袖口周圍，讓它的開口略微斜向後方。將袖口布底端與袖口修齊，若有必要，可剪牙口，接著將它反折。用標示帶標示袖口布頂端，或將頂端向內折入。

- 修飾細節，請特別留意比例的平衡：標示前口袋，定出鈕釦位置，修剪下襬並將它往內折，以便檢視其形狀。

Step 20

- 對照原作照片，檢查垂披成果。審視輪廓並檢查比例。上、下領片的剪角線條是否與拉克蘭袖的柔和渾圓形成合適的搭配？

- 這件胚樣似乎少了點原作照片所呈現的那種性感特質。翻領止點的位置太高，讓這件外套顯得過於保守。別忘了你要透過服裝傳達某種態度。

- 想要降低翻領止點位置，就得改變領片的垂披，並且在上、下領片連接處引入多一些布料。

239

風衣
Trench coat

這件經典風衣具備了與此款式誕生歷史相關的
各種元素。它用腰帶束身，寬鬆舒適，長度及
膝，前身與後背均有擋風片，領腰高聳，附有
口袋與肩章。這件大衣帶有一種正經嚴肅、實
用的感覺，然而它率直明確的用途卻透露出一
種現代、時髦且氣派的風貌。

✏️ **胚布用量準備**

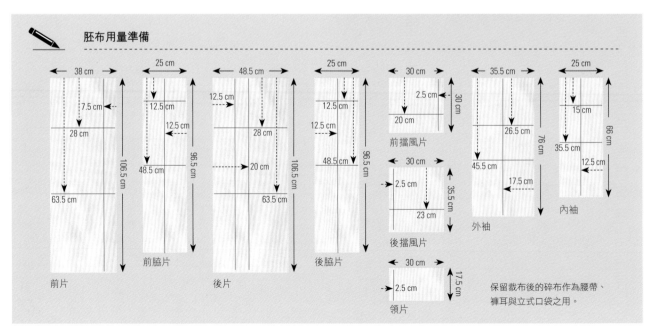

前片 — 38 cm, 7.5 cm, 28 cm, 106.5 cm, 63.5 cm

前脇片 — 25 cm, 12.5 cm, 12.5 cm, 48.5 cm, 96.5 cm

後片 — 48.5 cm, 12.5 cm, 28 cm, 20 cm, 106.5 cm, 63.5 cm

後脇片 — 25 cm, 12.5 cm, 12.5 cm, 48.5 cm, 96.5 cm

前擋風片 — 30 cm, 2.5 cm, 20 cm, 30 cm

後擋風片 — 30 cm, 2.5 cm, 23 cm, 35.5 cm

領片 — 30 cm, 2.5 cm, 17.5 cm

外袖 — 35.5 cm, 2.5 cm, 26.5 cm, 45.5 cm, 17.5 cm, 76 cm

內袖 — 25 cm, 15 cm, 35.5 cm, 12.5 cm, 66 cm

保留裁布後的碎布作為腰帶、
褲耳與立式口袋之用。

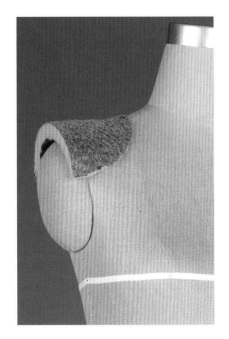

Step 1

■ 裝上肩墊。

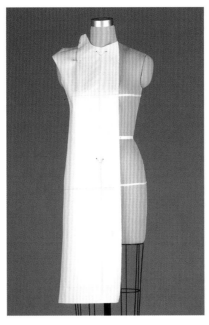

Step 2

■ 取前片，將直布紋記號線對齊人台前中心線。需注意的是，這裡的布紋走向安排是將額外胚布留在人台左側，以供製作大片開襟使用。

■ 抓別一道垂直肩褶以容納胸部，並避免這件大衣的正面呈喇叭形展開。

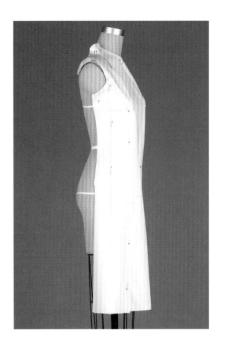

Step 3

■ 取前脇片，將直布紋記號線放在公主線與脇邊線的正中央。保持記號線與地面成垂直。

■ 修剪腰部以上的多餘胚布，同時確保腰部到下襬留有充足的空間，能展現其豐厚感。

■ 需注意的是，原作照片的大衣下半部雖然呈現和緩的 A 字飄襬剪裁，但腰部卻不顯膨鬆寬大。這表示其公主剪接線在腰部往內縮，接著朝下襬往外張。如此可讓布料的額外折疊不至於全都擠在腰部，造成額外的膨鬆感。

Step 4

■ 取後片，將直布紋記號線對齊人台後中心線。和前片相同，其直布紋記號線畫得比較靠近布片內側，以便在後背預留額外胚布，容納那道褶深較深的後中心定形褶。

■ 把預留褶份折疊到後中心，保持褶山線成垂直，在後中心形成一道定形褶。這就是所謂的「反盒褶」（inverted pleat）。

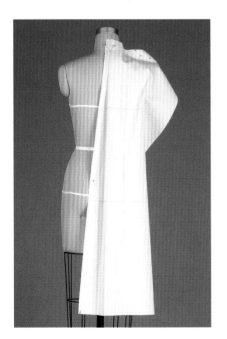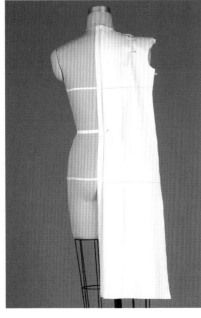

Step 5

■ 固定後片的腰部，檢查份量。

■ 抓出一道肩褶，保留些許鬆份。

■ 修剪領口並剪牙口，推平肩膀胚布後，塞入前肩胚布下方，接著將前片縫份往內折，疊合在後片完成線上，用絲針固定。

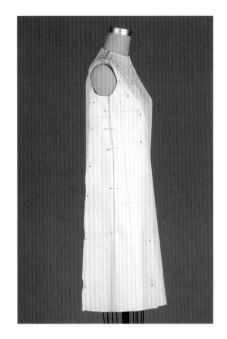

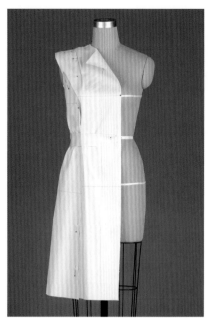

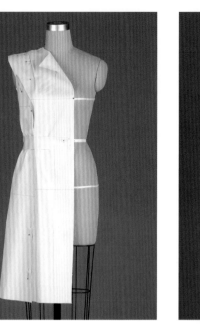

Step 6

- 取後脇片，將直布紋記號線放在後公主線與脇邊線的正中央。
- 將後片與後脇片固定在一起。

Step 7

- 將脇邊線縫份往內折，使前脇片疊合在後脇片上，用蓋別法固定。
- 將腰帶環繞在腰間，檢查份量。
- 假如下襬張開的程度不夠寬，則需重新調整兩道公主剪接線的別針作業。

Step 8

- 檢查四塊裁片的整體平衡狀態；它們應在腰際略往內縮，並在下襬略向外張。
- 將前片縫份往內折，疊合在前脇片上。然後將後片縫份往內折，疊合在後脇片上。

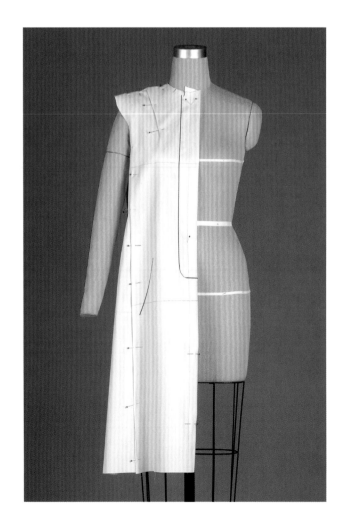

Step 9

- 現在身片已經完成，不妨添加些細節，幫助你確認身片的輪廓是否正確。
- 標示前開襟的線條，為前襠風片作準備。
- 將口袋線條放在腰線下方。
- 將前開襟往內折入，以決定其寬度。

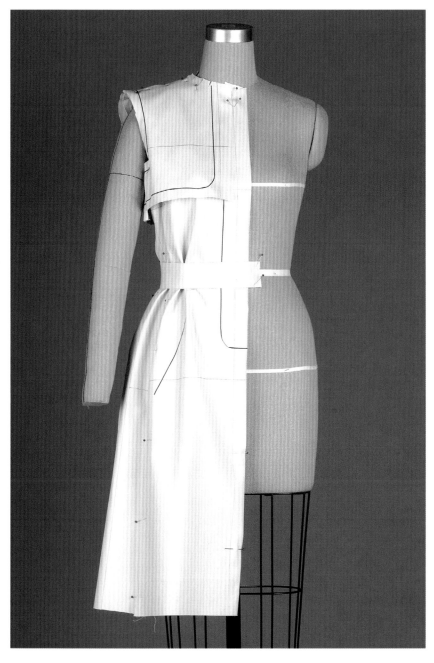

Step 10

- 取前擋風片,沿著肩線與袖襱用絲針加以固定。它的外形平整,會平順服貼在胸部上。

- 以相同手法處理後擋風片。

- 在脇邊將前、後兩塊擋風片連接起來,留意跨越身體部位的鬆份量。它應該像原作照片一般,與身片保持些許距離,而非緊貼在身片上。

- 標示擋風片緣邊,並在袖襱做上記號。

- 再次加上腰帶,以便檢查整體輪廓。

Step 11

- 從後中心線開始垂披領子。

- 將領片沿著頸子圍繞到前方,檢視領片高度,以及領片和頸子之間的距離。

- 用標示帶標示領子的形狀。

Step 12

- 修去多餘胚布,並將領片外緣縫份往內折入,完成領片的垂披。

- 將領片再次向上翻。確保領片經過修剪和剪牙口後變得平順服貼,而且用絲針固定在頸子根部時,沒有出現任何凹陷狀態。

- 如果出現塌陷,可將牙口剪得更深一點,並將領片略略向外拉。此處只要做非常細微的調整,就會造成很大的不同效果。

- 不妨修剪擋風片的多餘胚布,或是將抵片緣邊的縫份往內折,都有助於你具體掌握比例。

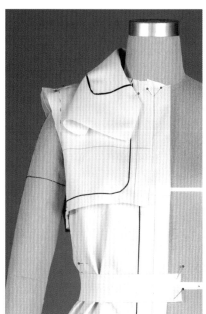

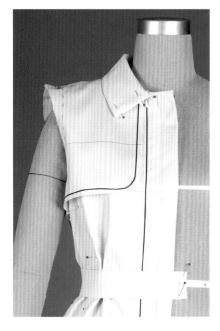

243

立裁袖子

Step 13

- 動手垂披袖子之前，不妨先溫習「袖子立裁順序」（見第 133 頁）。假如你覺得兩片袖的作法比較容易上手，也可以運用「兩片袖簡易打版」（見第 216～219 頁）來設定參數。

- 以正確角度將袖片放在人台上，是一開始垂披袖子的重要關鍵。

- 定出袖山。這件大衣沒有碎褶能幫助你使袖山與袖襱相配合，因此這道手續會比較困難些。在前、後袖山約有 2 公分（¾ 英寸）的鬆份。

Step 14

- 定出標記點也很關鍵。這將決定有多少鬆份得靠袖山上半部消化吸納，還有袖管在標記點下方會如何垂落。

- 此外還要分析手臂的抬舉表現，以便決定該在腋下保留多少布料，以及你希望袖管能抬舉到什麼程度。

Step 15

- 處理前、後袖山下半部。讓布片維持向上拉的狀態，且保持線條乾淨俐落。

- 在你修飾這些線條時，請回顧經典袖形的模樣。你必須從前袖拉出比後袖多一點布料。

- 反覆抬高、放下填充手臂，研究你調整這處重要的曲線組合時，布料的垂落會呈現如何不同的姿態。

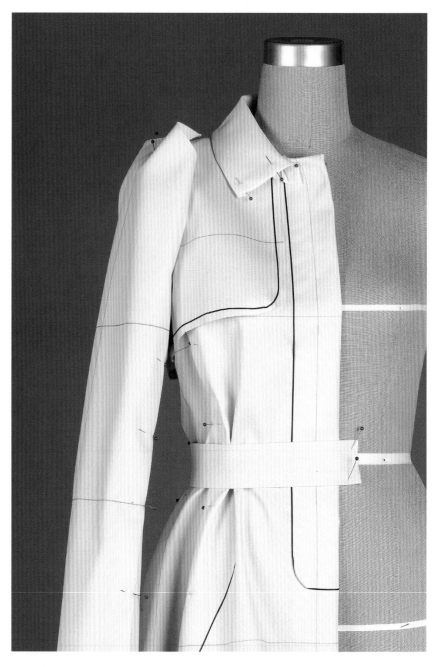

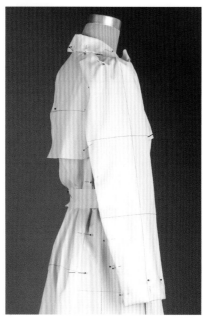

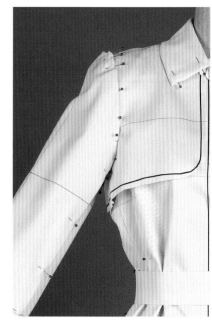

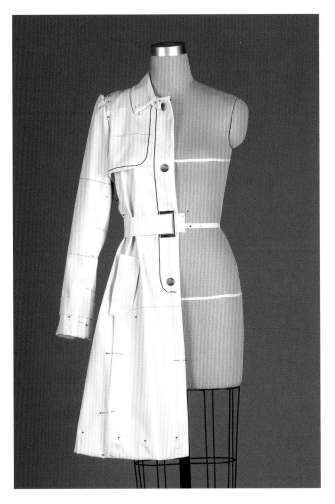

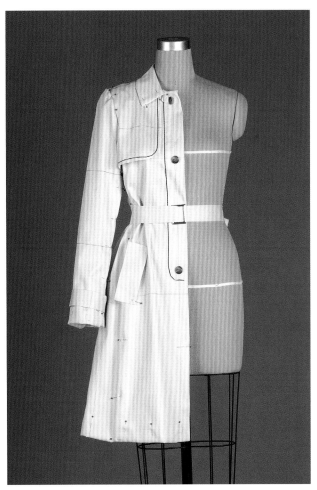

Step 16

- 將大衣下襬的縫份往內折入，並且用腰帶束緊大衣。

- 放上袖絆。

- 加上鈕釦。

- 接下來，分析比例與細節。從遠處來看，腰帶似乎太過突出。注意它如何讓整件大衣的中段看起來厚實粗短。

Step 17

- 換上較窄的腰帶和尺寸較小的環釦。現在，比例終於對了。

- 留意這麼一個微小的調整，如何在瞬間使整件大衣的比例達到平衡。

新月領
傘狀大衣
Swing coat with shawl collar

傘狀大衣（swing coat）在一九四〇年代晚期
極為流行，其寬大的體積是對戰爭年代緊縮政
策的一種反擊。隨著迪奧的「新風貌」系列廣
受好評，眾人需要更寬鬆、從臀腿部向外張開
的大衣，以便包覆蓬裙。在此，蓬大寬闊的下
襬增添了一種嬌媚動人、時髦的態度。

✎ **胚布用量準備**

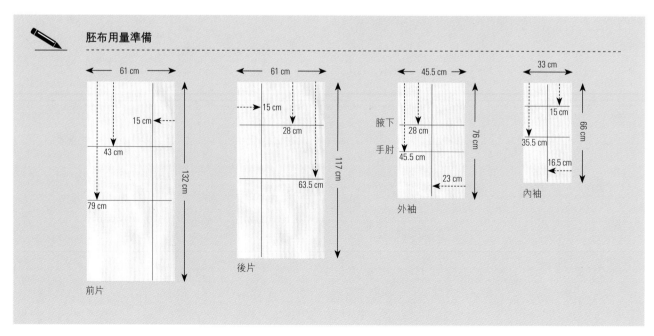

前片

61 cm
15 cm
43 cm
79 cm
132 cm

後片

61 cm
15 cm
28 cm
63.5 cm
117 cm

外袖

45.5 cm
腋下
手肘
28 cm
45.5 cm
23 cm
76 cm

內袖

33 cm
15 cm
35.5 cm
16.5 cm
66 cm

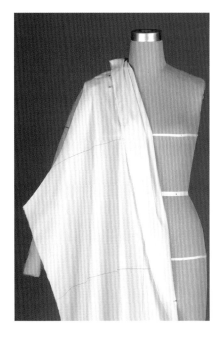

Step 1

- 裝上肩墊，備妥人台。你可以選用類似
  拉克蘭肩墊的圓弧形肩墊，但是它必須
  更有份量，才能撐起大衣成品所使用的
  毛料重量。

- 取前片放在人台上，對齊直布紋記號線
  與人台前中心線，用絲針固定胸圍線與
  肩線。

- 接下來垂披波浪狀的衣襬。注意，你可
  以透過調整肩線，讓波浪的方向與份量
  產生變化。找到那個能呈現你理想中波
  浪形狀的點。請牢記，這件大衣的重量
  得由該肩膀部位負責支撐，所以一定要
  牢牢固定住才行。

- 保持橫布紋記號線成水平，抓出一道肩
  褶，以容納來自胸部的鬆份。

Step 2

- 垂披新月領（shawl collar，俗稱絲瓜
  領）較棘手的是，要決定該在肩膀的哪
  個地方剪開胚布。找出領口需要剪牙
  口、以便領片布料能平順服貼在肩膀上
  的那個點，讓多餘布料一分為二，分別
  朝前身垂落及往後背延伸，進而創造出
  新月領。

- 將胚布剪開直到肩線。

Step 3

- 剪去從肩線到腹圍線的多餘布料，準備
  垂披前片。

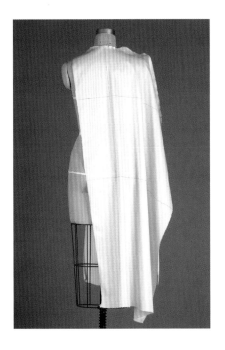

Step 4

- 取後片放在人台上，以相同手法處理後
  片的肩膀部位，直到達成你想要的正確
  份量與方向的波浪狀。

- 剪去從肩線到腹圍線的多餘布料。

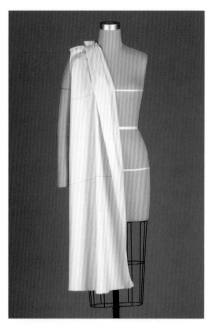

Step 5

- 在剪去多餘布料後，注意裁片的脇邊如今是何等自然地垂落。它應當能從肩部不受阻礙地垂落。假如填充手臂限制了它，請再多剪去一些布料，直到它能自由垂落為止。

- 將肩膀部位的前片縫份往內折入，疊合在後片完成線上，用絲針固定。

- 將下襬修剪到你想要的大致長度，讓它和人台下方鐵柵的橫桿成水平。

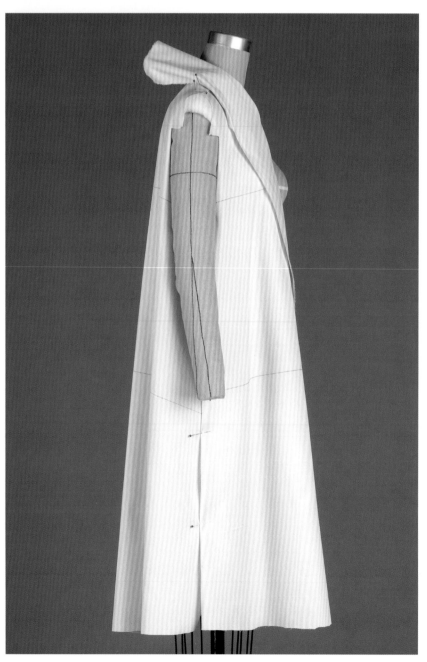

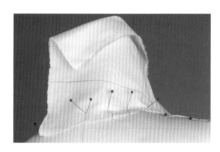

Step 6

- 將前片脇邊線的縫份往內折入，並任由它垂落覆蓋在後片上，直至兩者達到平衡，再用蓋別固定法將前、後脇邊線別在一起。

Step 7

- 翻起新月領，以牙口為支點，調整領片。當你一邊拉動領片，環繞頸子往後中心線移動，請繼續剪牙口，並一邊用絲針固定領片。過程中別忘了要經常停下來檢查，以確保大衣和人台頸子間保持一指寬的距離。

- 調整領片的外緣後，用 V 字固定針法牢牢固定後中心線。

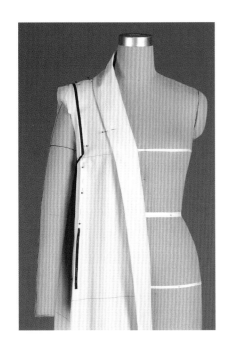

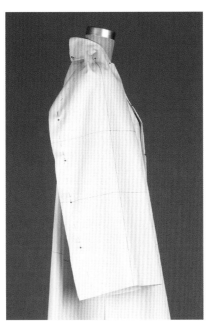

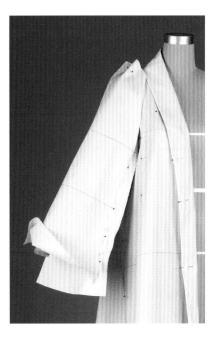

Step 8

- 從袖襱到口袋部位頂端抓出一道褶子。這會將一點點額外的布料收往袖襱部位，但要留意，別因而減少能充分容納胸部所需的布料份量。
- 標示袖襱線。
- 標示口袋線。

Step 9

- 參照第 216 ～ 219 頁的「兩片袖簡易打版」準備胚布，著手進行袖子立裁。
- 在胚布裁片上描出外袖與內袖，預留大約 4 公分（1½ 英寸）縫份。
- 依照第 219 頁 Step 8 ～ 11 的方式固定內、外袖完成線。
- 用粉片標出袖襱線後，移除標示帶，方便袖片更容易進行別針作業。
- 從袖山開始調整袖子，記得袖管要略向前傾。
- 用絲針固定袖山部位，其中涵蓋約 2.5 公分（1 英寸）的鬆份。

Step 10

- 平均分配袖山鬆份，並加以固定。
- 檢視袖管頂端周圍，定出標記點。
- 修剪袖管頂端多餘的三角形布料。
- 再次檢查袖管角度，觀察兩片袖的兩道完成線觸及衣身的位置。如果它們和前袖襱線相交，則須將它上移或下挪一點，以免太過蓬鼓。
- 檢視袖子份量，若有必要可略做調整。
- 將袖管縫份往內折入，再用絲針固定。

從零開始立裁袖子

如果你不想使用袖子打版輔助，寧可從零開始立裁袖子，則可依循基本的「袖子立裁順序」（見第133頁）來進行。

Step 1

- 固定袖山，讓袖管略前傾。接著，決定完成線的位置。完成線應落在袖管內側，盡可能隱藏起來不讓人一眼就看見。
- 接下來，決定手腕袖口的總體尺寸。同時也要決定內袖的尺寸。

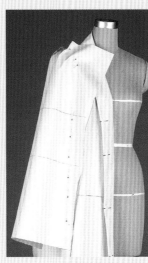

Step 2

- 同 Step 10，定出標記點。
- 將外袖與內袖背對背別在一起。從手腕開始，逐步向上塑造袖子形狀。
- 修剪袖管頂端多餘的三角形布料。

Step 3

- 將縫份往內折入，並用絲針固定。
- 接續第 250 頁的 Step 11。

Step 11

- 在檢查標記點是否達到最適抬舉點的時候，利用織帶將手臂抬起會大有幫助。

- 處理手臂放下時所產生的鬆份。在此，鬆份好像太多了。在標記點將布料多拉進袖管內一些，直到覺得達成良好平衡為止。

Step 12

- 完成前、後袖山底部曲線（前腋點至後腋點），檢查手臂抬舉狀況。

Step 13

- 檢視袖子在整體大衣份量中的比例是否恰當。

- 將大衣下襬往內折，用絲針固定。

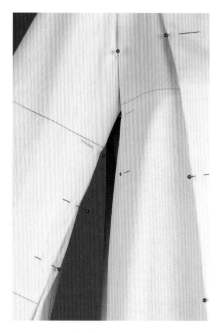

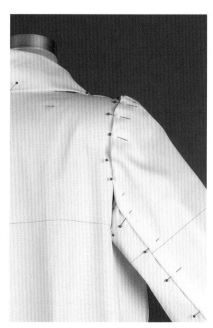

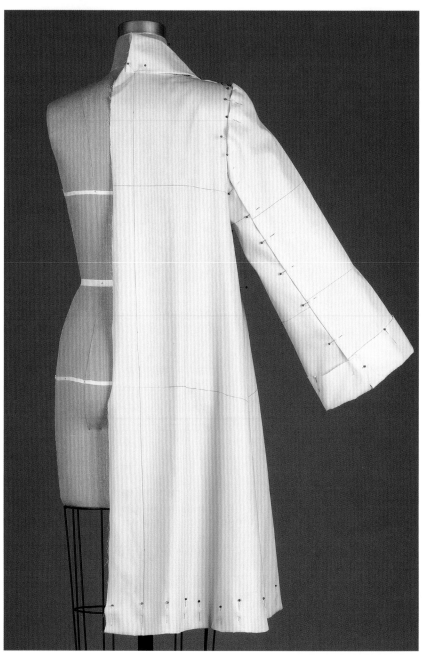

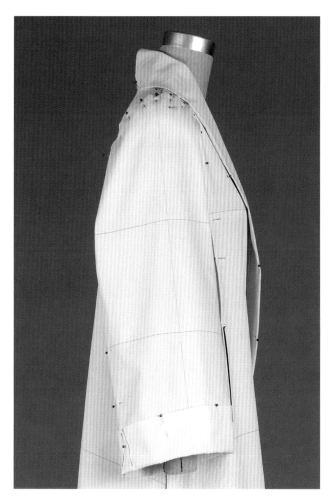

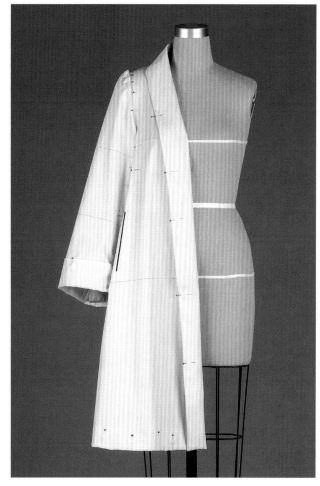

Step 14

- 從各個角度檢視這件大衣。袖子的轉折
  點應該是前高於後,而且袖管應斜向前
  方。在此,袖子輪廓在手臂後方、相當
  於胸點高度正下方處有一處轉折。

- 將袖口下緣往上翻折。

成就你的招牌風格

將你的垂披成果放在原作照片旁仔細研究。從遠處觀看它在
鏡中的模樣,想像某人穿著它走在一條繁忙的大街上。想想
你能做些什麼,讓它更接近、更富有你的「招牌風格」。

例如,大衣的長度可增長或縮短,寬鬆程度可多可少。只要
領片變得更寬或更窄,整件大衣的樣貌就會徹底改變。倘若
增設口袋,會改變大衣的視覺焦點嗎?

成就你的招牌風格指的是讓你表現「你」喜歡些什麼,什麼
樣的比例合乎「你的」眼光。所以,盡管放膽大顯身手吧!

繭型大衣
Coat with egg-shaped silhouette

這件DKNY二〇一一年的春夏系列大衣，用高聳的漏斗領（funnel collar）、錐形袖和收窄的下襬將模特兒完全包裹起來。其肩線是渾圓的和服款式，支撐起蛋型輪廓外觀。從領口到口袋的斜向剪接線讓衣身前片呈現立體感，同時又能讓胸部保持合身。

柔軟厚實的毛料和這種外形都為這件衣服增添了溫暖與保護的感受。在你動手進行立裁之前，請將這份感覺與這種外觀的具體形象牢記在心中。

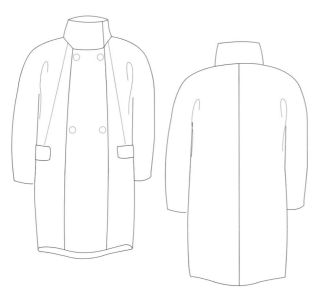

✏️ **胚布用量準備**

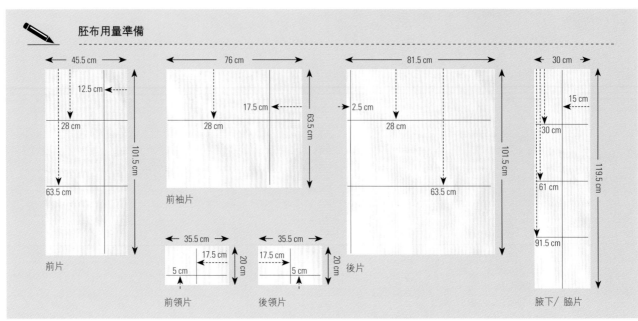

前片

前袖片

後片

腋下/脇片

前領片　　後領片

45.5 cm　12.5 cm　28 cm　63.5 cm　101.5 cm

76 cm　17.5 cm　28 cm　63.5 cm

81.5 cm　2.5 cm　28 cm　63.5 cm　101.5 cm

30 cm　15 cm　30 cm　61 cm　91.5 cm　119.5 cm

35.5 cm　17.5 cm　5 cm　20 cm

35.5 cm　17.5 cm　5 cm　20 cm

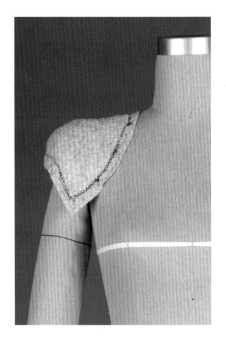

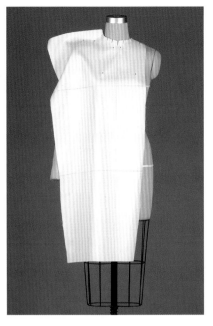

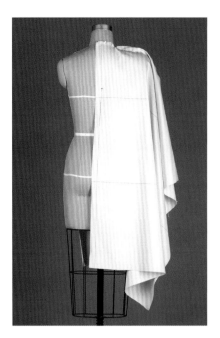

Step 1

- 裝上拉克蘭肩墊或弧形肩墊。照片中的這款肩墊雖然柔軟，卻帶有些許上揚的姿態，屆時大衣成品所使用的毛料重量會壓得它下垂一點。

Step 2

- 取前片放在人台上，用絲針固定前中心線、肩膀與胸部。
- 修剪領口多餘的胚布並剪牙口，讓胚布能平順服貼。
- 這是一件大衣，千萬記得要保持垂披既寬鬆又舒適。

Step 3

- 取後片放在人台上，用絲針固定後中心線、肩膀與肩胛骨部位。
- 在領口抓出一道小褶子，以便保持布紋成水平。假如領片的位置夠低，或大衣採用能塑形且寬鬆的毛料，這道褶子隨後就能被消除。

從肩膀展開的平衡

決定肩線時要格外留意。若能安排妥善，後肩線的鬆份或褶子可以讓橫布紋保持水平，讓這件大衣的後背不至於鼓起。

前肩線的角度能控制這件大衣正面的懸垂狀態。距離人台側頸點約2.5公分（1英寸）處的這個點，會承受這件大衣絕大部分的重量。請確保這一點被果斷地牢牢固定住。最後，檢視這件大衣的正面與背面是否達到平衡。

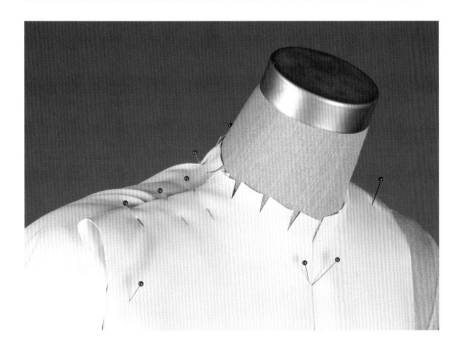

Step 4

- 固定肩膀。
- 從各個角度檢視垂披狀態。
- 沿著肩線剪牙口，大約剪至肩膀一半處，並將前片縫份往內折，疊合在後片完成線上。
- 別忘了大衣是從肩膀懸垂而下。此時你該停下來，檢視整體的平衡狀態。橫布紋記號線應保持水平。
- 當你離開人台的支撐，要動手垂披這樣大的一件作品時，經常回想這件大衣應有的份量感和形狀將會大有助益。

Step 5

- 為了決定如何安排前剪接線，不妨先讓某些細節就定位，如此一來，你就可以開始調整比例。

- 首先標示出領圍線。將它的位置定得低一點，為漏斗領預留出空間，同時也讓它開得寬一些，以便容納穿在大衣內的其他服裝。

- 接著定出鈕釦位置，兩顆落在領線下方，另外兩顆則落在腰線正上方。

- 在腹圍線標示出口袋位置。

- 接著標示前剪接線。

- 修除剪接線上方的多餘胚布，讓口袋線下方的下襬保持膨鬆鼓起。

Step 6

- 取前袖裁片放在人台上，對齊橫布紋記號線。

- 沿著肩膀和前剪接線用絲針固定。

- 修去多餘胚布。

Step 7

- 將填充手臂抬高至約 45 度角，保持布紋成水平，且前身與後背維持平衡狀態。用絲針固定肩膀部位，藉以定出袖山高。

- 花些時間考慮要讓手臂內側包含多少鬆份：若要讓手臂抬得愈高，手臂內側就得保有愈多布料；若手臂抬舉愈低，則需要的布料也愈少。

- 將袖片頂端重新與前身片別在一起。

- 修去袖片頂端多餘的三角形布料。

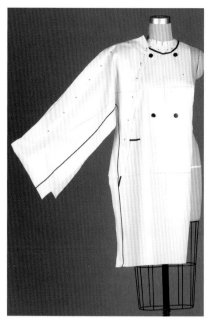
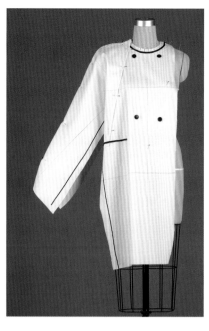

Step 8

- 定出腋下高度後剪牙口，一直剪至腋下部位。

- 定出臀寬，並裁去多餘布料。

- 標示出前、後側縫合線，為垂披脇片作準備。

Step 9

- 將袖片縫份往內折，疊合在前片的前側縫合線上。

- 將肩線與外袖完成線改為前片蓋後片的蓋別固定法。

- 接下來，檢視整體輪廓：注意這件大衣的腰部應略微往內收窄。從斜向袖完成線拉出些微膨度，以助達成與原作品照片相同的形狀。

Step 10

- 取脇片，將脇片中央的那條記號線對齊腋下部位，並且用絲針固定。

- 確保脇片的橫布紋記號線始終與地面成水平。

- 從腋下到手腕，接著再從腋下到大衣下襬，來來回回地用絲針將脇片與相鄰的裁片相對抓別固定在一起。

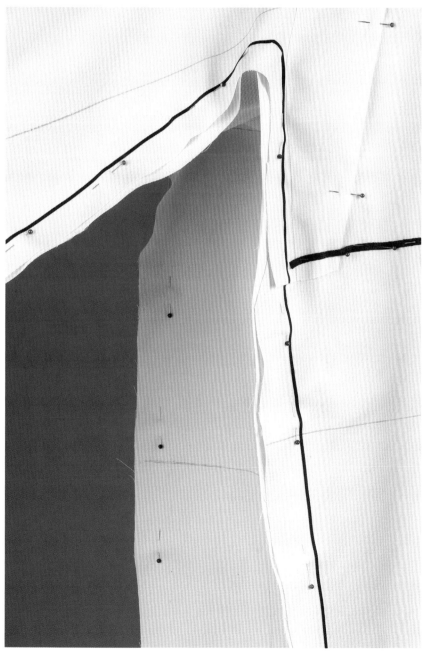

255

Step 11

- 將前片與後片分別蓋在脇片上，用蓋別法固定。這個步驟具有相當難度，並不容易處理，所以要有心理準備，操作過程得耗費一段時間。將填充手臂設定在大約 45 度角。在別針過程中，要經常從下方檢視脇片，以確保它服貼平順且平衡。不必為了保持直布紋記號線置中而煩惱，因為垂披袖子時手臂會向前傾，靠近手腕那端的直布紋記號線可能會移位。

- 對照服裝平面圖檢視各部位比例。此時，先處理某些加工細節會有助於確定整體外形：裝上袋蓋，將袖口與大衣下襬向上翻折，移除標示帶，並將前貼邊往內折入。

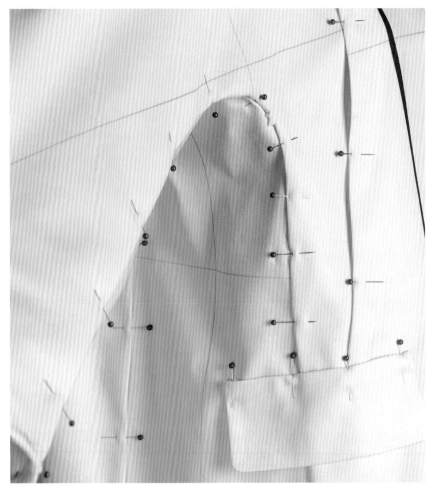

Step 12

- 將手臂抬起、放下，在鏡中觀察這件大衣，並從各個角度加以檢視。

- 等到滿意你的垂披成果後，移除標示帶並用粉片點出領口線條，準備進行領片的垂披。

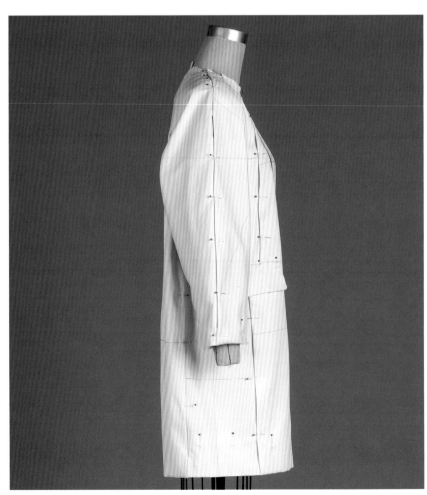

立裁立領

為了決定領子的結構，首先得考慮布紋走向。這款立領鮮明的豎立形狀告訴你，較強韌的直布紋必定落在前中心與後中心這兩個位置。

此外，它需要有領側接線。假設領片後中心線是直布紋，那麼當領片繞到前身時，前中心線的布紋會是斜的，因而使得領片無法保持明顯的站立形狀。再者，添加一道領側接線等同於讓領片從肩膀向上移動發展，因此賦予你更多決定領子角度的自由。

由於這個領子的尺寸很大，垂披完整的一整副領子會比半套的前片與後片更有幫助。當你垂披一整副領子時，領片本身也有助於支撐起自己。假如你選用的胚布偏軟，不妨燙貼布襯增加其強度，協助裁片保持筆挺的形狀。

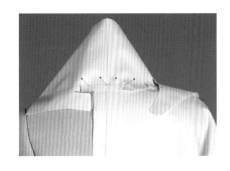

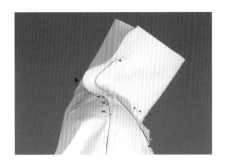

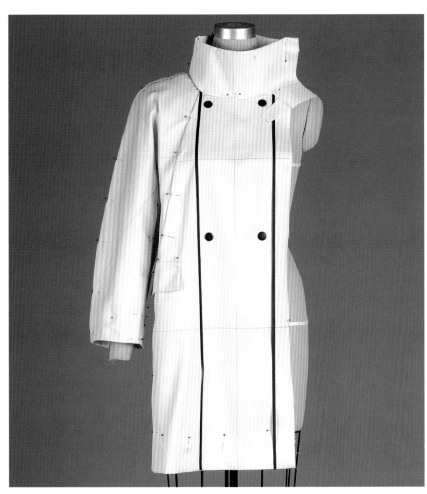

Step 13

- 取後領片，對齊直布紋記號線與大衣後中心線，用絲針沿著橫布紋記號線將後領片固定在大衣後片上。後頸點要用 V 字固定針法加強固定。

- 一邊將領片環繞頸子、帶往肩部走，一邊剪牙口，同時也修去多餘胚布。領片左右兩側均比照辦理。

- 循著你用粉片標示的領圍線進行操作。但當你覺得它無法產生你想要的外觀，就不必死守著原本的標示線。

- 豎立的領片應遠離後頸。

Step 14

- 取前領片，沿著粉片標示的前領圍線，固定直布紋與橫布紋記號線交會處。

- 一邊拉著領片環繞頸子往肩部走，一邊剪牙口，同時修去多餘胚布。

- 豎立的前領片也應遠離頸部，前領片與頸子的距離甚至比後領片與頸子的距離更大。請察看原作照片，注意到了嗎？模特兒的下巴剛好抵在前領片上緣。

- 此外，也要留意這片領子並非是圓的，而是正面寬闊，接著明顯轉向肩膀。

- 固定領子兩側，並修去多餘胚布。

Step 15

- 從側面觀察，前領片向前傾的角度應該比後領片更為明顯。

- 當你覺得整個領型都正確了，就將前領片疊合在後領片上，改用蓋別法固定領片兩側。

- 在微調、改進領型時，只要琢磨一側就行了。請確定前中心與後中心的直布紋記號線是垂直的。稍後我們可以將修正完畢的那一側轉印到紙型的另一側上。

Step 16

- 將領圍線的縫份往內折入，沿著領圍線用絲針固定。

- 假如領片有部分出現塌陷扁掉的情形，就得重新剪牙口。一點一點地剪牙口，同時拉出領片完成線，直到它平順服貼為止。

- 標示領片時要特別小心。當你專注在達成期待的領型，而非嚴守原本的領圍線時，立裁所得的領圍線可能會移位。

- 將領片上緣向下折，以決定領面寬。

3.2

The Grand Gown

大禮服

精湛工藝的最佳展現

與其說「大禮服」（grand gowns）是時尚用語，不如說這個詞是一種說明來得更加精確。它描述的是一種帶有隆重姿態的衣著，諸如新娘禮服（wedding gowns）、舞會禮服（ball gowns）和晚禮服（evening gowns）。這類服裝就是要引人注目，讓人眼睛一亮。

女子盛裝打扮時所穿的服裝就是大禮服。選用最好的布料，採用最先進的立體剪裁與時裝縫製技術，做出最精準合身的成品。這類服裝代表了一個文化群體所能展現最精湛的工藝。時尚史上充滿了許多女裁縫師日以繼夜地為有錢顧客縫製精美袍服的血淚故事。

這類服裝展現的姿態引人入勝，其純粹的美令人著迷，無論男女都難以抵抗其魅力。這些傳奇的禮服包括：奧地利伊莉莎白皇后（Empress Elisabeth）著名的婚紗，法國王后瑪麗·安托瓦內特（Marie Antoinette）極盡奢華的宮廷禮服，郝思嘉在南北戰爭爆發前穿過的眾多浪漫性感舞會禮服。《綠野仙蹤》（The Wizard of Oz）裡善良的北方女巫葛琳達（Glinda），其魔力正是來自她身上的服裝。

在許多文化與時代中，袍服體積大小是一種財力的展現。用好幾碼絲綢製成一件裙裝，代表了穿著者相當富有。在中世紀與文藝復興時期，人們會穿上多層服裝，每件服裝都會被切展開來，以便彰顯底下的華麗布料。從大約公元一四八〇年至一六五〇年間，「切縫」（slash）被用來增添裝飾變化，同時也能顯露出彩色襯裡。

這類服裝的原點或本質結構可以回溯到簡單的形狀——寬大的裙身由多塊布片組成，上身與袖子都打了褶，並且相當合身。

女性服裝的基本架構在幾世紀以來都維持不變。大比例的裙身和裝飾精美的上身是西方文化的典型服裝，但款式和輪廓則隨社會、經濟與文化發展而時有變化，雖然這些新款式其實多半早有前例。其中一個例子是，瑪麗王后和路易十六宮廷女官極度豪奢的服裝，在法國大革命後被更纖細修長的外形輪廓所取代。然而諷刺的是，那種外形借用了布袋裝（chemise dress）的輪廓，但也正是瑪麗王后本人在一七八〇年代讓布袋裝蔚為流行。

高級訂製服之父查爾斯·費得里克·沃斯（Charles Frederick Worth）的藝術之作：內襯絲綢、飾有珍珠繡花與蕾絲的蠶絲緞禮服，上身以鯨鬚條支撐，由機器與手工縫製，製於一八八一年前後。

瑪麗蓮·夢露（Marilyn Monroe）在電影《紳士愛美人》（Gentlemen Prefer Blondes）中以一襲瘦窄的合身洋裝登場後，一九五〇年代蓬鬆豐滿的舞會禮服立刻變得過時。賈桂琳·甘迺迪在一九六一年以第一夫人的身分參加總統就職典禮所穿的禮服既苗條又合身，為接下來新一波的造型潮流鋪路。

就立體剪裁而言，選用的布片愈大，就愈容易迷失在細節中，因而忽略了整體表現。研究大禮服時，重要的是學習如何對最後成果有所想像，進而將它表現出來——實現那莊重宏偉的姿態。具備清晰的意圖和落實它的技能是絕對必要的。

上：伊莉莎白·泰勒（Elizabeth Taylor）在電影《馴悍記》（The Taming of the Shrew）中穿著的文藝復興風格戲服帶有多道切口，透露出底下層層疊疊的多彩布料，藉此巧妙炫富。

下：這件十九世紀初期的晚禮服反映出該時期的時尚造型雖然簡約，卻仍舊採用了精美的布料與繁複的緣飾。

261

支撐裙身

運用大量布料創造一件禮服從來不是件簡單的事。你得具備純熟的技巧,能巧妙安排支撐物,並且雕塑支撐物上方的布料形狀。蓬裙的輪廓會受到使用布料的影響,但也會受到裙面下層結構的左右。縱觀歷史,每當禮服款式發生變化,創造這些款式的下層結構也會改變。多虧了臀圍撐墊(bustles)和硬裡襯(crinolines)、加撐裙(hoop skirts)以及馱籃式裙撐(panniers)、鯨鬚、鐵絲,甚至是木製滑輪,才能成就這些力學奇蹟。

至於罩在下層結構上方(有時也會穿在其下方)的柔軟裙面,則是將布料褶邊一層又一層地堆疊在襯裙基底上,直到達成想要的輪廓為止。選用的布料種類會決定襯裙的形狀,進而決定裙身最終的模樣。

克莉諾琳襯裙

「Crinoline」一詞原是指「硬裡襯」,這是一種以馬鬃為緯線的硬挺亞麻布,表面粗糙不平且經過上漿處理,通常用來製作襯裙。隨著裙身份量增加,需要更多的支撐物輔助,在一八三〇年代以前,多採用鯨鬚或藤條幫忙撐起裙身且讓裙身向外蓬鼓。著名的圓頂形「加撐裙」在一八四六年獲得專利。它讓女人少穿幾層件襯裙,大大減輕裙身重量。

克莉諾琳襯裙並不是一個全新的概念。十五、十六世紀的「加撐襯裙」(farthingale)也是使用亞熱帶的藤條,後來還進一步採用鯨鬚,讓襯裙變得硬挺。

今日,「crinoline」一詞指的是一種能撐出蓬大裙身的裙撐結構。

奧地利伊莉莎白皇后是該年代的時尚偶像。這幀照片攝於一八六七年,當時她穿著一襲大禮服。

馱籃式裙撐

馱籃式裙撐是一種結構類似克莉諾琳襯裙的內衣,使用的材質同樣也是鯨鬚和亞麻布。它能將裙身布料往兩側撐開,但同時保持前身與後背相對扁平。它在十七世紀的西班牙宮廷廣為流行,並於一七七四至一七九二年瑪麗王后在位時期達到顛峰。

有時候,裙身一側的寬度可達一公尺,這寬闊的裙面提供了一個舞台,能展現這些富裕階層偏好的繁複刺繡與精緻裝飾。

克莉絲汀·鄧斯特(Kirsten Dunst)在電影《凡爾賽拜金女》(Marie Antoinette)中所穿的這套戲服,裙面下方得再穿上馱籃式裙撐,才能創造出十八世紀典型的裙身份量。

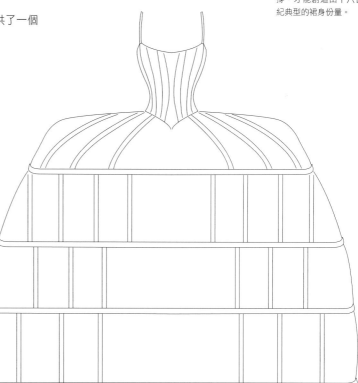

263

束腹馬甲

裙撑只是故事全貌的一半,另一項要素是緊身內衣——也就是束腹馬甲或緊身上衣。

不同於大衣、外套靠肩膀撐起服裝重量,許多現代禮服藉由緊身內衣從腰部撐起整件禮服的重量。裙身與其下層結構的重量被緊身內衣緊密貼身的腰部撐住,同時也支撐起腰部以上的上衣部分。這種緊身內衣必須具備非常貼身且符合腰形的腰線設計,或是在腰線縫上一條緞帶或布條,讓緊身內衣保持在正確位置上。

章節1.3的束腹馬甲是由撐條與份量相當可觀的表布兩相結合,賦予它形體和強度。通常多會採用輕盈的裡布為馬甲內面做簡單的修飾。

然而對於附有緊身內衣的禮服而言,整個概念是顛倒的。底層比較牢靠堅固,也比較厚重,通常是用鯨鬚撐起的結構,而表層(指禮服實際的表布)則是輕輕柔柔地覆蓋在其支撐物上,以減少表布布面的受力狀態。由於精緻的絲綢或錦緞質地通常很細膩,一不小心就容易磨損,內衣不僅負責支撐起整件衣裳,也能保護昂貴的表布免受損傷。

最表層的布料則可為整件禮服定調。就算底層結構完全相同,厚實奢華的天鵝絨(velvet)和輕盈硬挺的烏干紗會創造出截然不同的效果。

從布料尋找靈感

布料本身時常能激發服裝設計的靈感。許多設計師會先將布料固定在人台上,仔細觀察它垂墜的模樣,並由此著手進行設計。

不同布料能創造不同效果

這件亮面絲綢(silk gazar)婚紗只靠一件輕巧的網紗襯裙(左圖)相助,就能獨力展現其風采。請留意右圖中四層縐綢(silk crêpe)從承重的緊身上衣重重垂落時,會形成深刻的褶子,為這件婚紗帶來不同的效果。

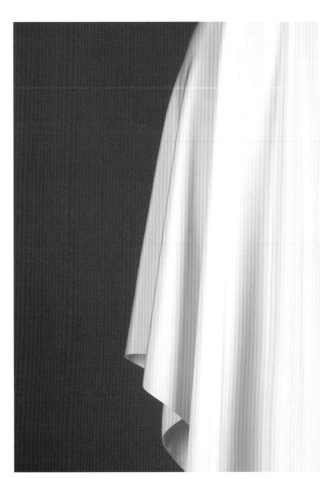

仔細研究前一頁提到的這兩種布料,並想像它們披覆在女神卡卡(Lady Gaga)身上這件禮服的緊身內衣與克莉諾琳襯裙結構上,會是什麼模樣。下方的線條圖顯示出這兩種布料所創造的不同輪廓與調性。

左側的線條圖顯示使用亮面絲綢為表布時,整件服裝可能的模樣:亮面絲綢質地輕薄卻硬挺有型,使整件服裝顯得活潑、輕盈且意氣飛揚。

右側的線條圖顯示使用四層縐綢為表布時,整件服裝可能的模樣:厚重的四層縐綢會受到重力牽引而往下垂落,使得整件服裝呈現往下拉扯的態勢,進而創造出一種質樸卻性感的基調。

女神卡卡出席二〇一〇年葛萊美獎頒獎典禮所穿的禮服,讓人聯想到下層結構為鐵絲材質克莉諾琳襯裙的緊身上衣。

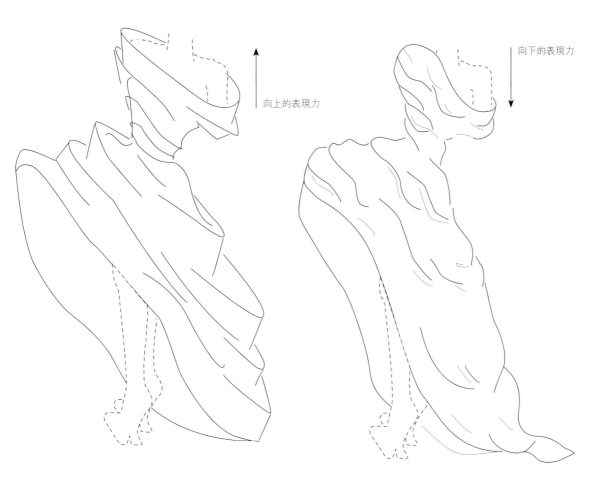

向上的表現力

向下的表現力

附荷葉邊襯裙
的禮服
Gown with ruffled petticoat

善良女巫葛琳達在電影《綠野仙蹤》裡穿著一件附
有合身上衣的巨大紗裙。其裙身是由層層疊疊的薄
紗與烏干紗荷葉邊構成，經過巧妙安排，創造出照
片中的輪廓，以及行走時一種自然的流動。

製作這件裙裝時，可以使用附裙撐硬環的人台，不
過這類人台往往看起來生硬不自然。垂披這件服裝
時，可選用多種不同重量的布料。不妨多方實驗，
找出不同重量的荷葉邊可創造出的各種效果。

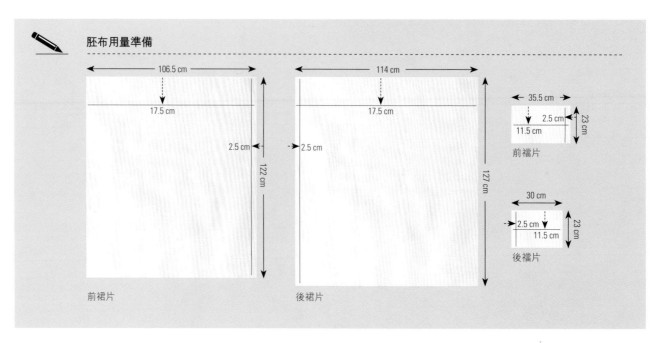

胚布用量準備

106.5 cm

17.5 cm

2.5 cm

122 cm

前裙片

114 cm

17.5 cm

2.5 cm

127 cm

後裙片

35.5 cm

2.5 cm

11.5 cm

23 cm

前襠片

30 cm

2.5 cm

11.5 cm

23 cm

後襠片

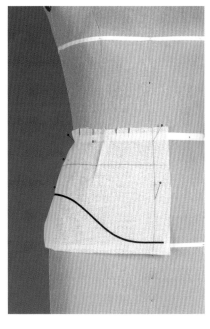
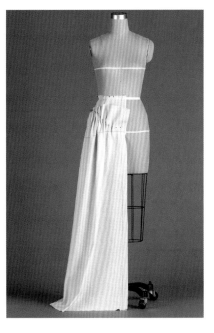

Step 1

- 取前襠片，將胚布前中心線對齊人台前中心線。在第章節 2.1 介紹的低腰襠片碎褶裙（參見第 110～111 頁），其腰線僅簡單地剪牙口，便任由布片環繞包覆腹圍部位。但處理這件裙子時，得在腰部抓出一道腰褶，使橫布紋能保持水平，並賦予襠片足夠的強度，以撐起厚重的裙身。

- 倘若橫布紋能保持水平，則脇邊線就能繼續留在強韌的直布紋上，進一步提供更多的支撐。假設布片朝脇邊圍裹時沒有打褶子，脇邊就會是斜布紋，而讓這塊支撐布片產生過多的伸張。

Step 2

- 取前裙片，對齊胚布與人台的前中心線，接著在胚布上緣抓出碎褶。

- 沿著襠片上的記號線別針固定，讓前裙片下緣自然地向外張開。

- 修去腹圍線與緣邊之間的多餘三角形胚布。

- 以相同手法處理後裙片與後襠片。

- 將脇邊線的縫份往內折入，改用蓋別法固定。

- 將裙片下襬修齊。

- 標示襠片剪接線，並加以校正。

- 車縫襠片的腰褶與脇邊線。

- 車縫裙片的脇邊線。

- 將裙片車縫在襠片上。

Step 3

- 在腰線加上緞帶或稜條絲帶進行壓線縫，以增強腰線強度。

- 將適當寬度的彈性網車縫在裙片下襬，以助於維持輪廓線。

Step 4

- 運用垂披第一層襯裙裙身的相同手法，在臀部位置再垂披一塊新的胚布片，作為固定下一組荷葉邊的基底。

Step 5

- 剪一塊適當寬度的硬裡襯，將一側緊密地縮縫出荷葉邊。

- 從前中心線開始到後中心線為止，將硬裡襯荷葉邊針別固定在外層襯裙上，讓它與襯裙下襬保持齊平。

Step 6

- 在臀部打造兩層重疊的硬裡襯。

Step 7

- 在兩層硬裡襯外層，覆上一層烏干紗，用手縫的方式將烏干紗固定在襠片剪接線上。

- 留意每增添一層布料，裙身的輪廓是如何持續演變。慢慢打造出份量感，並嘗試達成葛琳達那件禮服外形的效果。

Step 8

- 仔細端詳原作照片，找出打造一模一樣的裙身輪廓的方法。看來襯裙的臀圍線還需要再向外多擴展一些。

- 運用精緻的薄紗創造另一層裙面，並將它假縫在烏干紗上。縫合位置則選在你認為需要額外寬度的裙面高度。

- 最後，在裙襬上方大約 30 公分（12 英寸）處再多加些薄紗荷葉邊，讓禮服下緣能向外多延展一些。

Step 9

- 在襯裙的最外層覆上閃亮的烏干紗。你得運用足量的布料，才能創造出想要的裙身飽滿度。與前襠片相連處的裙身會往下凹，所以別忘了將此處的布料往內打褶收攏，並在打褶的布片上標出與襠片相連的角度。

- 縫合布片，調整好襯裙上緣，將它手縫在襠片上。

- 修剪裙襬，讓它與地面齊平。

奧斯卡‧德拉倫塔禮服

葛妮絲‧派特洛（Gwyneth Paltrow）出席一九九九年奧斯卡頒獎典禮所穿的
這件禮服，是由奧斯卡‧德拉倫塔（Oscar de la Renta）所設計。它具備了
典雅之美：簡單的線條將穿著者襯托得更加明豔動人，蓬裙既惹人注目又華
麗，但卻不至於過分奢侈，透露出一股自信優雅與節制的感受。而輕盈、有
挺度的真絲塔夫塔綢（silk taffeta）則為這件服裝帶來年輕、公主般的特質。

製作大型裙裝的其中一項挑戰，是決定如何縫合。
首先必須考慮所選用布料的幅寬，接著計算足夠環繞成
品裙襬一圈所需的布料寬度。

類似奧地利伊莉莎白皇后所穿的大禮服（第262頁）
這樣的大型裙裝，前、後衣身的用布量肯定各需要至少
八倍布幅寬。縫合這些方形布片時，得在腰間抓出很多
碎褶，因此通常會將它們剪成楔形裁片。這麼一來，只
要在腰間抓出少量碎褶，就能創造出纖細的腰身與蓬鼓
的裙襬。

而這件裙裝從腰間展開、很深的活褶則為裙身創造
出飽滿蓬鬆感。儘管裙襬很寬，但每一側的用布量可能

不多於四倍布幅寬。

剪裁合宜的上身具備了細膩的線條，肩帶相當細窄
且分得很開。這件禮服肯定附有緊身內衣，方便輕薄的
真絲塔夫塔綢覆蓋其上。那緊身內衣不只是支撐胸部、
雕塑軀體線條，還提供襯裙縫附的基底。而賦予蓬裙其
形狀的，則是襯裙。

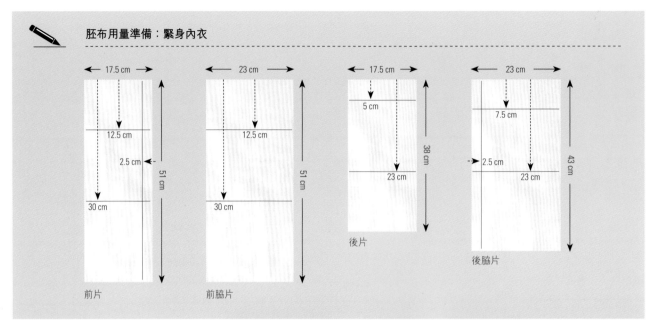

胚布用量準備：緊身內衣

17.5 cm

12.5 cm

2.5 cm

30 cm

51 cm

前片

23 cm

12.5 cm

30 cm

51 cm

前脇片

17.5 cm

5 cm

23 cm

38 cm

後片

23 cm

7.5 cm

2.5 cm

23 cm

43 cm

後脇片

立裁緊身內衣

復習章節1.3「束腹馬甲」，為立裁這件緊身內衣預作準備。

Step 1

■ 將緊身內衣的前片放在人台上，對齊胚布與人台的前中心線。在胸圍線上抓出一道橫向褶子。這是為了讓乳尖點之間的束腹馬甲前中心線能貼合人台身形。

Step 2

■ 按照章節 1.3「公主剪接線馬甲」（參見第 72 ～ 73 頁）的手法處理前脇片。

Step 3

■ 按照章節 1.3「公主剪接線馬甲」（參見第 73 頁）的手法處理後片和後脇片。

■ 在前脇片上抓出一道額外的褶子，並別針固定，以便進一步雕塑腰部線條。

完成緊身內衣

■ 裁切所有布片，將緊身內衣裁片縫合在一起。

■ 標示撐條線條。

■ 標示上緣。

■ 標示下襬。

Step 4

■ 縫合整件緊身內衣。

■ 在預定的上緣位置將縫份往內折入。

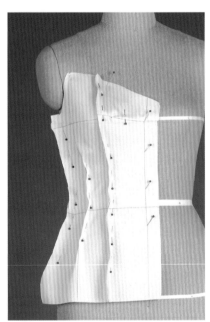

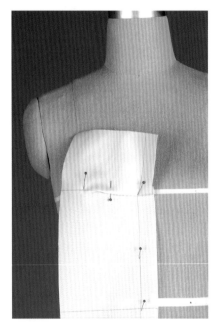

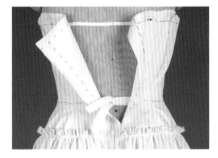

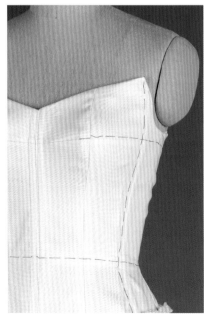

Step 5

■ 在緊身內衣的腰線內側縫上一段緞帶或棱條絲帶。在模特兒試衣時，首先要拉緊這段織帶，以便撐起服裝的重量。建議使用鉤眼釦作為扣合物。

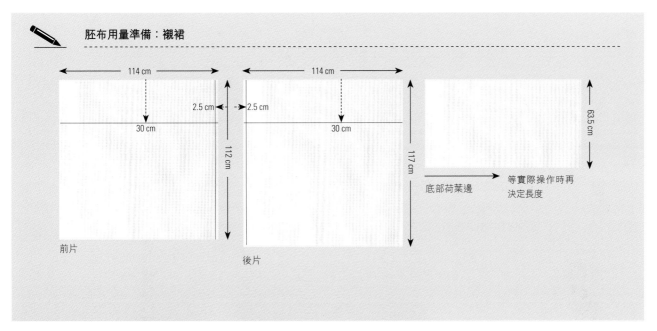

114 cm
2.5 cm
30 cm
112 cm
前片

114 cm
2.5 cm
30 cm
117 cm
後片

63.5 cm
底部荷葉邊
等實際操作時再
決定長度

立裁襯裙

Step 6

- 按照第 267 ～ 268 頁的方法進行襯裙的
  立裁。

- 完成襯裙基底，並將馬毛織帶縫在裙襬
  內側，以幫助襯裙裙襬保持向外張展的
  形狀。

Step 7

- 在裙身下半部加上一層薄紗荷葉邊，讓
  它變得更為蓬鼓。

273

立裁禮服表布

Step 8 30

- 動手操作禮服表布立裁之前，可先嘗試
  將一塊真絲塔夫塔綢垂披在人台上。這
  有助於具體掌握服裝的份量感，並決定
  裙襬襬幅該有多寬、腰間活褶該有多深
  才恰當。

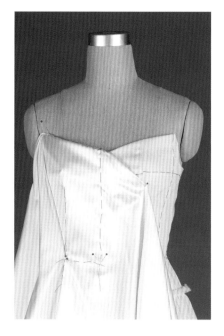
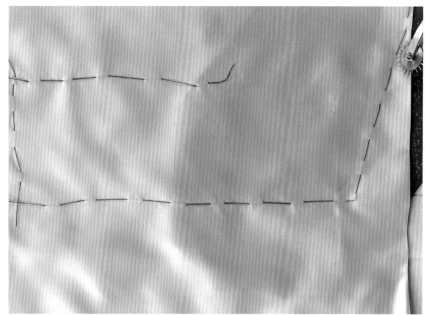

Step 9

- 正面上身的腰間會有一道相當深的活褶。仔細研究不同深度的活褶能為這塊塔夫塔綢帶來怎樣不同的效果,以便決定這道活褶該有多深。

- 等你垂披妥當後,用記號縫標示活褶與上身上緣位置。

Step 10

- 從人台取下這塊塔夫塔綢。

- 將塔夫塔綢做了記號縫的部位放在胚布裁片上,運用點線器和複寫紙,將記號線描摹到胚布上,協助定出前中心線的位置。

接下來,運用你從垂披實際布料蒐集而得的資訊,定出禮服的胚布裁片尺寸與比例。從前述練習所得的尺寸將決定胚布片的尺寸。

✏️ **胚布用量準備:禮服表布**

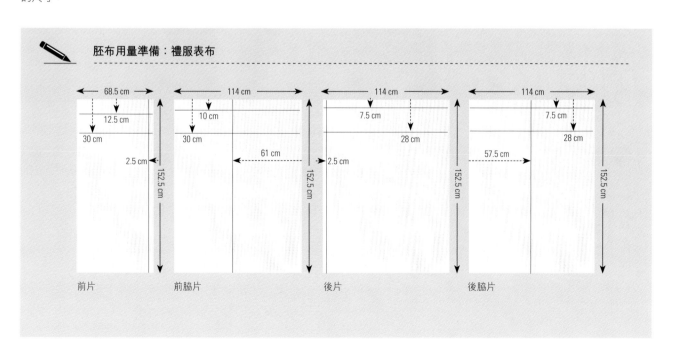

前片　　前脇片　　後片　　後脇片

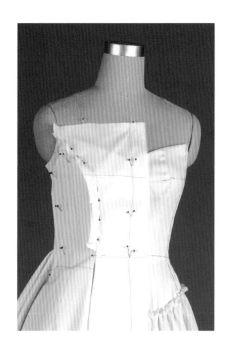

Step 11

- 取前片，循著從垂披布料描摹而得的記號線，將胚布前中心記號線對齊人台前中心線。

- 沿著緊身內衣上緣定出禮服表布的上緣位置。

- 在打活褶的點上將胚布往內折入。

- 任由胚布盡可能蓬鼓地垂披在襯裙上。

Step 12

- 取前脇片，將胚布的直布紋記號線置於人台公主線與脇邊線的正中央。

- 按照章節 1.3「公主剪接線馬甲」（參見第 73 頁）的手法，將前脇片針別固定在前片上。

- 修剪腰線上方多餘的三角形胚布。

Step 13

- 定出公主剪接線後，請仔細端詳原作照片，留意兩條肩帶的位置分得很開，落在緊身內衣上緣距離最遠的兩點上。

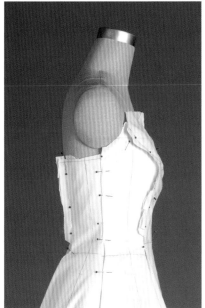

Step 14

- 取後片，將胚布後中心記號線對齊人台後中心線，並任由覆蓋在襯裙上的胚布片盡可能完全展開。

Step 15

- 取後脇片，將胚布的直布紋記號線置於人台後公主線與脇邊線的正中央。

Step 16

- 從脇邊線開始，將縫份往內折入，盡可能讓布片展開至最大幅度。

Step 17

- 用蓋別法將前片疊合固定在前脇片上。
- 接著將後脇片疊合固定在後片上。

做記號與描實

- 用鉛筆或粉片在胚布上做記號。
- 假如你是使用塔夫塔綢操作前述立裁步驟，則用記號縫與線釘標示縫合線。
- 拆下絲針，輕輕撫平胚布片，將記號連接起來、線條修順。
- 每個裁片都裁兩份布片，接著重新別針固定或縫合這些布片，以檢測紙型是否需要補正。

分析

- 首先，分析立裁成品的整體感。它是否具備原作照片中那種輕盈、年輕又俏皮的感覺？假如沒有，試著找出原因。有可能是比例問題，或者是肩帶太細，亦或是活褶的位置太靠近上身中央。

- 接下來，檢查立裁成品的所有線條與平衡性。從肩膀的頂端開始，仔細比較你的作品與原作的輪廓。訓練你的眼睛分辨細微的差異，看出它們會如何影響整體外觀。

- 你注意到立裁成品的 V 領角度比較淺嗎？這會讓上身看起來比較厚實且略為拉長。這一點需要加以修正。

- 你的立裁作品有哪些地方做得不錯呢？它是否達成服裝平面圖或原作照片的設計意圖？你會怎麼描述它要傳達的態度？

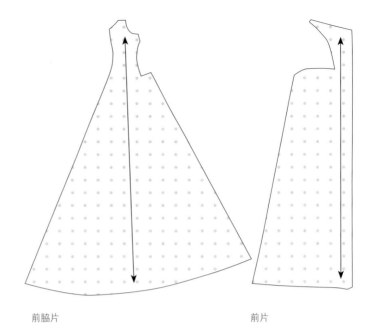

前脇片　　　　　　　　　　前片

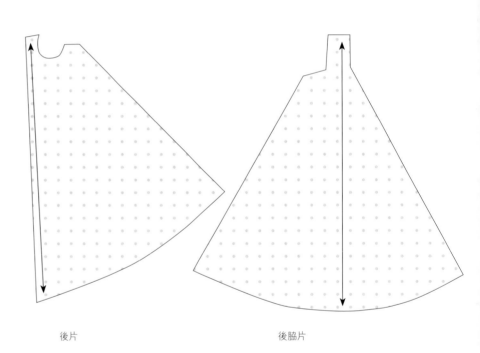

後片　　　　　　　　　後脇片

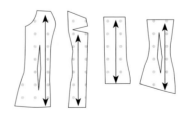

前脇片　　前片　　後脇片　　後片

278

英國皇室婚紗
Royal wedding gown

　　凱瑟琳·密道頓（Catherine Middleton）在二○一一年四月與劍橋公爵威廉王子（Prince William, Duke of Cambridge）結為連理時所穿的精緻婚紗，充分展現了最精湛的英國工藝。這件禮服是由莎拉·伯頓（Sarah Burton）所設計，並由麥坤時裝公司（Alexander McQueen）負責縫製。使用的布料是象牙白的蠶絲緞薄紗（silk satin gazar），上身則採用英國克綸尼凸紋蕾絲與法國尚蒂利細花蕾絲，並飾有愛爾蘭貼花刺繡。長二·七公尺（九英尺）的曳地裙裾（train）在後腰上有一處精細巧妙的荷葉邊設計，這就是以下要操作的立裁課題。

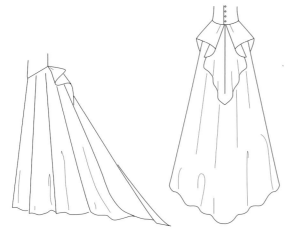

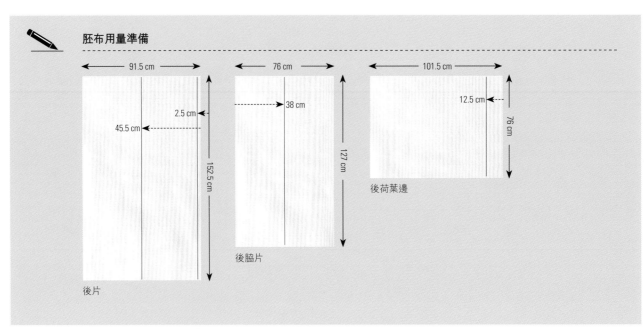

✏️ **胚布用量準備**

後片
91.5 cm
2.5 cm
45.5 cm
152.5 cm

後脇片
76 cm
38 cm
127 cm

後荷葉邊
101.5 cm
12.5 cm
76 cm

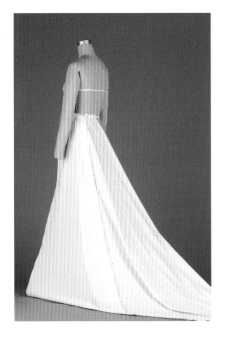

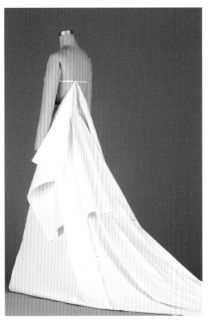

Step 1

- 首先要創造後裙身，作為操作荷葉邊立裁的基底。凱特王妃婚紗的實際裙長為2.7公尺（9英尺），但是這裡只需要一定的長度與寬度，能讓你對比例有大致概念即可。

- 取後片，將它垂披在人台腰線上，讓它在地板上攤開。

- 接著垂披後脇片，並將它與後片固定在一起，以便撐起兩塊裁片重疊部位。

- 用絲針沿著後腰圍線牢牢固定。

- 不妨在裙襬部位放些重物，有助於裙裾呈扇形展開。

Step 2

- 將後垂墜裁片垂披在後背高處，讓腰後方有足夠的胚布能形成波浪狀。在胚布片頂端邊緣下方大約30公分（12英寸）處，用絲針固定於腰間。

Step 3

- 垂直地向下剪至腰間，讓胚布順勢往後倒落。這麼做能創造出層次錯落的垂披效果。

- 如照片所示，抓別一道褶深很深的褶子，褶向朝向脇邊，在腰圍線用絲針固定。

Step 4

- 留意垂披裁片的下襬此刻相當筆直地垂落在裙裾上。

- 修剪垂披裁片的下襬，讓它朝抓褶區域的中央斜向上，在後中心與後脇部位保留較長的長度。

- 對照原作照片，檢查比例是否恰當。

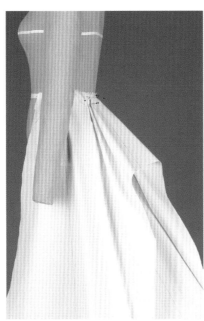

Step 5

- 檢視活褶的角度。察看原作照片，注意活褶的走向。

- 重新別針並調整活褶角度，直到你感覺已達成應有的外觀。

- 請注意，後荷葉邊的形狀是由實品究竟納入多少波浪，以及荷葉片本身的長度來決定。假如你想要更多波浪，就得先做出更多折疊，請仔細研究你在 **Step 3** 所剪的那一刀。不妨想像一下，如果那一刀剪得更深，讓更多布料倒向垂披裁片，整個荷葉片會產生什麼變化？

3.3

Draping on the Bias
斜裁服裝

凸顯身材曲線的巧妙技法

斜裁服裝的裁片中心線與經緯紗成45度夾角。這種排版裁剪法讓梭織物組織不受拘束，能自由伸張，使斜裁布料具備柔軟的垂披特質。同時，其伸張性讓布料能隨人體曲線塑形。

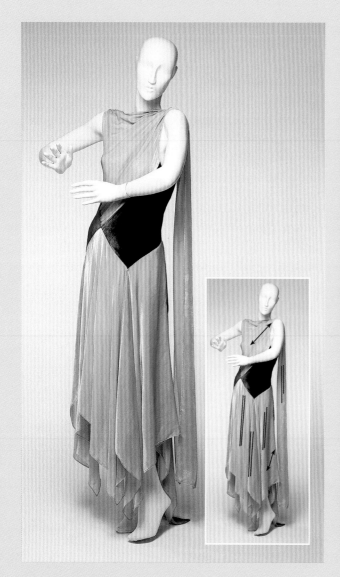

在這件一九二六年馬德萊娜·薇歐奈的經典設計作品中，斜裁讓上身與綠色衣片符合穿衣者的身形。那輕盈飄動的裙身是許多方形布片以45度角疊合組成。這麼一來，斜布紋會垂直懸垂，創造出層次錯落的效果。直布紋（在右下嵌入小圖中以雙箭頭符號表示）為肩膀部位帶來力量，讓肩膀能撐起整件服裝的重量。裙身布片則是斜裁（斜布紋用雙線表示）。

女星克勞黛·考爾白（Claudette Colbert）在電影《一夜風流》（It Happened One-Night）中，穿著一襲斜裁的綢緞紗婚紗。比起馬德萊娜·薇歐奈設計的服裝（左圖）所選用的布料，這種布料較為厚重。其重量順著臀部曲線，以寬大華麗的褶層形式垂落，而裙襬則是以優美流暢的姿態飄拂著。

時裝設計師馬德萊娜・薇歐奈（Madeleine Vionnet, 1876-1975）的名字早已成為斜裁的代名詞。薇歐奈是第一位廣泛運用斜裁的時裝設計師。她利用斜布紋的伸縮性與流動性，以全新方式塑造服裝外形，凸顯女體的自然曲線。她在一九二〇年代創作一系列別具新意的作品。當時，無束腰穿著的概念終於開始茁壯成長。

薇歐奈經常在自己的作品中應用垂披簡單方形布片所帶來的純淨感，有時則參考古希臘的佩普洛斯長衫，在肩部扣合方形布片，並在腰際繫上繩帶。縮小尺寸人台是實踐薇歐奈技法不可或缺的工具。有許多照片捕捉到這位設計師將她的娃娃尺寸木製人台放在一張可旋轉的鋼琴椅上，自己則坐在一旁，揣想該如何將斜裁布片結合在一起。接著，她會繪製圖表，將布片預裁成所需形狀，然後才將布片垂披到標準尺寸人台，或她眾多的私人客戶其一身上。

當然，斜裁需要較大尺寸的布片，才能容納傾斜的紙型裁片。但是，假如這些裁片經過巧妙縫合，便能以螺旋形式包裹住身體，進而使這種斜裁紙型達到和直布紋服裝同等經濟的布料裁剪利用。

傳統上，斜裁服裝會選用柔軟的布料，如喬其紗、縐綢與雪紡紗。由於香夢思縐緞能貼合身形，經常用於製作貼身衣物，成了當代布料的寵兒。當然，任何布料都能斜裁。就連厚重的羊毛服裝也會融入斜裁技法，幫助領片翻折得更為順暢，或為特定部位增添支撐力。

斜裁在二十與二十一世紀依舊蔚為流行，尤其是一九三〇年代。在那個好萊塢服裝設計工作室的黃金年代，無節度的豪奢被奉為圭臬。這些時尚設計師雇用了一批專家，創造出一九三〇至一九五〇年代電影中那些創意非凡的斜裁服裝。

取一塊材質類似克勞黛・考爾白那襲婚紗的縐綢紗，將布片的正斜紋與人台前中心線對齊後，垂披在人台上。仔細研究這塊布料攤覆在人台表面時，布料的垂落方式。

斜裁細肩帶短襯衣
Bias-draped camisole

　　這件細肩帶短襯衣（camisole）在兩處利用了斜裁的優點：胸口的絲綢網眼布料因斜裁而產生的美妙垂墜褶形，以及紙型裁片容易剪裁。前片與後片基本上是正方形布片，斜立在其對角線上，因此，其正斜布紋恰好會在前中心與後中心筆直垂落。這件斜裁的香夢思緞緞服裝穿起來會讓布料在胸部微微舒展，但在腰部與腹圍處則是曲線畢露，使女性的曼妙身段展露無遺。

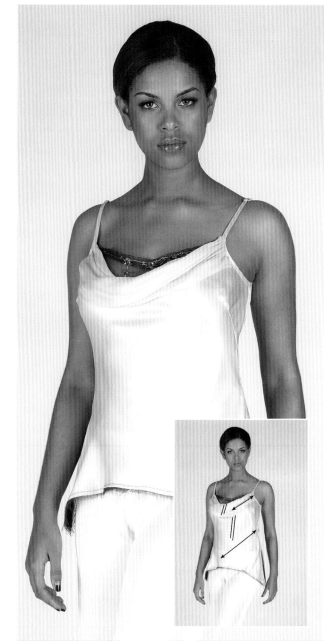

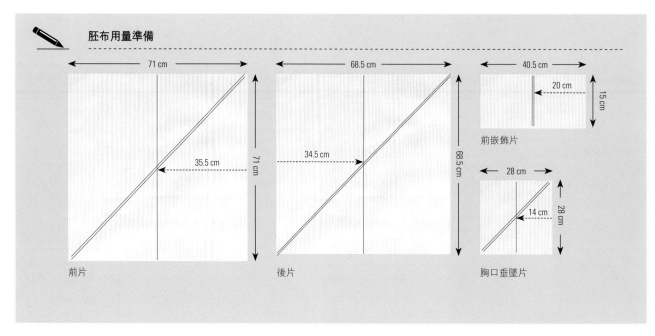

✏️ **胚布用量準備**

| 前片 | 後片 | 前嵌飾片 |

前片：71 cm × 71 cm，35.5 cm

後片：68.5 cm × 68.5 cm，34.5 cm

前嵌飾片：40.5 cm × 15 cm，20 cm

胸口垂墜片：28 cm × 28 cm，14 cm

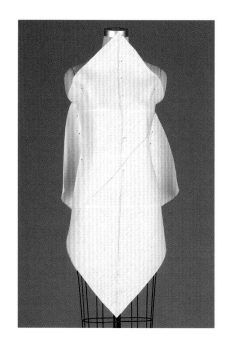

Step 1

- 將前片的正斜布紋記號線用絲針固定在
  人台前中心線上。

- 將胚布往人台脇邊撫平，盡可能仔細地
  別針固定，以免布片產生拉扯或扭轉。

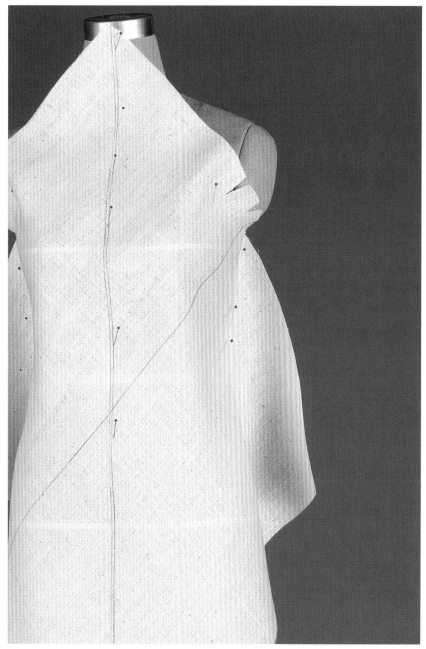

Step 2

- 若有必要，在袖襱底部剪牙口。請留意
  當布料拉緊時，會在乳尖點上方與下方
  形成鬆份，可是人台的形狀依舊清晰可
  見，因為正斜布紋往往會按照人台形狀
  來塑形。

Step 3

- 抓出一道脇邊褶，以便將胚布更進一步拉近人台。

- 從 **Step 1** 起，以相同手法處理後片。

- 將前、後片的脇邊線背對背疊合，以抓別法固定後，修去多餘胚布。

- 用斜紋織帶標示下襬。

- 用斜紋織帶或標示帶標示胸圍線，也就是蕾絲與衣身布料交會處。這將是胸部鬆份不該再影響衣身形狀的切分點。

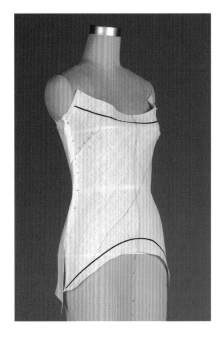
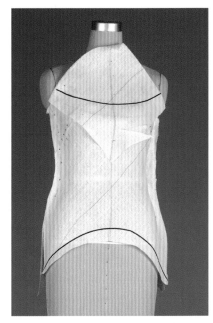

Step 4

- 將蕾絲嵌飾片的正斜布紋置中對齊人台前中心線。

- 修剪蕾絲嵌飾片與前片上緣交會處的多餘胚布。

- 標示出蕾絲嵌飾片的上緣。修去標示線上方的多餘胚布。

Step 5

- 把蕾絲嵌飾片視為一種抵片。當它與前片上緣交會時，會吸納該處的額外鬆份，進而讓前中心到腋窩中央部位呈現平滑貼合的狀態。

- 沿著這條線將蕾絲嵌飾片的下緣縫份往內折入。

- 將蕾絲嵌飾片的上緣翻折整理妥當。

- 將脇邊線改為前片疊合在後片上，並用蓋別法固定。

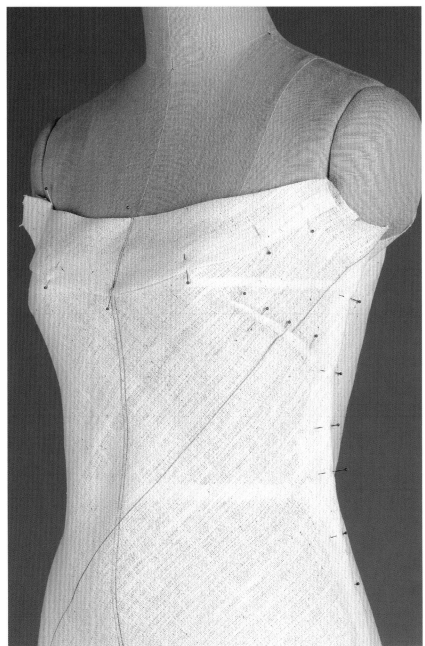

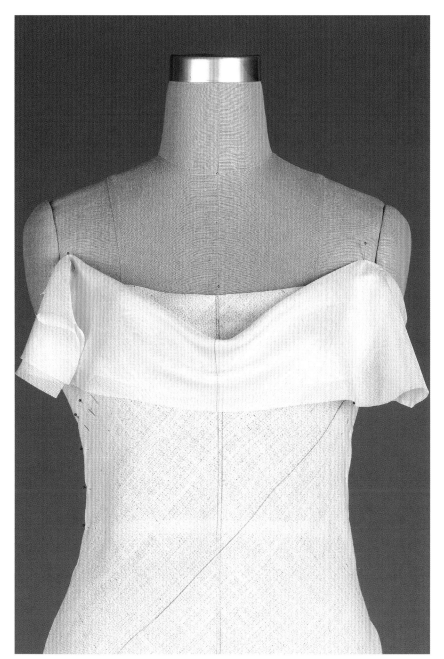

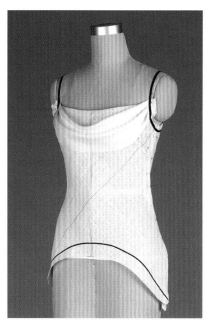

Step 7

- 修剪胸口垂墜片兩側的多餘胚布，並且定出細肩帶位置。

- 記得，胸圍脇邊／腋下部位需要保持在較高處，才能保護胸口側邊不致走光。

Step 6

- 將胸口垂墜片的正斜布紋對齊人台前中心線，並且決定垂墜褶形（或稱「羅馬領」）的份量多寡。

- 在此使用絹網代表柔軟的布料。若能使用雪紡紗或喬其紗進行垂披，將會是個有益的練習，不過，假如手邊沒有這類布料，直接運用和衣身相同的布料也行得通。

- 用絲針固定兩側，並再次檢查前中心垂褶的深度。由於內層蕾絲極為輕薄透明，得適當遮蓋胸口以免走光，不過還是要能顯露蕾絲的裝飾才恰當。

補正斜裁服裝 31

處理斜裁服裝時，如果希望特定部位能更貼合身形，未必得直接從那個部位下手，而是可以循著直布紋，找出直布紋與布片邊緣交會處，從該處將布片拉近人台。

斜裁公主剪接線
長襯衣
Bias chemise with princess line

斜裁服裝能輕柔貼合身形，非常適合裁製女性貼身衣物。如同斜裁短襯衣，在此將會運用略為厚重的絲麻混紡布。透過斜裁，能使這款織物的伸縮方式與最終製成品所使用的絲質布料的伸縮特性更加接近。此外，使用這種織目較粗的布料更容易清楚看見實際的布紋走向。

斜裁服裝須垂披完整的裁片

立裁這件長襯衣時，不能只垂披從前中心到公主線，而是要處理一片完整的前片。操作斜裁服裝時，將裁片剪得略大以取得支撐力是必要的。如果剪在正斜紋上，布片則會過度伸展。

✏️ **胚布用量準備**

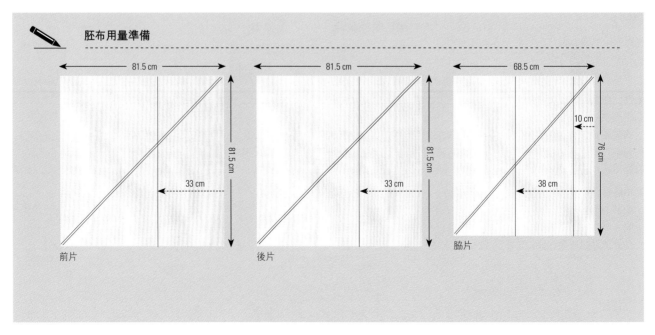

前片　81.5 cm　81.5 cm　33 cm

後片　81.5 cm　81.5 cm　33 cm

脇片　68.5 cm　76 cm　38 cm　10 cm

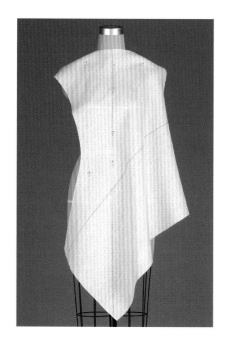

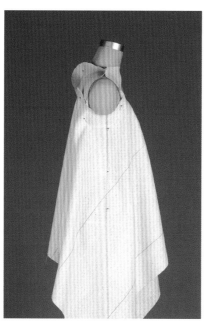

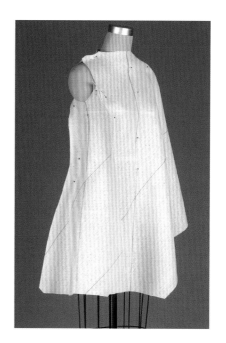

Step 1

- 取前片，將胚布的正斜布紋記號線對齊人台前中心線。

- 沿著款式設計線（這裡指的是公主剪接線）修剪胚布。

- 保留至少 2.5 公分（1 英寸）的縫份，剪去多餘胚布。

- 以相同手法處理後片。

- 用抓別法固定肩線。

Step 2

- 取脇片，將胚布的正斜布紋記號線對齊人台脇邊線。

- 用絲針固定腋下周圍，接著任由脇片自由垂落。

- 此時，斜向布紋會開始伸縮。讓它自然垂落，等布料停止伸縮後，輕輕地用絲針固定脇邊線，讓布紋走向保持筆直。

Step 3

- 將前片、脇片、後片兩兩相對抓別固定在一起。

- 嘗試拉整裁片，盡可能讓它貼合身形，呈現平衡狀態。不妨試著拉扯同一裁片的不同部位，看看會發生什麼情況。

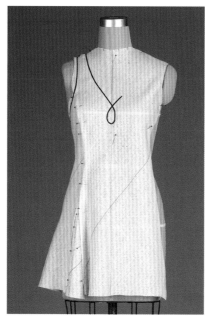

Step 4

- 將前片疊合在脇片上，再將後片疊合在脇片上，用蓋別法固定。修剪胚布，必要時可剪牙口。此外，將前片疊合在後片上，用蓋別法固定肩線。

- 往後退一步來檢查輪廓：它應該貼身，而不是緊身。

- 固定下襬。再次檢查腰身；在布料仍能平順滑落的前提下，盡可能將布料往人台拉近使其貼身一點。

Step 5

- 打開前、後公主剪接線靠下襬這一端，並在前、後片之下嵌入倒 V 形三角襯布。將下襬襯布往外拉，直到達成你想要的波浪狀。

- 將接合縫口往內折入。

- 標示領口與袖襱。

《八點鐘晚宴》珍・哈露的斜裁洋裝

吉爾伯特・阿德里安（Gilbert Adrian）為「金髮肉彈」珍・哈露（Jean Harlow）在電影《八點鐘晚宴》（*Dinner at Eight*）中的角色，設計了這襲斜裁緞面襯衣式洋裝。

這件衣服後來成了珍・哈露的招牌造型，更為她凝聚了超高人氣。斜裁的螺旋動態完美地詮釋這襲服裝的態度。珍・哈露渾身所散發的媚勁，僅略微被這襲緊密貼身的薄紗所約束。

想要找出這類運用螺旋設計的服裝用布量，首先得在縮小尺寸人台上進行粗略的垂披，以便決定該從哪裡剪開布料。接下來拆解垂披成品，看看該如何排列放置這些裁片，才能最節省布料。在此使用的縮小尺寸人台是1/2人台，所以你只需將所得規格乘以二，就能得到這些裁片的實際尺寸。

這款斜裁洋裝會非常貼身。不同種類布料的斜向伸縮程度各有不同，因此最好能用本布進行立裁操作。

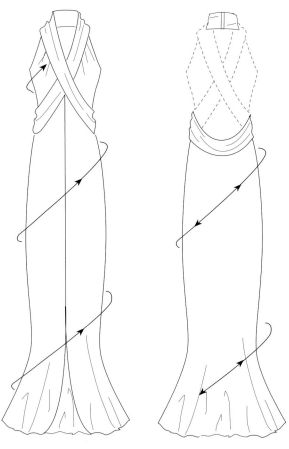

使用縮小尺寸人台

- 這件衣服的用布量大約是 3.2 公尺（3.5 碼）長。選用的布匹幅寬為 137 公分（54 英寸）。

- 準備一塊布片或胚布，尺寸為上述估計值的一半，也就是 1.4 公尺（1.5 碼）長，68.5 公分（27 英寸）寬。

- 從照片可清楚看見這件衣服的前中心有條縫合線，所以，首先讓正斜布紋在後中心筆直垂落。

- 接著將布片從左右拉向前中心圍裹人台，看看寬度是否足夠讓這件服裝沒有脇邊完成線。

- 雖然前下襬可能略有短缺，但整體看來，布片剛好夠寬。斜裁服裝時常會運用倒 V 形三角襯布補足短缺的角落。有了這

層認識，就可以繼續往下操作。

- 沿著臀圍水平地落針固定，這是整件衣服最緊密貼身的部位。在環繞人台進行別針作業的過程中，記得保持斜布紋一貫筆直。

- 剪掉前身下襬的三角形布料。

- 順著織物紋理，從胸部下方一刀斜剪至後背。

- 後腹圍部位很難做出緊密貼身的效果，因此不妨在後中心線較低部位放上一個嵌飾。

- 運用一條斜裁帶子作為繞頸領圈。

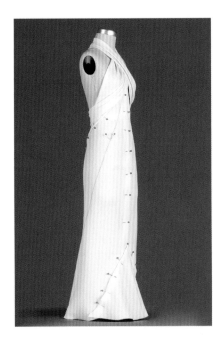

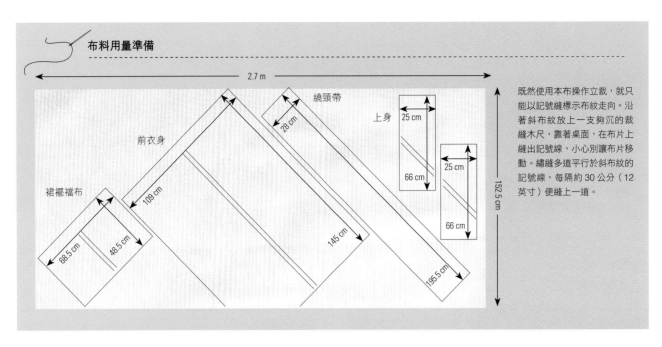

布料用量準備

2.7 m

前衣身

繞頸帶

28 cm

上身

25 cm

66 cm

25 cm

66 cm

109 cm

裙襬襠布

68.5 cm

48.5 cm

145 cm

195.5 cm

152.5 cm

既然使用本布操作立裁,就只能以記號縫標示布紋走向。沿著斜布紋放上一支夠沉的裁縫木尺,靠著桌面,在布片上縫出記號線,小心別讓布片移動。繡縫多道平行於斜布紋的記號線,每隔約 30 公分(12 英寸)便縫上一道。

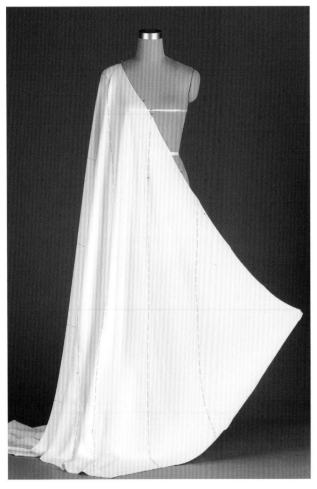

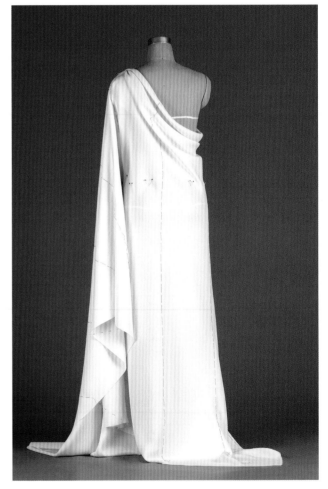

Step 1

- 取前衣身片,將其中一道正斜紋對齊人台前中心線,布片高度必須能恰好蓋住胸圍線與前中心線交會處。用絲針將布片固定在這個交會處,接著將布片往後背圍裹。

- 為了保持正斜紋筆直垂落地面,將布片較高的一端披上人台右肩,用絲針固定在肩膀上。

- 將布片固定在人台前中心線與後中心線上。

Step 2

- 將布片往後背圍裹,保持正斜紋筆直垂落地面。

- 沿著臀圍線用絲針固定,直到後中心線為止。

- 拆除固定在右肩上的絲針。

- 將多出來的布片固定在左肩上。

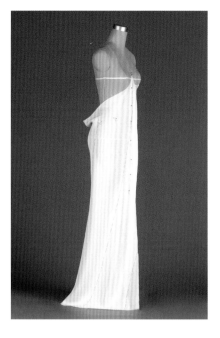

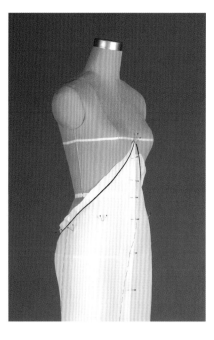

Step 3

- 持續環繞人台垂披布料，直到再度回到前中心線，接著從胸下圍到下襬別針固定出一條垂直的完成線。

- 剪去前中心的多餘布料——基本上，就是兩大塊三角形。

- 此時，這件衣服的主體已確立。接著，修去下襬與後背線條的多餘布料。

Step 4

- 將前中心的完成線縫份往內折，用絲針固定。持續調整、修正這件服裝的合身度。最貼合身形的部位應該會落在臀部。盡可能將腰際的布料拉近人台。

- 注意這件服裝的外觀在前中心線是向上提的。愈是將這個點往上提，腰部就會愈合身。

- 標示臀圍線，也就是布片無法貼合人台及產生鬆份的位置。這就是後背需要縫上一塊嵌飾片的地方。

- 持續往上、往前身標示剪接線，直到前中心的雙乳之間。

- 剪去多餘布料。

Step 5

- 定出上身和後片。要做到這一點，取一片稍早被修剪掉的布片，讓直布紋沿著胸部側邊垂落。在此運用強韌的直布紋能大幅降低彈性的產生，防止這個部位延展變形。從脅邊撐起胸部讓它往前中心集中，是理想的處理方式。

- 如照片所示，在領口抓出兩道活褶，以容納胸部鬆份。

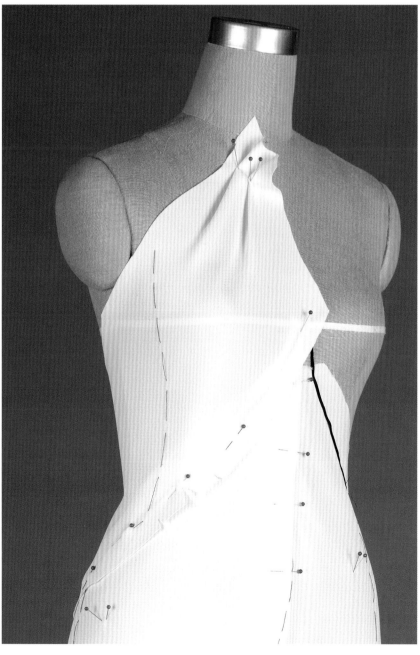

Step 6

- 將上身裁片往後背包覆圍裹，讓它與裙身的腹圍線連接在一起。

- 將縫份往內折入，沿著剪接線別針固定，並吸納剪接線附近產生的鬆份。

- 取一大塊三角形布片蓋在前中心線底部短缺布料的位置，以便垂披裙襬襯布。將它平均固定在裙襬的左前與右前部位，並容許它在中央處略朝外垂披，以便爭取多一點的行走空間。

Step 7

- 如照片所示，將斜裁的繞頸帶從後腰中心線開始圍裹至人台正面。

- 在後頸點用扣合物固定繞頸帶。

Step 8

- 如照片所示，重新調整繞頸帶跨過胸部的位置。

- 將裙襬縫份往上折入。

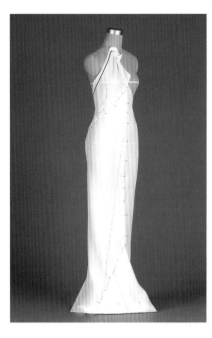
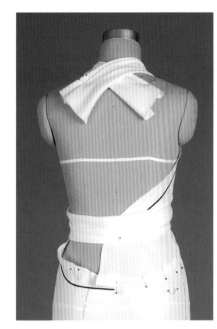

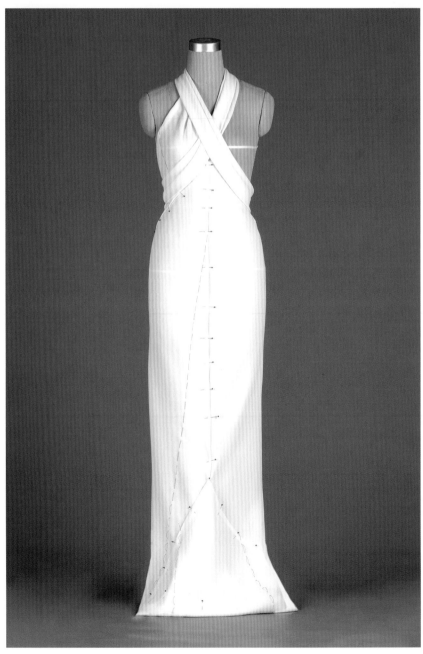

做記號與描寶

- 運用對比色的線在布片上標示每一塊裁片的輪廓。

- 首先,沿著所有縫合線做出記號縫。

- 在上身與裙身相接處,記得要在縫合線的兩側都做出記號縫。這麼一來,等取下布片後,才能讓每一塊裁片都保有標示記號。

- 每塊裁片至少得做上一個對合點記號。如此一來,等你描寶校正記號線時,才能更容易連接縫合線。

- 用線釘標示活褶。

- 在斜裁繞頸帶上分別標示出它與後中心線及脇邊線的交會處,還有它在前中心線跨越自身的位置。

- 縫上記號縫後,拆除絲針,剪開線釘,輕輕壓平布片。

- 仔細研究這些裁片的形狀,留意有無任何線條看起來搖晃不穩或不平衡。

- 此時,有能力分辨判斷某一道波浪線條究竟是你垂披的精妙之處或有待修正的瑕疵,是很重要的。除非你確定某條線屬於前述兩者的哪一種,否則不要隨便撫平它。假如你不知道答案,請重新別針,將它穿回人台上檢視。

- 假如你想保留版型,可以使用點線器將它複寫到繪圖紙上。否則,即可逕行修剪這些裁片,並且沿著標示的縫合線縫製這件衣服,因為這件服裝的立裁操作是使用本布。

- 你可以從以下兩種方法擇一執行:

1. 將所有裁片的縫份剪成等寬,接著將裁片的邊緣彼此對齊,並縫合在一起。

2. 對齊兩道記號縫,先用手縫仔細將兩塊裁片縫合,再用車縫加強。

   第二種方法較精準,但第一種比較快。

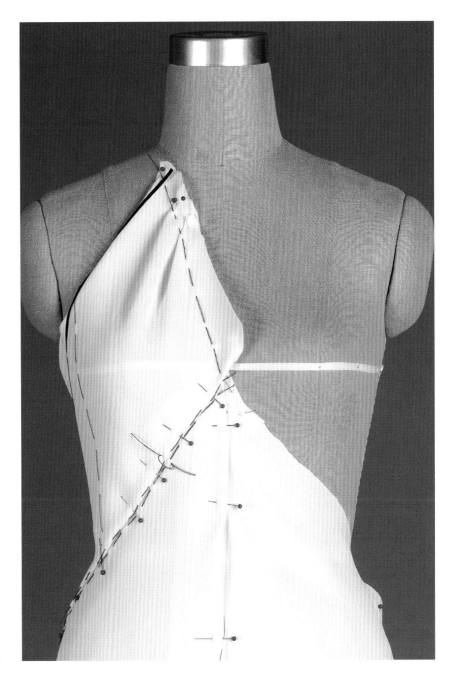

分析

■ 比較你的立裁成品與原作洋裝的照片。在分析細節之前，先評估它的整體感。試著辨認斜裁的螺旋表現。它看起來應該像是布料緊緊圍裹住身體（直布紋）。透過繞頸帶的支撐，讓斜布紋能隨著胸、腰、臀的曲線塑造成形。

■ 珍·哈露的這襲服裝在當年引起轟動。它不只傳達出某種態度，更展現一個宏偉的主張，創造出一種嶄新意識──女人能理直氣壯地掌控自身的性感表現。你的立裁成品也傳遞出那樣的聲明嗎？它夠極端嗎？它可以更加緊身，比例可以更為誇張嗎？

■ 接下來，從這件服裝的頂端開始，順著它的輪廓往下檢視。從領口與肩膀的負形空間著手。原作照片中皮膚裸露部位的形狀和你的立裁成品似乎是相同的嗎？繞頸帶的寬度看起來比例正確嗎？檢查活褶的褶向。它們是否正確指向乳尖點呢？

■ 脇邊輪廓也很重要。原作照片的服裝具有明顯的 S 形曲線，其脇邊線來到臀部時微微向外突出，走到膝蓋時則略略往內收合。

■ 如有必要，調整你的立裁作品，並使用不同顏色的絲線做出修正記號縫。

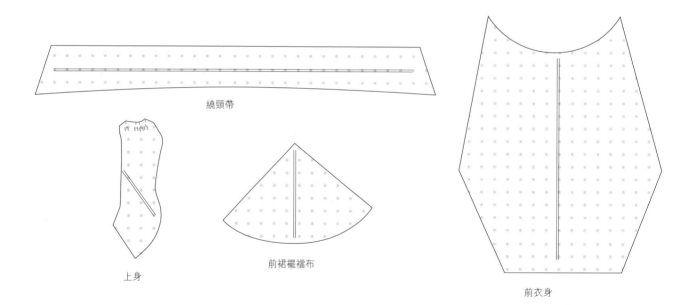

繞頸帶

上身

前裙襬褶布

前衣身

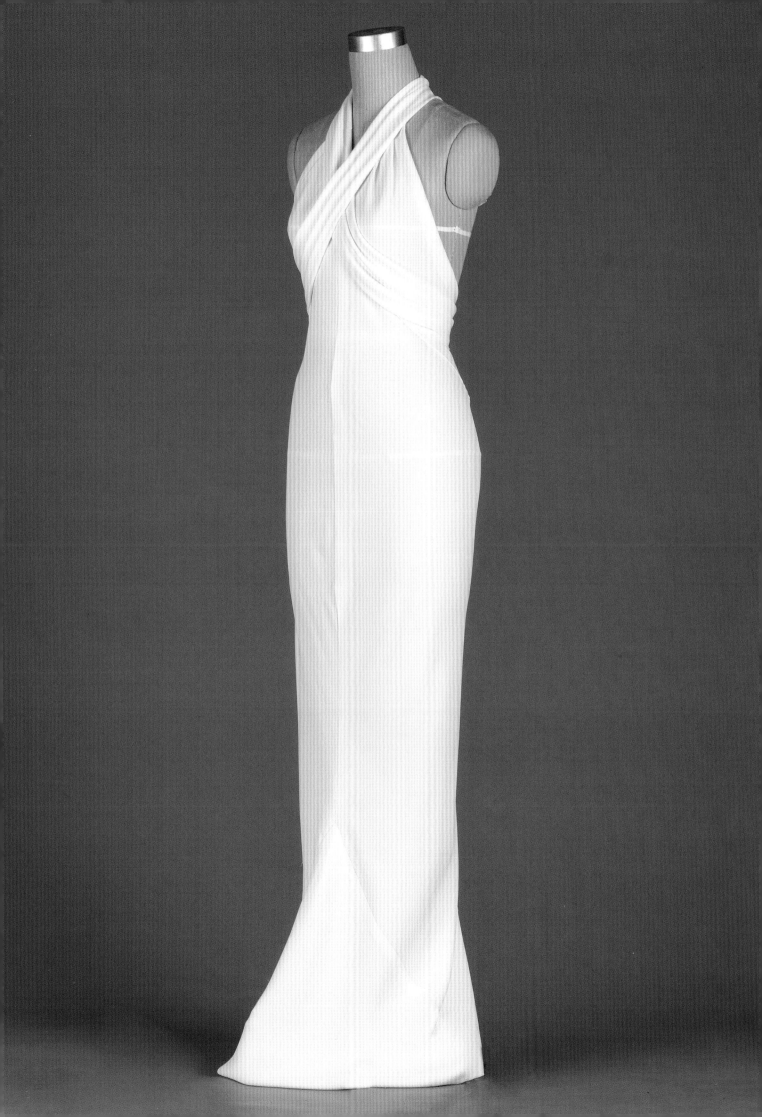

3.4

Improvisational Draping

即興立裁

順應直覺的即興創作

即興是一種當下創作的行為。就立體剪裁而言，
這代表不依循任何服裝平面圖或草圖，而是直接
在人台上創作一件新的設計作品。

前幾章已談過打褶、合縫與雕塑等繁複的技法，在本書最後這一章，將回到直接使用布片在人台上垂披。由於不是憑著服裝平面圖或具體的成品著手操作，你會需要某種理由、動機或靈感作為起點。

愛斯基摩人的皮裘滿足了溫暖與保護的實用需求。在時裝設計圈，靈感往往來自美麗的織物本身。它會讓人湧生想看見它被縫製成衣裳的欲望。嘗試觀察它的垂褶模樣和流動姿態能引發許多想法，知道如何才能充分凸顯它的種種特質。

讓思緒與某個繆思連結也可以觸發創造力。請具體想像某位特定人物。你會希望她看起來是什麼模樣？她展現出什麼獨一無二的特質呢？當她走進房間，會感覺自己多有份量？你希望她對身旁的人有多大的影響力呢？她能脫穎而出，具備明星般的魅力嗎？以上都將由你來協助定義。

有時候，在日誌寫下你想要表達什麼會有助於啟發創作過程。靈感可能來自其他藝術家的作品或特定歷史時代的態度與風格。設計師常常會說某個系列作品的靈感來自某幅特定畫作的色彩與色調，或是某個年代流行的輪廓。

「經典」時裝設計指的是經得起時間考驗的服裝款式。香奈兒的西裝短外套至今仍舊切合時宜，經典的雙褶西裝褲仍持續堅持自己的主張。在本章中，希望你暫時放下對這些經典款式的關注，轉而欣賞不對稱和意外之作的美麗與平衡。

邱陽·創巴（Chögyam Trungpa）仁波切的書法作品《抽象的優雅》（*Abstract Elegance*），具體呈現出不對稱的平衡與美感。同樣構造的能量、空間與形式，也可以被轉化成立體雕塑作品，比方一件立裁的時裝。

就戲服設計而言，各個角色的性格指定了服裝必須傳達的情緒。為流亡女神（右圖）設計戲服時，第一步是蒐集可資運用的各種色彩與質地的織物。這件戲服的基底是絲麻混紡的罩衫上衣。首先，讓大塊的藍色布片從肩膀垂披而下，接著在領口垂披對比色的生絲布片。由於這個角色在外流亡了二十年，其衣著外觀必須是又髒又破，也因此，領口的抓褶會是不對稱且扭曲變形的。這個角色本身是位藝術家，因此選用貝殼與流蘇裝飾領口。她雖然貧窮，卻仍保有尊嚴。披搭在肩上的長巾既大膽又典雅。

任憑自然發展、順應直覺並樂於試驗是即興創作的關鍵，精通立裁技法在此時比以前更加重要。因為當設計師能仰賴這些核心技巧時，直覺的想法才可能浮現，而創造力才能不受限地讓設計落實成真。

◉ 32

「流亡女神」是本書作者為舞台劇《賽厄斯忒斯的人肉盛宴》（Thy-estes' Feast）所設計的戲服，由褪色的亞麻與絲、大麻纖維與貽貝蚌殼製成。

303

不對稱的垂墜領口
Asymmetrical draped neckline

　　這件衣裳的合身上衣與蓬裙樣式簡單，需要有個饒富趣味的領口引人注意。在此運用了創巴仁波切的書法作品《抽象的優雅》（參見第302頁）那華麗的花飾運筆和纖長流暢、末尾逐漸變細的筆觸為創作靈感來源。

　　粗略估計所需寬度後，準備一塊斜紋布片，因為斜紋布片是所有布紋走向當中流動能最順暢的一種選擇。這類即興垂披不會有詳盡的事前計畫，可是下方的服裝平面圖能幫助你將書法作品的那種能量流動轉化成領口的設計。

　　在領口垂披中，強烈的舞動會展現在後左肩上。那個毛筆字頂端的筆鋒轉向對應的則是前中心。跨至後背、一氣呵成的垂披代表的是右邊那筆長長的彎豎勾，而最後收尾的點則落在前身的左肩上。

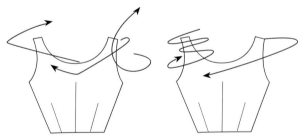

✏️ **胚布用量準備**

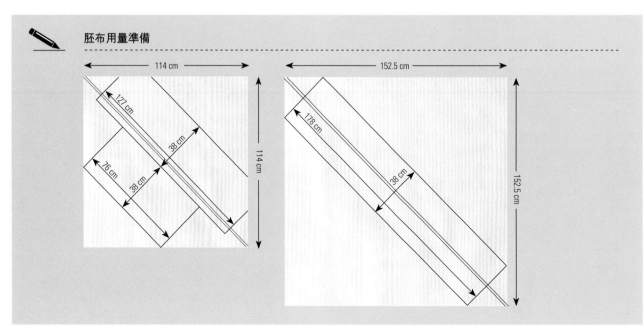

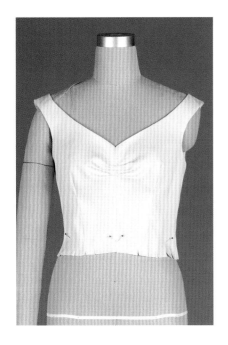

Step 1

■ 先創造出上身，作為垂披領口的基底。

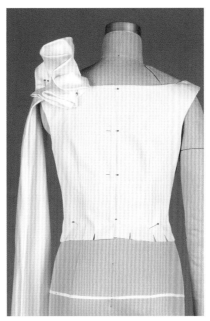

Step 2

■ 在靈感來源的毛筆字中，起筆時有個花飾。因此，從後背開始，在斜紋布片上抓出多層活褶，堆疊出份量感，並用絲針加以固定。

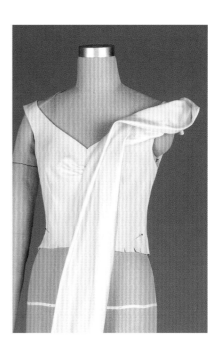

Step 3

■ 扭擰斜紋布片，讓它繞向前身。

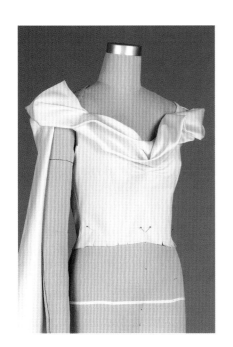

Step 4

■ 捏塑前中心與右肩部位的領口，保持領口低而開敞。

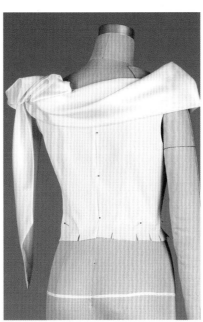

Step 5

■ 後背則會有一塊視覺上很明顯、長而平順的區域，靈感來自毛筆字長而渾圓的部位。

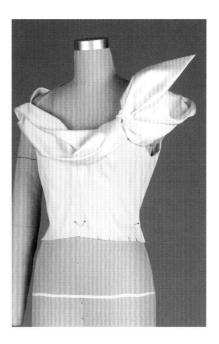

Step 6

■ 最後以斜紋布片尖端收尾，它呼應的是毛筆字最後提筆出鋒的線條。

薇薇安・魏斯伍德洋裝

薇薇安・魏斯伍德（Vivienne Westwood）素有即興立裁教母之稱。綜觀其職業生涯，她總是走在潮流之前，持續創造出人意表的作品。幾十年來，其作品極富創意的外形總是不斷挑戰眾人對於美的傳統觀點。

在操作這件薇薇安・魏斯伍德洋裝的即興立裁時，目標是成功捕捉其外觀的精髓，而無須太過拘泥於結構。假如你執行的是真正的即興立裁，就只能從自己的想法或概念開始。創意靈感可能來自任何地方。

無論是何種狀況，首先都得透過布紋的配置安排，詳細計畫這件洋裝的能量流動。如果你很清楚自己想要表達的氣氛與色調，就會是非常簡單的事（參見第304頁的領口示意圖）。

無須思考特定縫合法，儘管為你設計的服裝尺碼選定某些參數。這能幫助你決定該準備什麼尺寸的胚布片。在每塊裁片上標示出直布紋走向。假如你認為這些裁片的某些部位會利用斜布紋特有的好處，比如僧領或垂褶部位，不妨也標示出斜布紋走向。

如果你使用胚布操作立裁，別忘了考量最後會選用的本布特質。熟悉本布的手感，以便運用具體想像的技能去理解胚樣和成品之間可能會有何差別。

當你準備好要動手時，放輕鬆，要對自己已養成的立裁技能有信心。最重要的是，在心中確立你的想法或靈感，而後，你自己的獨特表現風格必定會呈現於作品之中。

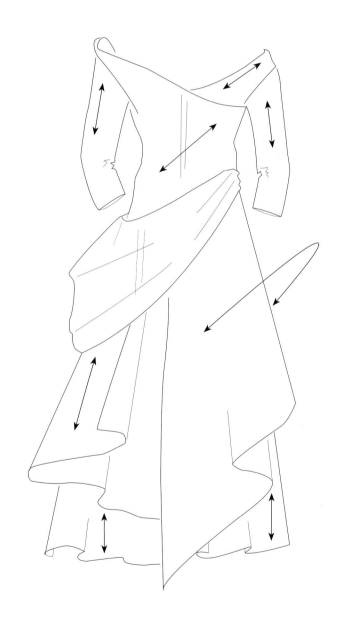

Step 1

- 首先垂披並縫製一件類似喬治王朝馬甲（參見章節 1.3，第 74～77 頁）的緊身內衣。

- 保持緊身內衣上緣橫越前片中間時盡可能低且寬，以便順應兩側肩帶遠遠分離的設定。

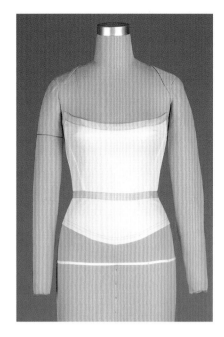

Step 2

- 垂披襯裙前片時，將胚布直布紋對齊人台脇邊線。

- 首先，控制襯裙的蓬度與波浪形狀，創造出你想要的襯裙外觀。接著，仔細調整裙身的份量感，抓出數道活褶，讓腰線保持平坦。保持裙身正面較為平坦，但脇邊較多波浪。

- 剪去由波浪狀產生的多餘脇邊布片——大體上，指的是下襬最小而腰間最大的那塊大三角形區域。

- 從前中心線到脇邊線，將下襬修剪至離地約 7 公分（2～3 英寸）高。

Step 3

- 估算裙身長度，將下襬緣邊朝上反折。

- 下襬反折分必須很大，因為當褶疊和垂褶被往上拉時，將會露出下襬緣邊。

- 拎起裙身前片衣角，嘗試將它固定在不同位置，仔細觀察褶疊會如何隨之產生變化。

Step 4

- 垂披襯裙後片時，運用處理前片的相同手法抓出數道活褶，朝上反折出一道深長的折襬。

Step 5

- 將裙身前襬朝上反折，創造出不對稱的垂褶。

Step 6

- 在人台左側加上一塊長方形胚布片，讓對折後的後側布片比前側多一點。
- 抓出布片的中心，將它固定在人台腰部位置。

Step 7

- 將布片縱向折半，讓布邊落在下方，接著將它固定在緊身內衣的腰部上。
- 在腰間抓出碎褶，以便在前身與後背的臀部位置創造出蓬鬆飽滿的效果，進而在腰部做出份量感。務必保持脅邊線相當平坦。
- 將布片內側的兩道長邊固定在一起。
- 朝上反折裙襬，反折分至少要有 7.5 公分（3 英寸）長。

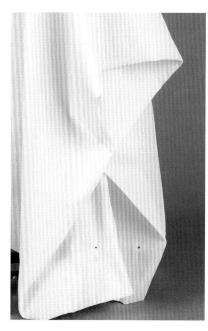

Step 8

- 把手伸進布片內，拉取一段被固定住的布片脅邊，如圖所示般用絲針固定在一起，形成一道蝶形褶疊。

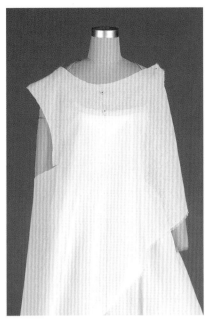

Step 9

- 調整腰部碎褶，直到它們平順且垂褶的墜落呈現平衡狀態為止。

- 此時是進行整體配置檢查的絕佳時機。站遠一點來觀看鏡中影像，仔細察看整體輪廓。所有裁片應該在裙襬形成順暢的流動。要確定你喜歡眼前的景象，因為等你加上上半身後，想要再調整會麻煩得多。

Step 10

- 將胚布的某條斜布紋對齊人台前中心線，由此開始操作上身前片。

- 直布紋會順著撕開的布片下緣走。

Step 11

- 將胚布一角固定在人台右肩上。

- 留意橫越前胸的領口要保持寬闊，肩膀部位要分得很開。

- 剪去上緣多餘胚布。

- 在右肩抓出一道褶子，褶尖朝下，將鬆份分散到胸部。

Step 12

- 將前片下緣環繞至人台後方，在後背垂披出幾道從左後腰發散而出的深長褶疊，用絲針固定住左後腰。

- 將裁片的斜布紋置中對齊人台後中心線，垂披上身後片。

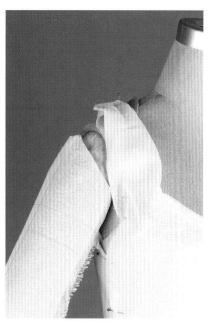

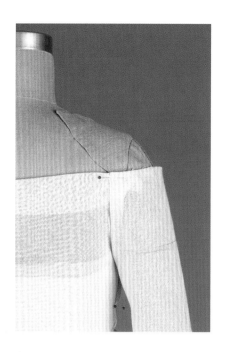

Step 13

■ 修去左肩的多餘胚布。

■ 將布片繞向脇邊,以便創造出脇邊線。

■ 在腰部兩側脇邊剪牙口,將前片疊合在後片上,用蓋別法加以固定。

■ 將布片上緣折入、整理好。

■ 剪去右肩的多餘胚布,只留下末尾一段作為披肩肩帶。

■ 垂披上身左側的方法是,將胚布塞進上緣,創造出一段類似右側的布條。

Step 14

■ 打造袖子時,取長方形布片環繞在手臂上,讓它吻合袖襱底部。由於這件服裝是露肩款式,其袖管沒有真正的袖山,所以使用長方形布片是行得通的。

Step 15

■ 將後袖固定在「袖襱」上,實際上是固定在脇片的袖孔部位。

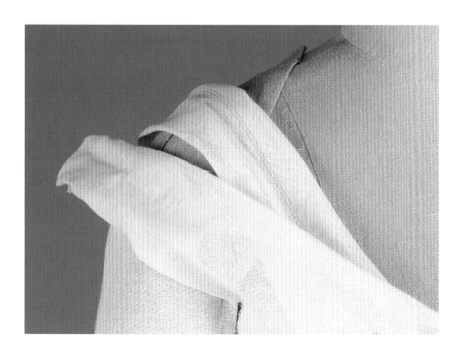

Step 16

■ 如照片所示,運用另一塊斜紋胚布在袖管頂端創造扭轉效果。這件上身會固定在緊身內衣上,而這露肩的加工會有助於保持袖子停在手臂上端。

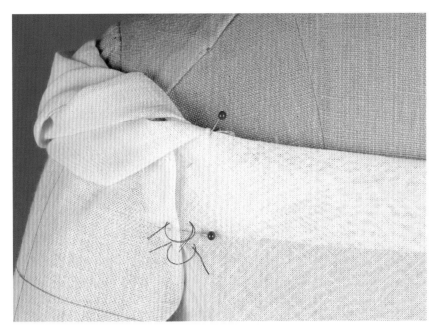

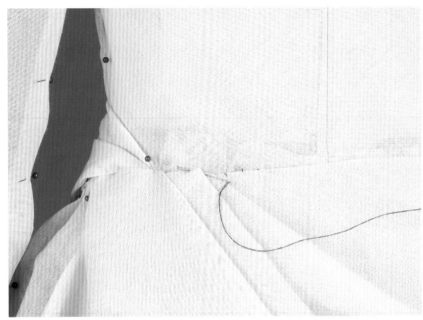

訓練有素的眼光來自於不斷練習

對所有領域的設計師來說,卓越通常意指「擁有出色的眼光」。這代表某人能看見並執行出有趣的構成配置、平衡與比例,也表示此人有能力辨識出數股能量波流何時能協力合作,設計作品何時會從靜態轉變成動態。

訓練有素的眼光來自於練習。不斷鑽研你在本書學到的技巧能持續漸進地增強你觀察事物的能力,從學生的眼界,提升為有能力表達自己獨特創見的傑出設計師眼光。

做記號與描實

Step 1

- 在所有連接點用線釘做記號。

Step 2

- 用記號縫與線釘標示出所有的縫合線與活褶。

Step 3

- 如果你想要畫出紙型,拆開這件服裝並輕輕壓平它。用尺補正線條,檢查相鄰裁片的完成線是否順暢。

- 將胚布的布紋線對齊紙型的布紋線。

- 用點線器將所有縫合線與對合點記號轉印到紙上。記得自行加上縫份。

- 如果你不需要繪製紙型,檢查眼前的立裁成果,修順線條並重新別針,或者直接將補正過的胚布裁片放在本布上,加上縫份,裁布後縫合。

分析

- 站在立裁成品一段距離外,嘗試判別它是否傳達了你想要的情感基調、態度或意識。

- 如果感覺有些不妥,試著評估是哪個設計元素未符合這個概念。

- 比較這件胚布立裁成品與薇薇安 · 魏斯伍德作品的照片時,有少數幾個部位似乎沒有表現得很好。注意人台左側下襬,那些不對稱褶襇看起來很彆扭。即使它在本布上看起來會比較輕盈,也更接近原作照片的模樣,但立裁成品確實需要調整。有時在這個過程中,你會看見自己正在處理的地方似乎突然變得更有生命力,和整件服裝間的關係也變得更加平衡。

- 找出屬於你自己的獨特風貌,有部分來自於你所喜歡的比例、你對什麼樣的動力學感興趣所產生的結果。如果它能滿足你的美學要求,這件作品就完成了。

Glossary
專有名詞

Anchor pin（定點固針法）
運用一或多根絲針，在立體裁剪時牢牢固定胚布片的針法。

Armscye（腋下）
袖襱底部，是袖子縫合的部位。

Bateau neckline（船型領）
位置高但開口寬的領圍形式，拂過鎖骨，止於肩膀。這是法文說法，英文則是boat neckline。

Bishop sleeve（主教袖）
袖口較袖山寬鬆的長袖款式，袖口多會抽碎褶。

Blouson（蓬腰女衫）
因腰帶收縮緊束，使近腰線處具蓬鼓外型，或使布料垂覆在腰帶或鬆緊帶上的女用長衫款式。

Bodice（女裝上身）
指一件衣服的上半身、大身（服裝由腰至頸的部分）、前胸與後背的紙型裁片。

Boning（撐條）
一種強韌有彈性的金屬或塑膠細條，用以支撐與維持服裝外形。

Break point（轉折點）
指領折線的起始點，通常會落在第一顆鈕扣的位置。

Busk（支骨）
用在馬甲或無肩帶塑身衣上的一種扣合物，其中包括一塊多孔撐片，材質多為金屬、獸骨或木頭。

Bust point（乳尖點）
胸部最突出、最豐滿的點。

Contour line（輪廓線）
描繪服裝樣式外緣的線條。

Convertible collar（國民領、兩用翻領）
外翻時會形成小型下領片的有座翻領領型。

Corset（馬甲、整姿束腰）
一種緊身的女性貼身衣物，往往會採用撐條與交叉繫帶作為輔助，用以支撐和塑造上半身曲線。此外，也可指一種無肩帶的女性緊身上衣，多半會縫有撐條。

Crinoline（硬裡襯）
一種硬挺、質地粗糙的布料，可賦予服裝厚實感與挺度。

Crossmarks（對合點記號）
用以標示裁片拼縫位置、款式設計線或打褶位置的十字符號。

Crown（袖山頂點）
從肩點到腋下這段袖子的前三分之一。

Ease（①鬆份②縮縫）
①穿衣時，為求舒適和易於活動而預留的額外布料。此外，亦指②為了將一片布料與另一塊較寬布片縫合在一起，卻不致產生碎褶或起皺狀況所做的縫製處置，常見於吻合袖山與袖襱，或前、後身片的肩線。

Fit seam（剪接線）
專門用來協助創造衣服合身度的完成線。

French dart（法式褶）
具有斜向交叉線的褶子，褶尖指向乳尖點。

Gathers（碎褶）
折疊預先決定好的額外布料或讓它起皺，以便創造蓬鼓效果。

Grommet（雞眼釦、銅釦）
取一段環形金屬短管放在衣服上加工而成的平坦孔眼。多用於服裝的繫帶開襟。

Gusset（嵌入式襠布）
嵌入衣物接縫中的一塊額外布片，可增加衣物寬鬆度。

Intake（褶份）
縫製縫合褶時須將布料往內抓的份量。

Interlining（布襯）
包夾在表布與裡布間的織物，可為衣料增加一定程度的重量與硬挺度。

Jewel neckline（寶石領）
領圍高度約在喉嚨底部的圓形領型。

Knit（針織物）
透過將經紗與緯紗織成相扣的紗環結構布料。

Loom（梭織機、織布機）
將經紗與緯紗交織成布料的機器。

Negative space（負形空間）
環繞在一件衣服的正形周圍或外側的區域，和這件衣服的形體共享邊線。

Peg, pegged（上寬下窄的）
指脇邊下襱朝下逐漸收窄的褲或裙型。

Petersham ribbon（尼龍迴紋帶）
可用在帽子、馬甲、裙頭或褲頭上，增加衣物強度的羅紋絲帶。它可以配合衣物的形狀，燙熨成弧形。

Pivot point（支點、腋窩點）
指袖襱完成線開始轉往腋下的那一點。

Prototype（初樣）
運用本布製作的樣衣，目的是測試某項設計的合身度與比例。

Racer-back armhole（挖背式袖襱）
一種誇張且延長的後袖襱剪裁。

Rib knit（羅紋針織）
由正針經圈與雙反針經圈（對角線）交錯織成的布料。這種雙面緯編織法會形成一種不平衡的平紋組織，使布料表面帶有明顯的羅紋。

Roll line（領折線）
在長大衣或短外套上標示領片反折位置的線條。始自上領片的外翻與領腰（領座），止於第一顆鈕扣。

Selvedges（布邊）
一匹布經過加工的長邊。

Side bust dart（胸褶）
從脇線向胸部延伸的褶子，屬於脇邊褶的一種。

Silhouette（輪廓）
特定形狀或樣式的外形。

Sponge（海綿沾濕）
在整燙前用濕布將胚布摺痕抹濕。

Style line（款式設計線）
從衣服這一點到那一點的完成線，其存在多為了表現服裝設計要點，而不是成就衣服的合身度。

Tailor's tacks（線釘）
不緊密的暫時性雙線針法，末尾不打結，作用是標示服裝結構細節。

Thread trace（記號縫）
暫時性手縫針法，以標示合縫、褶子、布紋線及其他結構線的位置。

Truing（描實補正）
針對立裁操作過程所創造的縫合線有任何不連貫、不順暢之處進行修正。

Tunic（裘尼克衫、罩衫）
長度蓋過臀部的寬鬆或合身服裝。傳統上是由兩塊方形布片所組成。

Underbust（胸下圍）
胸部曲線下方、靠近上胸廓的部位。

Weft, filling yarns（緯紗）
橫向穿越梭織物的連續紗線。

Warp, ends（經紗）
縱向穿越梭織物且與布邊平行的一系列紗線。

Yoke（擋片、剪接片）
指裙裝、上衣或襯衫、褲裝頂部的合身裁片，用以支撐另一塊通常較為蓬鼓的布片。

Resources
相關資源

圖書

Helen Joseph Armstrong, *Draping for Apparel Design* (3rd edition). New York: Fairchild Books, 2013.

Helen Joseph Armstrong, *Patternmaking for Fashion Design* (5th edition). Upper Saddle River, New Jersey: Pearson Prentice Hall, 2009.

Michele Wesen Bryant, *Fashion Drawing: Illustration Techniques for Fashion Designers*. London: Laurence King Publishing/Upper Saddle River, New Jersey: Pearson Prentice Hall, 2011.

Michele Wesen Bryant and Diane DeMers, *The Specs Manual* (2nd edition). New York: Fairchild Books, 2004.

Kathryn Hagen, *Fashion Illustration for Designers* (2nd edition). Upper Saddle River, New Jersey: Prentice Hall, 2010.

Kathryn Hagen and Parme Giuntini (eds), *Garb: A Fashion and Culture Reader*. Upper Saddle River, New Jersey: Pearson Prentice Hall, 2007.

Kathryn Hagen and Julie Hollinger, *Portfolio for Fashion Designers*. Boston: Pearson, 2013.

Sue Jenkyn Jones, *Fashion Design* (3rd edition). London: Laurence King Publishing, 2011.

Gareth Kershaw, *Patternmaking for Menswear*. London: Laurence King Publishing, 2013.

Abby Lillethun and Linda Welters, *The Fashion Reader* (2nd edition). London: Berg Publishers, 2011.

Dennic Chunman Lo, *Patternmaking*. London: Laurence King Publishing, 2011.

Hisako Sato, *Drape Drape*. London: Laurence King Publishing, 2012.

Hisako Sato, *Drape Drape 2*. London: Laurence King Publishing, 2012.

Hisako Sato, *Drape Drape 3*. London: Laurence King Publishing, 2013.

Martin M. Shoben and Janet P. Ward, *Pattern Cutting and Making Up—The Professional Approach*. Burlington: Elsevier, 1991.

Basia Skutnicka, *Technical Drawing for Fashion*. London: Laurence King Publishing, 2010.

Phyllis G. Tortora and Keith Eubank, *Survey of Historic Costume* (5th edition). New York: Fairchild Books, 2010.

Nora Waugh, *The Cut of Women's Clothes*. London: Faber and Faber, 1994.

裁縫用品

馬甲胸衣類（布料、撐條、緞帶等）

Farthingales Corset Making Supplies （全球）
farthingalescorsetmakingsupplies.com

Richard the Thread（全球）
www.richardthethread.com

人台

Kennett & Lindsell Ltd （英國）
www.kennettlindsell.com

Morplan （英國）
www.morplan.com

Siegel & Stockman（巴黎）
www.siegel-stockman.com

Superior Model Form Co.（美國）
www.superiormodel.com

Wolf Dress Forms（美國）
www.wolfform.com

一般常用工具

Ace Sewing Machine Co.（美國）
www.acesewing.com

B. Black & Sons（美國）
www.bblackandsons.com

Borovick Fabrics Ltd （英國）
www.borovickfabridsltd.co.uk

Britex Fabrics（美國）
www.britexfabrics.com

MacCulloch & Wallis Ltd.（美國）
www.macculloch-wallis.co.uk

Manhattan Fabrics（美國）
www.manhattanfabrics.com

PGM-PRO Inc.（全球）
www.pgmdressform.com

打版

Sew Essential Ltd. （全球）
www.sewessential.co.uk

Whaleys (Bradford) Ltd. （英國）
www.whaleys-bradford.ltd.uk

Eastman Staples Ltd.（英國）
www.eastman.co.uk

紙型

凱洛琳・齊艾索（Karolyn Kiisel）
www.karolynkiisel.com

本書中所有立裁作品的紙型均有販售，可根據要求提供特定尺寸。訂購時請注明頁碼與服裝名稱。

網站

La Couturière Parisienne
www.marguise.de
從中世紀到二十世紀初期的古裝，有提供紙型

Fashion-Era
www.fashion-era.com
時尚、服裝和社會史

Fashion Institute of Technology, New York
（紐約時裝設計學院博物館）
www.fitnyc.edu/museum

Fashion Museum, Bath, UK
（英國巴斯時尚博物館）
www.museumofcostume.co.uk

Center for Pattern Design
（版型設計中心）
www.centerforpatterndesign.com
與打版和設計有關的免費資源

The Cutting Class
www.thecuttingclass.com
重要的高級訂製服與成衣系列的線上解析

Fashion Net
www.fashion.net
全球時尚圈的入口網站

Credits
銘謝

書中使用的人台全都來自 Wolf Forms Company, Inc.

http://www.wolfform.com/

7 (top) Lawrence Alma-Tadema (1836–1912), *The Frigidarium*, 1890, oil on panel. Private Collection/The Bridgeman Art Library; 7 (bottom) © Eric Ryan/Getty Images; 8 © B&C Alexander/Arcticphoto; 18 Huipil from the Triki, a mountain-dwelling tribe from outside Oaxaca, Mexico. Model: Elaine Wong; 19 Spa-wear tunic by Karolyn Kiisel for Tara West. Model: Chelsea Miller; 24 © Anthea Simms; 26 Gold-stenciled tunic by Karolyn Kiisel, costume for Mesopotamian Opera's *Thyestes' Feast*. Model: Vidala Aronsky; 31 The Bridgeman Art Library/Getty Images; 40 Modern traditional Tibetan chuba, worn by the Sakyong Wangmo, Khandro Tseyang, Queen of Shambhala; 41 (top) Domenico Ghirlandaio, *Birth of the Virgin Mary* (detail), 1485–90, fresco. Cappella Maggiore, Santa Maria Novella, Florence. © Quattrone, Florence; 41 (bottom) *At the Dance*, fashion plate from *Art, Gout, Beaute* (Paris, 1920s). Private Collection/The Bridgeman Art Library; 44 Side dart plaid blouse designed by Karolyn Kiisel. Model: Ellie Fraser; 46 Photo by Frazer Harrison/Getty Images; 48 Swing dress designed by Karolyn Kiisel. Model: Ellie Fraser; 51 © Sunset Boulevard/Corbis; 58 © Anthea Simms; 60 Courtesy Los Angeles County Museum of Art: www.lacma.org; 64 Photo by Art Rickerby/Time Life Pictures/Getty Images; 68 Photo by Fotos International/Hulton Archive/Getty Images; 69 (top) © Philadelphia Museum of Art/CORBIS; 69 (bottom) Photo by Time Life. Pictures/DMI/Time Life Pictures/Getty Images; 74 © Anthea Simms; 79 © Thierry Orban/Sygma/Corbis; 72 Princess-line bustier designed by Karolyn Kiisel. Model: Julia La Cour; 90 © Michael Freeman/Alamy; 91 © Prasanta Biswas/ZUMA Press/Corbis; 92 Modern traditional kilt in the Fraser Hunting Tartan plaid. Model: Ellie Fraser; 94 © SuperStock/Alamy; 96 Skirt designed by Karolyn Kiisel. Model: Michelle Mousel; 98 Skirt designed by Karolyn Kiisel. Model: Claire Marie Fraser; 100 Photo by SNAP/Rex Features; 103 Photo by Mark Mainz/Getty Images for IMG; 110 Skirt designed by Karolyn Kiisel. Model: Julia La Cour; 114 Carpaccio, *Healing of the Possessed Man* (detail), 1494. Accademia, Florence. © CAMERAPHOTO Arte, Venice; 115 (top) Max Tilke, *Oriental Costumes: Their Designs and Colors*, trans. L. Hamilton (London: Kegan Paul Trench, Trubner and Co., 1923); 115 (center) © Victoria and Albert Museum, London; 115 (bottom) Vintage peasant blouse. Model: Ellie Fraser; 118 Catwalking.com; 122 Author's own collection; 131 Photo by Mark Mainz/Getty Images for IMG; 142 Bell-sleeve tunic top designed by Karolyn Kiisel for Tara West. Model: Michelle Mousel; 146 Vintage mandarin collar blouse. Model: Vidala Aronsky; 148 Photo by Joseph Kerlakian/Rex Features; 150 Peplum blouse with bishop sleeve designed by Karolyn Kiisel. Model: Michelle Mousel; 158 (left, top and bottom) Max Tilke, *Oriental Costumes: Their Designs and Colors*, trans. L. Hamilton (London: Kegan Paul Trench, Trubner and Co., 1923); 158 (right) Fitzwilliam Museum, University of Cambridge, UK/The Bridgeman Art Library; 162 Photo by Apic/Getty Images; 166 Traditional Japanese hakama, worn in *kyudo* practice by Alan Chang; 170 © Bettmann/CORBIS; 177 © Corbis. All Rights Reserved; 187 UPPA/Photoshot All Rights Reserved; 193 © Corbis. All Rights Reserved; 198 Knit top with batwing sleeves designed by Angela Chung. Model: Michelle Mousel; 206 (left) Charles Robert Leslie (1794–1859), *Queen Victoria in Her Coronation Robe*, 1838, oil on canvas. Victoria & Albert Museum, London, UK/The Stapleton Collection/The Bridgeman Art Library; 206 (right) Max Tilke, *Oriental Costumes: Their Designs and Colors*, trans. L. Hamilton (London: Kegan Paul Trench, Trubner and Co., 1923); 207 (left) Max Tilke, *Oriental Costumes: Their Designs and Colors*, trans. L. Hamilton (London: Kegan Paul Trench, Trubner and Co., 1923); 207 (right) © Mary Evans Picture Library/Alamy; 209 (top) Vintage Japanese kimono owned by Shibata Sensei, Imperial bowmaker to the Emporer Emperor of Japan. Model: Elaine Wong; 209 (bottom): Getty Images; 210 © 2003 Topham Picturepoint/Photoshot; 211 Chanel-style jacket designed by Karolyn Kiisel. Model: Ellie Fraser; 223 Photo by Kevin Mazur/WireImage; 234 Vintage-inspired brocade jacket designed by Karolyn Kiisel. Model: Julia La Cour; 240 © Anthea Simms; 246 Swing coat with shawl collar designed by Karolyn Kiisel. Model: Claire Marie Fraser; 252 Catwalking.com; 260 © Victoria and Albert Museum, London; 261 (top) THE KOBAL COLLECTION/COLUMBIA; 261 (bottom) © Victoria and Albert Museum, London; 262 akg-images/MPortfolio/Electa; 263 © Sony Pictures/Everett/Rex Features; 264 Wedding dress designed by Karolyn Kiisel. Model: Claire Marie Fraser; 265 Photo by Steve Granitz/WireImage; 266 (top) Everett Collection/Rex Features; 266 (bottom) Photo by MGM Studios/Courtesy of Getty Images; 271 Photo by Ke.Mazur/Wireimage/Getty Images; 280 ODD ANDERSEN/AFP/Getty Images; 284 (left) © THE BRIDGEMAN ART LIBRARY; 284 (right): THE KOBAL COLLECTION/COLUMBIA; 286 Bias camisole designed by Karolyn Kiisel for Jacaranda. Model: Chelsea Miller; 290 Bias lace-trimmed chemise designed by Karolyn Kiisel for Jacaranda. Model: Michelle Mousel; 293 Photo by George Hurrell/John Kobal Foundation/Getty Images; 302 Chögyam Trungpa, *Abstract Elegance*. Calligraphy by Chögyam Trungpa copyright Diana J. Mukpo. Used by permission; 304 Gray silk dress with asymmetrical neckline designed by Karolyn Kiisel for Jacaranda. Model: Julia La Cour; 306 Catwalking.com.

作者致謝

我要感謝：

Greg Lubkin協助我準備原始提案，讓我有信心去執行它。

Peter Wing Healey啟發我最初的靈感，讓我領悟到身為洛杉磯的劇場服裝設計師，我大可選用電影中的服裝作為立裁教案。

Victoria Allen和Russell Ellison孜孜不倦地研究戲服、古董衣與歷史服裝的圖像和資訊。

Marty Axelrod在文字評論與編輯上予以鼎力相助。

攝影師Sia Aryai不僅才華洋溢，在我準備立裁分解步驟時，他也展現出無敵的耐性。

服裝設計師P'lar Millar擔任我的「初階立裁試教學生」。

Eddie Bledsoe提供戲服歷史研究資訊。

Aiko Beall在過去三十年來不僅是我的老師，也是我的人生導師。

在勞倫斯金出版社（Laurence King）工作的Helen Rochester, Anne Townley以及Jodi Simpson是我網路上的好朋友。他們透過電子郵件循循善誘，領我這名新手作者穿越完成著述這座陌生的迷宮。

小女Claire Fraser和Ellie Fraser協助我處理電腦問題，也不時為此書試穿各種服裝及擔任模特兒。

家母是最棒的聆聽者，多虧有她的支持，陪我走過這整個歷程。

About the DVD
立裁教學光碟

這片附贈的DVD包括了三十二段教學影片，由本書作者凱洛琳‧齊艾索示範各種不同的立裁技巧與技法。

演職員名單

Featuring 示範說明／本書作者

Karolyn Kiisel

Director 導演

Kyle Titterton

Producer 製作人

Kyle Titterton

Editor 編輯

Kyle Titterton

Boom Mike Operator 活動式吊桿麥克風錄音師

Fernanda Starling

Lighting 燈光師

Sia Aryai

Draping Model 立裁模特兒

Claire Fraser

Make-Up for Draping Model 造型梳化－立裁模特兒

Naomi Camille

Make-Up for Karolyn Kiisel 造型梳化－本書作者

Yoko Kagaya, Chinatsu Watanabe, Haruyo Sawada

Key Grip 場務領班

Alexander Dumitru

Set Designer 場景設計

Mallory Michelle

Production Assistants 製片助理

Saori Mitome, Cory Miller, Russel Ellison

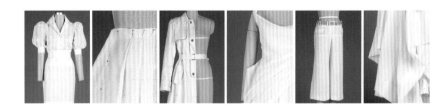

BV5013 學習館

立體剪裁全書—Draping : The Complete Course
原書名／Draping : The Complete Course

作者／凱洛琳·齊艾索（Karolyn Kiisel）　**譯者**／陳筱宛　**審訂**／鄭惠美、徐敏榜　**企畫選書**／蔣豐雯、何宜珍
特約編輯／劉淑蘭　**責任編輯**／韋孟岑、何若文　**美術設計**／呂宜靜　**版權**／吳亭儀、翁靜如、黃淑敏　**行銷業務**／闕睿甫、石一志　**總編輯**／何宜珍　**總經理**／彭之琬　**發行人**／何飛鵬　**法律顧問**／元禾法律事務所　王子文律師　**出版**／商周出版　臺北市中山區民生東路二段141號9樓　電話：（02）2500-7008　傳真：（02）2500-7759 E-mail：bwp.service@cite.com.tw　**發行**／英屬蓋曼群島商家庭傳媒股份有限公司城邦分公司　臺北市中山區民生東路二段141號2樓　讀者服務專線：0800-020-299　24小時傳真服務：（02）2517-0999　讀者服務信箱 E-mail：cs@cite.com.tw　**劃撥帳號**／19833503　戶名：英屬蓋曼群島商家庭傳媒股份有限公司城邦分公司　**訂購服務**／書虫股份有限公司客服專線：（02）2500-7718；2500-7719　服務時間：週一至週五上午09:30-12:00下午13:30-17:00　24小時傳真專線：（02）2500-1990；2500-1991　劃撥帳號：19863813　戶名：書虫股份有限公司　E-mail：service@readingclub.com.tw　**香港發行所**／城邦（香港）出版集團有限公司　香港灣仔駱克道193號超商業中心1樓　電話：（852）2508-6231　傳真：（852）2578-9337　**馬新發行所**／城邦（馬新）出版集團【Cité (M) Sdn. Bhd】41, Jalan Radin Anum, Bandar Baru Sri Petaling, 57000 Kuala Lumpur, Malaysia.　電話：（603)9057-8822　傳真：（603)9057-6622　**商周出版部落格**／http://bwp25007008.pixnet.net/blog　行政院新聞局北市業字第913號　**印刷**／卡樂彩色製版有限公司　**經銷商**／聯合發行股份有限公司　電話：（02）2917-8022　傳真：（02）2911-0053

■ 2017年（民106）11月9日初版
定價2200元　著作權所有，翻印必究
ISBN 978-986-477-339-8

Printed in Taiwan

城邦讀書花園
www.cite.com.tw

國家圖書館預行編目
立體剪裁全書/凱洛琳·齊艾索（Karolyn Kiisel）著；陳筱宛譯. -- 初版. -- 臺北市：商周出版：家庭傳媒城邦分公司發行, 民106.11　324面；21.5x29.5公分　譯自：Draping：The Complete Course　ISBN 978-986-477-339-8（精裝）　1.服裝設計 2.時尚　423.2　106018209